FORTRAN90 程序设计

总主审　胡学钢
总主编　郑尚志
主　编　黄晓梅　张伟林
副主编　张　霖　殷荣网
　　　　黄　毅　刘三民
　　　　孙光灵　苏少卿
　　　　蔡绍峰

北京师范大学出版集团
BEIJING NORMAL UNIVERSITY PUBLISHING GROUP
安徽大学出版社

内容简介

本书是全国高校(安徽考区)计算机水平考试配套教材,并被评为安徽省"十一五"规划教材。FORTRAN90是ISO(国际化标准组织)于1991年推出的标准。FORTRAN90在保留FORTRAN77的全部优点的基础上,增加了许多新功能,为FORTRAN语言注入了新的活力。目前,FORTRAN语言仍是工程分析和数值计算方面最方便、最有效的计算机高级语言之一。

本书全面介绍了FORTRAN90的基本概念、基础知识、程序的基本构成以及语句的格式、功能等,主要内容包括:算法,FORTRAN90基础知识,简单结构程序设计,分支结构程序设计,循环结构程序设计,子程序,数组,字符型数据处理,派生类型,模块,指针与递归,文件,科学计算。本书内容丰富、叙述精炼、结构合理、通俗易懂、图文并茂,每章都安排了大量的习题,供读者学习与自测。

本书既可作为高等学校学生学习FORTRAN90程序设计的教材,又可作为自学者的参考用书,同时也可作为实用工具书供FORTRAN90用户参考和查询。

本书所配电子教案及相关教学资源可以从安徽大学出版社网站下载,网址:www.ahupress.com.cn,也可与作者联系(hxm@ahjzu.edu.cn)。

图书在版编目(CIP)数据

FORTRAN90程序设计/黄晓梅,张伟林主编.—5版.—合肥:安徽大学出版社,2016.1(2019.1重印)
计算机应用能力体系培养系列教材
ISBN 978-7-5664-0940-9

Ⅰ.①F… Ⅱ.①黄… ②张… Ⅲ.①FORTRAN语言—程序设计—高等学校—教材 Ⅳ.①TP312

中国版本图书馆CIP数据核字(2015)第306845号

FORTRAN90 程序设计(第5版) 黄晓梅 张伟林 主编

出版发行:	北京师范大学出版集团 安徽大学出版社 (安徽省合肥市肥西路3号 邮编230039) www.bnupg.com.cn www.ahupress.com.cn
印 刷:	安徽省人民印刷有限公司
经 销:	全国新华书店
开 本:	184mm×260mm
印 张:	21
字 数:	511千字
版 次:	2016年1月第5版
印 次:	2019年1月第2次印刷
定 价:	42.00元

ISBN 978-7-5664-0940-9

策划编辑:李 梅 蒋 芳		装帧设计:李 军	
责任编辑:蒋 芳		美术编辑:李 军	
责任校对:程中业		责任印制:赵明炎	

版权所有　侵权必究

反盗版、侵权举报电话:0551—65106311
外埠邮购电话:0551—65107716
本书如有印装质量问题,请与印制管理部联系调换。
印制管理部电话:0551—65106311

编写说明

近年来,随着计算机与信息技术的飞速发展,社会及用人单位对高等学校学生的计算机应用能力的要求不断提高,为此,各高等学校高度重视计算机基础教学的质量,也高度重视全国高等学校(安徽考区)计算机水平考试。安徽省教育厅大力推进安徽省计算机基础教学改革与计算机水平考试改革,2014年11月组织专家对2005年版《全国高等学校(安徽考区)计算机水平考试教学(考试)大纲》进行了重新编写,并于2015年2月发布,新编写的大纲从2015年下半年开始启用。

为配合《全国高等学校(安徽考区)计算机水平考试教学(考试)大纲》的实施,促进安徽省高等学校计算机基础教学与考试的改革,2014年,安徽省高等学校计算机教育研究会召开专题研讨会,成立了安徽省计算机基础教学课程组(共8个)。课程组由一批长期从事高等学校计算机基础教学的专家、教师组成,以推进安徽省计算机基础教学的发展与改革。2015年5月,安徽省高等学校计算机教育研究会召开课程组专门会议,研讨我省计算机基础教学改革,并决定与安徽大学出版社合作,组织编写出版一套与《全国高等学校(安徽考区)计算机水平考试教学(考试)大纲》配套的具有较高水平、较高质量的教材。课程组成立了本套系列教材编写委员会,安徽省高等学校计算机教育研究会理事长胡学钢教授担任总主审,安徽省高等学校计算机教育研究会基础教学专委会副主任郑尚志教授担任总主编,本套系列教材定于2015年陆续出版,敬请各位同仁关注。

本套系列教材的编写主要是根据目前安徽省高等学校计算机基础教学的现状,本着"出新品、出精品、高质量"的原则,努力打造适合我省计算机基础教学的高质量教材,为进一步提高我省计算机基础教学水平做出贡献。

郑尚志
2015年8月

编委会名单

主　　任　　胡学钢（合肥工业大学）
副 主 任　　郑尚志（巢湖学院）
委　　员　　（以姓氏笔画为序）
　　　　　　　丁亚明（安徽水利水电职业技术学院）
　　　　　　　丁亚涛（安徽中医药大学）
　　　　　　　尹荣章（皖南医学院）
　　　　　　　王　勇（安徽工商职业学院）
　　　　　　　叶明全（皖南医学院）
　　　　　　　朱文捷（蚌埠医学院）
　　　　　　　宋万干（淮北师范大学）
　　　　　　　张成叔（安徽财贸职业学院）
　　　　　　　张先宜（合肥工业大学）
　　　　　　　佘　东（安徽工业经济职业技术学院）
　　　　　　　李京文（安徽职业技术学院）
　　　　　　　李德杰（安徽工商职业学院）
　　　　　　　杨　勇（安徽大学）
　　　　　　　杨兴明（合肥工业大学）
　　　　　　　陈　涛（安徽医学高等专科学校）
　　　　　　　周鸣争（安徽工程大学）
　　　　　　　赵生慧（滁州学院）
　　　　　　　钟志水（铜陵学院）
　　　　　　　钦明皖（安徽大学）
　　　　　　　倪飞舟（安徽医科大学）
　　　　　　　钱　峰（芜湖职业技术学院）
　　　　　　　黄存东（安徽国防科技职业学院）
　　　　　　　黄晓梅（安徽建筑大学）
　　　　　　　傅建民（安徽工业经济职业技术学院）
　　　　　　　程道凤（合肥职业技术学院）

前　言

　　FORTRAN 语言是最早出现、也是最富生命力的计算机语言之一。FORTRAN 语言内容丰富、功能强大。自问世以来经过不断改进、完善、更新和升级，目前广泛应用于科技与工程计算领域。

　　计算机技术的日新月异对计算机教学提出了更高的要求。随着教育部"高等教育面向21世纪教育内容与课程体系改革"计划的实施，对教材也提出了新的要求。为此我们根据教育部计算机基础课程教学指导委员会对计算机技术基础课程的基本要求，结合最新的全国高等学校(安徽考区)计算机水平考试教学(考试)大纲，在《FORTRAN90 语言程序设计教程》(第 4 版)的基础上，对全书内容进行了重新编排与组织，并结合目前高校课程教学的现状和计算思维对大学计算机基础课程的影响，增加了大量的案例与案例分析，旨在培养读者计算思维的能力，为后续课程的学习打下坚实的基础。本书具有如下特点：

　　1. 从人才素质教育的要求出发，注意学生基本知识和基本能力的培养，在编写教材时把重点放在基本理论、基本知识、基本技能与方法上。

　　2. 内容的安排循序渐进，由浅入深。力求在概念和原理的表述上严谨、准确、精练，理论适中，每章节后配有多种题型的习题，供读者学习和自测。

　　3. 最后一章增加了科学计算，通过案例说明了 FORTRAN90 在解决实际工程计算方面的应用。

　　4. 案例丰富，分析详细，并且每个案例都有程序运行结果图，既便于读者理解算法，又便于读者上机验证，达到举一反三、触类旁通的目的。

　　5. 本书选材按照教育部计算机基础课程教学指导委员会颁布的教学内容，涵盖全国高等学校(安徽考区)计算机水平考试《FORTRAN90 程序设计》教学(考试)大纲内容，所以本书既可以作为高校本、专科生学习 FORTRAN90 语言程序设计的教材，又可以作为计算机等级(水平)考试的指导书。

　　本书由安徽建筑大学的黄晓梅、张伟林、张霖、孙光灵、苏少卿，合肥工业大学的黄毅，合肥学院的殷荣网，安徽工程大学的刘三民，蚌埠学院的蔡绍峰等 9 位老师编写，分工如下：第 1 章由蔡绍峰编写，第 2、3 章由孙光灵编写，第 4 章由黄毅编写，第 5、7 章由黄晓梅编写，第 6 章由刘三民编写，第 8 章由张伟林编写，第 9、10 章由殷荣网编写，第 11、12 章由张霖编写，

第 13 章由苏少卿编写。最后由黄晓梅统编定稿,张伟林主审全书。此外参加本书编写、提供部分资料的还有汪刚、汤涛、丁亚涛、王永国、王世东、张燕、管锦亮等老师。安徽大学出版社对本书的再版给予了全力的支持,许多从事教学工作的同仁也给予了关心和帮助,他们对本书提出了很多宝贵的建议。在此一并表示感谢。

由于作者水平有限,难免有疏漏不足之处,恳请广大读者批评指正,以便再版时修正。

编　者

2015 年 6 月

目 录

第1章 程序设计灵魂——算法 　1

　1.1 程序设计基础知识 　2
　1.2 算法的概念 　2
　　1.2.1 算法基本特征 　2
　　1.2.2 算法设计目标 　3
　1.3 算法的描述 　4
　　1.3.1 用自然语言表示 　4
　　1.3.2 用传统流程图表示 　4
　　1.3.3 用 N-S 流程图表示 　6
　　1.3.4 用伪代码表示 　7
　1.4 程序设计方法 　7
　　1.4.1 结构化程序设计 　7
　　1.4.2 面向对象程序设计 　9
　　1.4.3 计算思维 　10
　习题1 　10

第2章 FORTRAN90 基础知识 　11

　2.1 FORTRAN90 的发展及特点 　12
　　2.1.1 FORTRAN 语言的发展概况 　12
　　2.1.2 FORTRAN90 语言的特点 　13
　2.2 固有数据类型及常量 　14
　　2.2.1 固有数据类型 　14
　　2.2.2 常量 　15
　2.3 变　量 　17
　　2.3.1 变量的概念 　17

	2.3.2	变量名	18
	2.3.3	变量类型	18
2.4	FORTRAN90 的字符集		20
2.5	FORTRAN90 的标准函数		20
2.6	算术表达式		22
	2.6.1	算术运算符与优先级	22
	2.6.2	算术表达式中的类型转化	23
	2.6.3	整数的除法	24
习题 2			24

第 3 章 简单结构程序设计   26

3.1	FORTRAN90 程序分析		27
3.2	赋值语句		29
3.3	简单的输入输出语句		31
	3.3.1	简单的输入语句	32
	3.3.2	简单的输出语句	36
3.4	带格式的输入输出		41
	3.4.1	格式编辑符	41
	3.4.2	格式输入与格式输出	49
3.5	参数说明语句		52
	3.5.1	类型说明中的 PARAMETER 属性	52
	3.5.2	PARAMETER 语句	53
3.6	其他常用语句		54
	3.6.1	PROGRAM 语句	54
	3.6.2	END 语句	54
	3.6.3	STOP 语句	55
	3.6.4	PAUSE 语句	55
	3.6.5	程序设计举例	55
习题 3			58

第 4 章 选择结构程序设计   63

4.1	关系表达式		64
	4.1.1	关系运算符	64
	4.1.2	关系表达式	64
4.2	逻辑表达式		66
	4.2.1	逻辑运算符	66

4.2.2 逻辑表达式 …………………………………………………… 66
4.2.3 逻辑赋值语句 ………………………………………………… 68
4.3 逻辑 IF 语句 …………………………………………………………… 69
4.4 块 IF 结构 ……………………………………………………………… 70
4.4.1 简单的块 IF 结构 ……………………………………………… 70
4.4.2 块 IF 结构的嵌套 ……………………………………………… 72
4.4.3 块 IF 结构的命名 ……………………………………………… 74
4.4.4 多重条件的 IF 结构 …………………………………………… 74
4.5 CASE 结构 …………………………………………………………… 78
4.5.1 CASE 结构的格式 …………………………………………… 78
4.5.2 CASE 结构的执行过程 ……………………………………… 79
4.5.3 CASE 结构的命名 …………………………………………… 81
4.6 程序设计举例 ………………………………………………………… 82
习题 4 …………………………………………………………………………… 85

第 5 章 循环结构程序设计　　95

5.1 概述 …………………………………………………………………… 96
5.2 GOTO 语句 …………………………………………………………… 96
5.3 有循环变量的 DO 循环结构 ………………………………………… 97
5.3.1 有循环变量的 DO 循环结构的语法格式 …………………… 97
5.3.2 有循环变量的 DO 循环结构的执行过程 …………………… 98
5.3.3 有循环变量的 DO 循环结构的程序举例 …………………… 100
5.4 重复 DO 循环结构 …………………………………………………… 105
5.4.1 重复 DO 循环结构的语法格式 ……………………………… 105
5.4.2 EXIT 语句 …………………………………………………… 106
5.4.3 CYCLE 语句 ………………………………………………… 107
5.5 DO-WHILE 循环结构 ……………………………………………… 109
5.5.1 DO-WHILE 循环结构的语法格式 ………………………… 110
5.5.2 DO-WHILE 循环结构的执行过程 ………………………… 110
5.5.3 DO-WHILE 循环结构的程序举例 ………………………… 111
5.6 循环的嵌套 …………………………………………………………… 113
5.6.1 循环嵌套的概念 ……………………………………………… 113
5.6.2 嵌套 DO 循环的说明 ………………………………………… 115
5.6.3 循环嵌套程序举例 …………………………………………… 116
5.7 循环结构程序设计举例 ……………………………………………… 118
习题 5 …………………………………………………………………………… 123

第6章 子程序　128

- 6.1 概述　129
- 6.2 函数子程序　130
  - 6.2.1 外部函数子程序的定义　130
  - 6.2.2 外部函数子程序的调用　130
  - 6.2.3 内部函数子程序　132
- 6.3 子例行子程序　134
  - 6.3.1 外部子例行子程序　134
  - 6.3.2 外部子例行子程序的调用　135
  - 6.3.3 内部子例行子程序　137
- 6.4 虚参数的 INTENT 属性　138
- 6.5 标识符的作用域　139
  - 6.5.1 全局标识符　139
  - 6.5.2 局部标识符　139
- 6.6 虚参数与实参数之间的数据传递　140
  - 6.6.1 变量作为虚参数　140
  - 6.6.2 子程序名作为虚参数　142
  - 6.6.3 子程序应用举例　143
- 习题 6　147

第7章 数　组　152

- 7.1 概述　153
- 7.2 一维数组　153
  - 7.2.1 一维数组的定义　153
  - 7.2.2 一维数组的逻辑结构和存储结构　154
  - 7.2.3 一维数组元素的引用　154
  - 7.2.4 一维数组的输入与输出　155
- 7.3 二维数组　156
  - 7.3.1 二维数组的定义　156
  - 7.3.2 二维数组的逻辑结构和存储结构　157
  - 7.3.3 二维数组元素的引用　158
  - 7.3.4 二维数组的输入与输出　158
- 7.4 数组的操作　161
  - 7.4.1 数组的赋值　161

- 7.4.2 数组的运算 ······ 161
- 7.4.3 对数组进行操作的内在函数 ······ 163
- 7.4.4 数组片段 ······ 164
- 7.4.5 数组元素赋初值 ······ 165
- 7.5 动态数组 ······ 166
  - 7.5.1 动态数组的定义 ······ 166
  - 7.5.2 动态数组的使用 ······ 167
- 7.6 数组在子程序中的应用 ······ 168
  - 7.6.1 显式形状数组 ······ 168
  - 7.6.2 假定形状数组 ······ 169
  - 7.6.3 假定大小数组 ······ 170
  - 7.6.4 数组作为虚参 ······ 170
- 7.7 数组的应用举例 ······ 172
- 习题 7 ······ 180

第 8 章 字符型数据处理　　*186*

- 8.1 字符型数据的运算 ······ 187
  - 8.1.1 字符运算符及字符表达式 ······ 187
  - 8.1.2 字符型数据的比较 ······ 188
  - 8.1.3 用于字符型数据处理的内部函数 ······ 190
- 8.2 字符子串 ······ 191
  - 8.2.1 字符子串的引用 ······ 191
  - 8.2.2 字符数组与字符数组的子串 ······ 192
- 8.3 字符型数据的应用举例 ······ 193
- 习题 8 ······ 196

第 9 章 派生类型　　*201*

- 9.1 派生类型的定义 ······ 202
- 9.2 派生类型变量的定义 ······ 203
- 9.3 派生类型的使用 ······ 204
  - 9.3.1 派生类型变量成员的引用 ······ 205
  - 9.3.2 派生类型变量的赋值与运算 ······ 205
  - 9.3.3 派生类型变量的输入与输出 ······ 206
- 9.4 派生类型应用举例 ······ 207
- 习题 9 ······ 211

第10章 模块与接口 　　217

10.1 模块的定义 　　218
10.2 USE 语句 　　219
10.3 接口 　　220
10.4 超载和定义操作符 　　223
10.4.1 类属子程序 　　223
10.4.2 超载赋值号 　　227
10.4.3 超载运算符 　　229
10.4.4 用户定义的运算符 　　231
10.4.5 超载固有函数 　　232
10.5 模块应用举例 　　233
10.5.1 共享数据 　　234
10.5.2 共享派生类型 　　235
10.5.3 共享动态数组 　　235
10.5.4 共享自定义数据类型及运算 　　236
习题 10 　　238

第11章 指针与递归 　　244

11.1 指针的概念 　　245
11.1.1 数据结构的概念 　　245
11.1.2 指针变量的定义 　　245
11.1.3 目标变量及其定义 　　246
11.1.4 指针赋值语句 　　246
11.1.5 指针变量使用举例 　　247
11.2 指针的使用 　　250
11.2.1 指针的状态 　　250
11.2.2 NULLIFY 语句 　　250
11.2.3 动态变量 　　251
11.2.4 动态变量的举例 　　251
11.2.5 ASSOCIATED 固有函数 　　254
11.2.6 悬空指针和无法访问的内存 　　255
11.3 指针数组 　　256
11.4 链　表 　　258
11.4.1 链表的概念 　　258

11.4.2	链表的创建	259
11.4.3	链表的插入	260
11.4.4	链表的删除	262
11.4.5	链表的输出	264
11.4.6	一个链表抽象数据类型	264

11.5 递归及其应用 …………………………………………… 268

11.5.1	递归的概念	268
11.5.2	递归函数	269
11.5.3	递归子程序	272

习题 11 …………………………………………………………… 274

第 12 章 文 件   280

12.1 文件的基本概念 …………………………………………… 281

12.1.1	记录	281
12.1.2	文件	281
12.1.3	逻辑设备	282

12.2 文件操作语句 …………………………………………… 282

12.2.1	文件的打开	283
12.2.2	文件的关闭	284
12.2.3	文件的查询	284
12.2.4	文件的输入输出语句	286

12.3 文件的操作 …………………………………………… 286

12.3.1	有格式顺序存取文件的操作	286
12.3.2	有格式直接存取文件的操作	289
12.3.3	无格式文件的操作	290

12.4 文件的应用举例 …………………………………………… 292

习题 12 …………………………………………………………… 299

第 13 章 科学计算   301

13.1	概　述	302
13.2	数理模型	302
13.3	计算方法	303
13.4	程序的数据结构和功能单元	305
13.4.1	实际问题的编码表示	305
13.4.2	程序的单元设计	306

13.5 功能单元的程序实现 …………………………………………… 310
    13.5.1 SUBROUTINE INPUT 的程序代码 ………………… 310
    13.5.2 SUBROUTINE FORMEQ 的程序代码 ……………… 312
    13.5.3 SUBROUTINE GAUSS(A,B,N,EPS,IC) 的
           程序代码 …………………………………………… 313
    13.5.4 SUBROUTINE OUTPUT 的程序代码 ……………… 314
习题 13 ………………………………………………………………… 317

参考文献   *319*

第 1 章
程序设计灵魂——算法

考核目标
- 了解：算法的基本概念。
- 理解：算法的基本特征。
- 掌握：算法的几种描述方法。

本章主要介绍程序设计的灵魂——算法(Algorithm)的基本概念、特点以及表示,介绍结构化的程序设计的一般方法,面向对象程序设计的概念,计算思维的相关内容。

通过本章的学习,要求学生了解算法的基本概念,能够用正确的方法描述算法,掌握结构化的程序设计思想与一般方法,为后面的FORTRAN90学习奠定基础。

1.1　程序设计基础知识

在计算机编程语言中,程序是为了解决某个具体问题的方法和步骤的描述。计算机执行程序所描述的方法和步骤,并完成指定的操作内容。我们可以说,程序就是计算机完成某种特定功能的指令序列。

著名计算机科学家沃思(Nikiklaus Wirth)曾提出一个公式:

$$数据结构＋算法＝程序$$

这说明一个程序包括两方面要素:一是数据结构,即对程序中所使用的数据说明;二是算法,即对数据进行操作的描述。

实际上,一个程序除了以上两个主要要素之外,还应当采用结构化程序设计方法进行程序设计,并且用某一种计算机语言表示。因此,上述公式可以完善为如下公式:

$$数据结构＋算法＋程序设计方法＋语言工具和环境＝程序$$

也就是说,一个优秀程序设计人员应该具备上述四方面知识,并且在设计一个程序时要能综合运用这几个方面的知识,使计算机充分发挥其效用。在这四要素中,算法是灵魂,数据结构是加工对象,程序设计方法是手段,语言是实现工具。

程序设计的任务就是设计解决问题的方法与步骤,并将解决问题的方法和步骤用程序设计语言进行描述。程序设计不仅仅是编写程序。程序设计是通过计算机解决问题的全过程,包括多个内容,编写程序只是其中的一个步骤。通常要先对问题进行分析并建立模型,然后考虑算法和数据结构,并确定使用何种程序设计语言编写,最后调试程序并运行出预期的结果。

1.2　算法的概念

算法是计算机软件中的一个基本概念,它是用来对解决实际问题的方法和步骤进行描述,是有穷指令的集合。算法是程序设计的核心,也是编写程序的基础。

计算机算法可分为两大类别:数值运算算法和非数值运算算法。数值运算的目的是求数值解,例如,求方程的根、求一个函数的定积分等,都属于数值运算范围。非数值运算范围十分广泛,最常见的是用于事务管理领域,例如,图书检索、信息查询、人事管理、行车调度管理等。

1.2.1　算法基本特征

作为一个算法,一般应具有以下几个基本特征:

(1)输入性

所谓"输入"是指在执行算法时,从外界获取必要的信息,可以通过输入语句由外部提供。一般一个算法应有零个或多个输入,没有输入的算法缺乏灵活性。

(2)输出性

一个算法应该有一个或多个输出,即加工处理后获得的结果。没有输出的算法是没有意义的。

(3)确定性

确定性指算法中的每个步骤都必须具有明确定义,不允许出现模棱两可的解释,即算法不能有"歧义性"。

(4)有效性

有效性又称"可行性",指算法中的每个步骤都应当能有效地执行,并能得到确定的结果。例如,在算法中不允许出现分母为零的操作,在实数范围内不能求一个负数的平方根等。

(5)有穷性

有穷性是指算法必须能在有限的时间内完成,即算法在执行有限个步骤之后终止。例如,数学中的无穷级数在实际计算时只能取有限项,即计算无穷级数值的过程只能是有穷的。这在后面章节学习中会碰到。算法的有穷性还应包括合理的执行时间,否则算法就失去了实用价值。

1.2.2 算法设计目标

在软件开发过程中,由于先有算法后有程序,因此一个算法的好坏,直接影响到程序的质量。一个"好"的算法应达到以下几个目标:

(1)正确性

算法应当满足具体问题的需求,这是算法设计的基本目标。

(2)可读性

算法首先要让使用者能够理解、阅读与交流,其次才是机器执行。良好的可读性有助于人们对算法的理解以及排除算法中隐藏的错误,便于算法的移植和功能扩充。在程序设计发展的早期,由于计算机的速度和存储容量都受到限制,往往将程序的效率放在第一位。随着硬件水平的迅速提高,人们对一般问题已经从"效率第一"转向为"清晰第一",程序的可读性和可理解性成为优质软件的重要标准。

(3)健壮性

当输入数据非法时,算法也能适当地作出反应或进行处理,从而避免产生不可预料的结果。即算法对异常情况能作出适当的反应,留有出口并能够打印出错误消息,以便进行处理。

(4)效率与低存储量需求

效率指的是算法执行时间。对于同一个问题,如果有多个算法可以解决,执行时间短的算法效率高。存储量需求指算法执行过程中所需要的最大存储空间。这两者都与问题的规模有关。例如,求100人的平均分与求1000人的平均分所花的执行时间或运行空间显然有一定的差别。当效率和存储量需求成为制约程序运行的主要因素时,编程者需要在两者之间作出折中的选择。

1.3 算法的描述

算法与程序是有区别的,算法是解决问题的框架流程,而程序设计则是根据这一求解的框架流程进行语言细化,实现这一问题求解的具体过程。

算法可以用不同的方法进行表示。常用的方法有:自然语言、传统流程图、结构化流程图、伪代码等。

1.3.1 用自然语言表示

这是一种最直接、方便的描述方式。自然语言就是人们日常使用的语言,如汉语、英语或其他语言等。用自然语言描述算法通俗易懂,但由于自然语言表示的含义往往不太严格,需根据上下文才能判断其准确含义,因此描述文字冗长,容易出现"歧义性"。此外,用自然语言描述包含分支结构和循环结构的算法不太方便。因此,除了很简单的问题以外,一般不用这种描述方法。

1.3.2 用传统流程图表示

流程图是用一些标准图框来表示各种具体操作。用图形表示算法,直观形象,易于理解,现已被世界各国程序设计人员普遍接受。目前,广泛采用的美国国家标准化协会(ANSI)推荐的流程图符号,如图1-1所示。

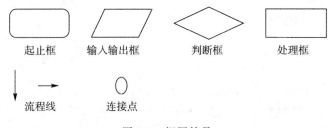

图 1-1 框图符号

在学习用流程图描述算法之前,先看一下算法的3种基本结构。这3种基本结构是:顺序结构、选择结构(又称"分支结构")、循环结构。它是在1966年,由Bohra和Jacopini提出的,已经证明这3种结构顺序组成的算法结构,可以解决任何复杂的问题。

(1) 顺序结构

顺序结构是指程序从上依次向下执行,因此在写程序时就要把先执行的语句写在上面,后执行的语句写在下面。如图1-2所示,在执行完A框所指定的操作后,必然接着执行B框指定操作。顺序结构是一种最简单的基本结构。

(2) 选择结构

选择结构是指从两个或多个情况里选择一个,根据条件来确定,条件成立时怎么做,条件不成立时又该怎么做。如图1-3所示,根据给定条件P是否成立而选择执行A框或B框所指定的操作。

图 1-2　顺序结构

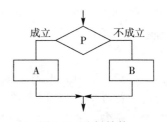
图 1-3　选择结构

注意：无论 p 条件是否成立，只能执行 A 框或 B 框之一，不可能同时执行 A、B 框指定操作。

（3）循环结构

循环结构是指反复执行某一部分的操作，主要有两种类型：

①当型循环结构，执行流程图如图 1-4 所示。它的功能是当给定的条件 P1 成立时，执行 A 框操作，执行完 A 后，再判断条件 P1 是否成立，如果仍然成立，再执行 A 框，如此反复执行 A 框，直到某一次 P1 条件不成立为止，此时不执行 A 框，而从 b 点脱离循环结构。

②直到型循环结构，执行流程图如图 1-5 所示。它的功能是先执行 A 框，然后判断给定的 P2 条件是否成立，如果 P2 条件不成立，则再执行 A，然后再对 P2 条件作判断，如果 P2 条件仍然不成立，又执行 A……如此反复执行 A，直到给定的条件 P2 成立时为止，此时不再执行 A，而从 b 点脱离本循环结构。

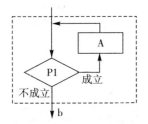
图 1-4　当型循环结构

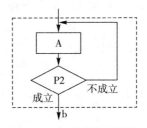
图 1-5　直到型循环结构

连接点（小圆圈）用于将画在不同地方的流程线连接起来。如图 1-6 中有两个以○为标志的连接点（如在连接点圈中写上"1"），它表示这两个点是互相连接在一起的。实际上它们是同一个点，只是画不下才分开来画。用连接点，可以避免流程线的交叉或过长，使流程图更加清晰。

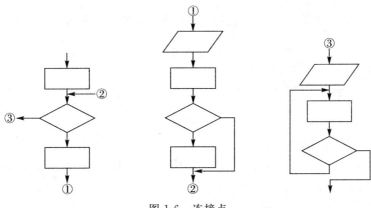
图 1-6　连接点

通过以上的流程图可以看出,3种基本结构有以下共同特点:
①只有一个入口。
②只有一个出口。
③结构内的每一部分都有机会被执行到。
④结构内不存在"死循环"(无终止的循环)。

用流程图表示算法直观形象,比较清楚地显示各个框之间的逻辑关系。但是这种描述方法是用流程线指出各框的执行顺序,对流程线的使用没有严格限制,使用者可以不受限制地使流程随意地转来转去,使流程图变得毫无规律。这可能会导致画出的流程图难以阅读,也难以修改,从而使其所对应算法的可靠性和可维护性难以保证。

1.3.3 用 N-S 流程图表示

为了提高流程图的质量,使流程图的设计和阅读方便,1973年美国学者 I.Nassi 和 B.Shneiderman 提出了一种新的流程图。在这种流程图中,完全去掉了带箭头的流程线。全部算法写在一个矩形框内,它只有一个入口和一个出口,即矩形框的上边和下边,框内可用不同的线条来分割,以表示顺序结构、选择结构和循环结构。这种流程图称为"N-S 结构化流程图"(N 和 S 是两位学者的英文姓名的首字母)。

N-S 流程图用以下的流程图符号表示。

(1)顺序结构

A 和 B 两个框组成一个顺序结构,如图 1-7 所示。

(2)选择结构

如图 1-8 所示,当条件 P 成立时执行 A 操作,P 不成立则执行 B 操作。

图 1-7 顺序结构

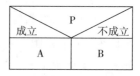

图 1-8 选择结构

(3)循环结构

①当型循环结构,如图 1-9 所示,表示当 P1 条件成立时反复执行 A 操作,直到 P1 条件不成立为止。

②直到型循环结构,如图 1-10 所示。

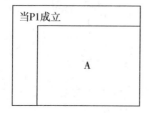

图 1-9 当型循环结构

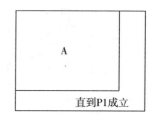

图 1-10 直到型循环结构

N-S 结构的优点在于比文字描述直观、形象,易于理解,比传统流程图紧凑易画。N-S 图的上下顺序就是执行顺序,写算法和读算法只需自上而下,非常方便。这种流程图适于结构化程序设计,因而很受欢迎。

1.3.4 用伪代码表示

用传统的流程图和 N-S 图表示算法直观易懂,但画起来费时,而且修改流程图也很麻烦。为了设计算法时方便,常用一种称为"伪代码"的工具。伪代码是用介于自然语言和计算机语言之间的文字及符号来描述算法的,它不用图形符号,书写方便,格式紧凑,也比较好理解,同时也便于向计算机语言算法(即程序)过渡。在数据结构中常用这种方式描述算法。

例如,"打印 x 的绝对值"的算法可以用伪代码表示如下:

```
IF x is positive THEN
    print x
ELSE
    print - x
```

它像一个英语句子一样好懂,在国外用得比较普遍。也可以用汉字伪代码,如:

```
若 x 为正
    打印 x
否则
    打印 - x
```

也可以中英文混用,如:

```
IF x 为正
    print x
ELSE
    print - x
```

即计算机语言中具有的语句关键字用英文表示,其他的可用汉字表示。总之,以便于书写和阅读为原则。用伪代码写算法并无固定的、严格的语法规则,只要把意思表达清楚,并且书写的格式要写成清晰易读的形式。

上面介绍了常用的算法表示方法,在程序设计中可以根据需要和习惯选用,在此建议选用 N-S 结构化流程图。当然,简单的题目可以不写算法而直接写出程序。但是刚开始学习编程时,或进行软件开发时,或分析别人写的程序时,最好写出算法,以便于理解。

1.4 程序设计方法

随着计算机技术的不断发展,人们对程序设计方法的研究也在不断深入。一个结构良好的程序不但结构清晰,易于阅读和理解,而且便于验证其正确性。这就对传统的程序设计方法提出了严峻的挑战,从而促使了结构化程序设计方法的产生。

1.4.1 结构化程序设计

结构化程序设计是普遍采用的一种程序设计方法,自 20 世纪 60 年代由荷兰学者

E.W.Dijkstra提出以来，经受了实践的检验，同时也在实践中不断地发展和完善，成为软件开发的重要方法，在程序设计学中占有十分重要的位置。它减少了程序出错的机会，提高了程序的可靠性和可维护性，保证了程序的质量。

结构化程序设计强调程序设计风格和程序结构的规范化，提倡清晰的结构。怎样才能得到一个结构化的程序呢？结构化程序设计方法的基本思路是：把一个复杂问题的求解过程分阶段进行，每个阶段处理的问题都控制在人们容易理解和处理的范围内。

具体地说，采取自顶向下、逐步求精、模块化设计和结构化编码的分析方法。

自顶向下是指对设计的系统要有一个全面的理解，从问题的全局入手，把一个复杂问题分解成若干个相互独立的子问题，然后对每个子问题再作进一步的分解，如此反复，直到每个问题都容易解决为止。此方法考虑周全，结构清晰，层次分明，使作者容易写，读者容易看。

逐步求精是指程序设计的过程是一个渐进的过程，先把一个子问题用一个程序模块来描述，再把每个模块的功能逐步分解细化为一系列的具体步骤，以至能用某种程序设计语言的基本控制语句来实现。逐步求精总是和自顶向下结合使用，一般把逐步求精看作自顶向下设计的具体表现。

模块化是结构化程序设计的重要原则，其设计思想实际上是一种"分而治之"思想，把一个大任务分为若干个子任务，这在程序比较复杂时，更有必要。一般来讲，一个程序由一个主控模块和若干个子模块组成。主控模块用来完成某些公用操作及功能选择，而子模块用来完成某项特定具体功能。当然，子模块是相对主模块而言的。作为某一子模块，它也可以控制更下一层的子模块。一个复杂的问题可以分解成若干个较简单的子问题来解决。这种设计风格，便于分工，将一个庞大的模块分解为若干个子模块分别完成，然后用主控模块控制、调用子模块。这种程序的模块化结构如图1-11所示。

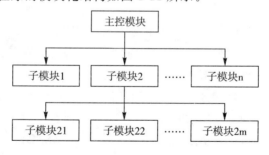

图1-11 程序的模块化结构

采用结构化程序设计方法，解决人脑思维能力的局限性和处理问题的复杂性之间的冲突。在设计好一个结构化的算法之后，还要善于进行结构化编码。所谓"编码"就是将已设计好的算法用计算机语言来表示，即根据已经细化的算法正确地写出计算机程序。结构化的语言（如C语言、PASCAL、FORTRAN）都具备进行结构化编码的能力。

结构化程序设计的过程就是将问题求解由抽象逐步具体化的过程。这种方法符合人们解决复杂问题的普遍规律，可以显著提高程序设计的质量和效率。

1.4.2 面向对象程序设计

面向对象程序设计方法起源于 1967 年挪威计算中心开发的 Simula67 语言,它第一次引入了数据抽象和类的概念,Simula67 语言被认为是第一个面向对象语言。20 世纪 70 年代初,Alan Kay 所在的研究小组开发出 Smalltalk 语言,之后又开发出 Smalltalk-80,Smalltalk-80 被认为是最纯正的面向对象语言。随着面向对象语言的出现,面向对象程序设计也就应运而生且得到迅速发展。1990 年以来,面向对象分析、测试、度量和管理等研究都得到长足发展。

传统的程序设计是基于解决问题来组织程序流程的。数据与数据操作是相对独立的,针对数据的操作过程是程序运行的主体。面向对象的程序设计则是以对象作为程序设计的主体,对象是数据与相关操作的"集合体"。

下面是面向对象程序设计中的几个概念。

(1) 对象(object)、方法(method)

对象是指在客观世界中存在的物体。每一个对象都具有自己的属性。属性反映对象自身的状态变化,表现为当前的属性值。

方法也称为"成员函数",是指对象上的操作。方法定义了可以对一个对象执行哪些操作。比如,对某个数据的查找、修改、删除等操作。

(2) 类(class)

一个共享相同结构和行为的对象的集合称为"类"。类为属于该类的全部对象提供了相同的抽象描述。一个类中的所有成员共享一个公共定义,尽管每个成员的属性值可能不一样。

(3) 封装(encapsulation)

封装是将数据和操作捆绑在一起,创造出一个新的类型的过程。封装的内部信息相对封闭,不允许外部直接访问,只能通过有限的手段进行操作。

(4) 继承(inheritance)

继承描述了类之间的"一种"关系。在这种关系中,一个类共享了一个或多个其他类定义的结构和行为。子类可以对基类的行为进行扩展、覆盖、重定义。

(5) 多态(polymorphism)

多态是类型理论中的一个概念,即一个名称可以表示很多不同类的对象,这些类和一个共同超类有关。因此,这个名称表示的任何对象可以以不同的方式响应一些共同的操作集合。

面向对象程序设计是通过对象、类等概念来描述现实的。对象是由数据和允许的操作组成的封装体,与客观实体有直接对应关系,一个对象类定义了具有相似性质的一组对象。而继承性是对具有层次关系的类的属性和操作进行共享的一种方式。所谓"面向对象"就是基于对象概念,以对象为中心,以类和继承为构造机制,来认识、理解、刻画客观世界和设计、构建相应的软件系统。

1.4.3 计算思维

计算思维(Computational Thinking,CT)是运用计算机科学的基础概念去求解问题、设计系统和理解人类行为等涵盖计算机科学之广度的一系列思维活动。这个概念是美国卡内基·梅隆大学计算机系主任周以真(Jeannette M. Wing)教授在 2006 年 3 月首次提出的。CT 的本质是抽象和自动化，它是如同所有人都具备的"读、写、算"(简称 3R)能力一样，都必须具备的思维能力。CT 的核心是基于计算模型(环境)和约束的问题求解。

计算思维是每个人的基本技能，而不仅仅属于计算机科学内容。计算思维将渗透到我们每个人的生活之中，诸如算法和前提条件等词汇将会被每个人所熟知。

考虑日常生活中的一些事例：当你的孩子去上学的前一天晚上，他需要把明天上课需要的课本放进背包，这就是预置和缓存；当你丢失你的钥匙，你需要把你刚才去过的地方回想一遍，这就是回推；在买火车票时，你应当去排哪个队呢？这就是多服务器系统的性能模型；为什么停电时你的电话仍然可用？这就是失败的无关性和设计的冗余性。

以上事例都是计算思维在生活中的拓展，同时我们需要知道计算思维只是人们求解问题的一条途径，但绝不是要求人们像计算机那样去思考。计算机枯燥但计算能力强大，人聪颖且富有想象力。通过计算机的计算能力，运用智慧可以去解决那些在计算机时代之前不敢尝试的问题。

习 题 1

一、简答题

1. 什么叫结构化程序设计？它的主要内容是什么？
2. 什么是算法？常见的算法有哪些表示方法？
3. 什么是结构化程序？面向对象程序设计与结构化程序设计有什么区别？

二、用传统流程图以及 N-S 流程图写出下列问题的算法

1. 有 3 个数 a、b、c，要求按从大到小的顺序把它们输出。
2. 判断一个数 n 是否能同时被 3 和 5 整除。
3. 求 $1+2+3+4+\cdots+100$。

第 2 章
FORTRAN90 基础知识

考核目标

- 了解：FORTRAN90 语言程序特点。
- 理解：FORTRAN90 语言程序中固有数据类型的含义，常量变量的异同点。
- 掌握：各种固有数据类型常量和变量的定义，固有函数的使用，算术表达式的书写，编程环境的使用。
- 应用：正确地应用固有数据类型对常量、变量进行定义，结合固有函数和常量变量知识正确书写表达式。

本章主要介绍FORTRAN90的发展与特点以及基础知识,包括数据类型、字符集、常量与变量、固有函数的使用、算术表达式等概念和运算。

通过本章的学习,要求学生了解FORTRAN90的发展特点,理解字符集、常量与变量、固有函数等概念,掌握变量的定义及使用,能够正确地引用固有函数,掌握表达式运算规则。

2.1 FORTRAN90的发展及特点

2.1.1 FORTRAN语言的发展概况

FORTRAN是Formula Translate(公式翻译)的缩写,是世界上最早出现的高级编程语言。它是为科学、工程中能够用数学公式表示的问题而设计的,具有较强的数值计算功能。FORTRAN语言的思想首先由John Backus于1953年提出,称为"FORTRAN I"。第一个FORTRAN程序运行于1957年4月。随后,FORTRAN的应用迅速传播,形成了许多不同的版本。较为重要和流行的是1958年提出的FORTRAN II,它在FORTRAN I的基础上增加了大量重要的扩充,例如,引进子函数等概念。在1958年至1963年期间,FORTRAN语言在许多计算机上得以实现,其间又出现了较为流行的FORTRAN IV。但是FORTRAN II和FORTRAN IV并不兼容,从而使FORTRAN语言的标准化工作提上日程。

1962年5月,美国国家标准学会(American National Standard Institute,ANSI)成立了相关机构来进行FORTRAN语言标准化的工作。1966年,ANSI正式公布了两个美国标准文本:

①美国国家标准FORTRAN(ANSI X3.9-1966),相当于FORTRAN IV。

②美国国家标准基本FORTRAN(ANSI X3.10-1966),相当于FORTRAN II。

其中,美国国家标准基本FORTRAN是美国国家标准FORTRAN的一个子集,从而实现了语言的向下兼容。1972年,国际标准化组织(International Standard Organization,ISO)在FORTRAN66的基础上公布了ISO FORTRAN标准(ISO R1539)。它描述了3种级别:

①基本级(接近于ANSI X3.10-1966)。

②中间级(介于基本级和完全级之间)。

③完全级(接近于ANSI X3.9-1966)。

美国国家标准FORTRAN(通常称为"FORTRAN66")建立之后受到了国际上的广泛关注,占领了很多计算领域。但是随着计算机软硬件技术的迅速发展,尤其是在结构化程序设计方法提出以后,FORTRAN66日益不能满足需要。这是因为FORTRAN66不是结构化的程序设计语言。因此许多计算机厂商对FORTRAN66进行了不同程度的扩充。针对这种情况,美国国家标准学会于1976年对1966年公布的ANSI X3.9-1966进行了修订,不但把各厂商的有效功能都吸收进来,还增加了许多新的内容。1978年4月,美国国家标准学会正式公布了新的美国国家标准ANSI X3.9-1978《程序设计语言FORTRAN》,这就是通常称为FORTRAN77的FORTRAN语言标准。FORTRAN77向下兼容FORTRAN66。1980

年,FORTRAN77 被 ISO 正式采纳成为国际标准 ISO 1439-1980,该标准同样分为全集和子集。

FORTRAN77 公布之后,在国际上得到了广泛应用,多数计算机系统都配备了 FORTRAN77 编译程序,国内外关于 FORTRAN77 的教材和参考资料也相当丰富。但是,FORTRAN77 还不是完全结构化的语言。国际上为了推动 FORTRAN 语言的结构化和现代化做了不懈的努力。经过长时间酝酿,1991 年 5 月通过了 FORTRAN90 标准,美国国家标准编号为 ANSI X3.198-1991,国际标准编号为 ISO/IEC 1539:1991。新标准中增加了许多新的特性和功能,其中值得一提的是由我国计算机和信息处理标准化技术委员会程序设计分会提出的多字节字符集数据类型及相应的内在函数。这一数据类型的增加为非英语国家在使用计算机方面提供了极大的方便。之后不久又出现了 FORTRAN95,并且更新的标准又在积极准备之中。本书应用的主要是 FORTRAN90 标准。

由此可以看出,FORTRAN 语言的历史虽然最为悠久,但仍在不断地改进和发展。这也是 FORTRAN 语言保持旺盛的生命力的原因之一。

2.1.2 FORTRAN90 语言的特点

在 FORTRAN90 中,除保持了 FORTRAN77 的全部优点外,又加进了许多具有现代特征的新功能,对 FORTRAN77 做了较大的扩充和完善,为 FORTRAN 语言注入了新的活力。FORTRAN90 显著的扩充主要有如下 7 个方面:

①引入了数组运算。
②提高了数值计算的功能。
③内在数据类型的参数化。
④用户定义的数据类型。
⑤用户定义的运算和赋值。
⑥引入模块数据及过程定义的功能。
⑦引入指针概念。

另外,还包括了其他一些扩充。例如,改进了源程序的书写形式,引入了更多的控制构造和递归过程、新的输入/输出功能及动态可分配数组等。

FORTRAN90 的先进性,体现在以下方面:

①增加了许多具有现代特点的项目和语句,用新的控制结构实现选择、分叉与循环操作,真正实现了程序的结构化设计。
②增加了结构块、模块及过程调用的灵活性,使源程序易读易维护。
③吸收了 C、PASCAL 语言的长处,淘汰或拟淘汰 FORTRAN77 中过时的语句,具有现代语言的特色。
④在 FORTRAN77 数值计算的基础上,进一步发展了数值计算的优势。新增了许多先进的调用手段,扩展了 FORTRAN77 的操作功能。

FORTRAN77 程序仍能在 FORTRAN90 编译系统下运行,即具有对 FORTRAN77 的向下兼容性。

2.2 固有数据类型及常量

2.2.1 固有数据类型

FORTRAN90 的数据类型十分丰富,既有 FORTRAN90 语言预先定义的内部数据类型——固有数据类型,又可由用户通过内部数据类型定义派生数据类型。本节将介绍固有数据类型,而派生数据类型将在以后的章节里加以介绍。

FORTRAN90 的固有数据类型有:整型、实型、复型、字符型和逻辑型。每个固有类型都有一个种别(KIND)参数,如"INTEGER(1)"中种别值(KIND 的值)取为 1,种别的存在有利于进一步描述数据类型。在数值类型中,种别参数描述了精度和十进制指数范围。而对于字符型只有一种种别。

1. 整型数据

整型可以表示为 INTEGER、INTEGER(1)、INTEGER(2)、INTEGER(4)。

表 2-1 列出了每种数据所占的字节和范围。当不指明种别值时,INTEGER 默认 KIND 值为 4,即 INTEGER(4)。

表 2-1 整型数据类型的字节和范围

数据类型(种别)	字节	范围
INTEGER(1)	1	$-128 \sim 127$
INTEGER(2)	2	$-32768 \sim 32767$
INTEGER(4)	4	$-2147483648 \sim 2147483647$

2. 实型数据

实型数据以单精度和双精度来表示数学上的实数。这些数据也称为"浮点数"。单精度用 REAL(4)表示,双精度用 REAL(8)表示。

表 2-2 列出了每种数据所占的字节和范围。当不指明种别值时,REAL 默认 KIND 值为 4,即 REAL(4)。

表 2-2 实型数据类型的字节和范围

数据类型	字节	精度	范围
REAL(4)	4	最左边的 7 位	负数:$-3.40282347E+38 \sim -1.17549435E-38$ 正数:$+1.17549435E-38 \sim +3.40282347E+38$
REAL(8)	8	最左边的 15 位	负数:$-1.7976931348623158D+308 \sim -2.2250738585072013D-308$ 正数:$+2.2250738585072013D-308 \sim +1.7976931348623158D+308$

3. 复型数据

COMPLEX(4)数据类型是一对有顺序的单精度实数,COMPLEX(8)数据类型则是一对有顺序的双精度实数。单精度复数在内存中占 8 字节(实部和虚部各占 4 个字节),双精度复数占 16 字节(实部和虚部各占 8 个字节)。由于复数是由两部分组成,所以在输入/输出时要给予特别的注意。当不指明种别值时,COMPLEX 默认 KIND 为 4,即 COMPLEX(4)。

4. 字符型数据

字符型数据又称为"字符串",字符型数据的值的集合为字符。每个字符在内存中占一个字节,定义字符型变量的关键字是 CHARACTER。如果字符串的长度大于1,则应当采用 CHARACTER(LEN=N)来表示,其中 N 表示字符串的长度,为一个整型的常数。

5. 逻辑型数据

逻辑型数据由关键字 LOGICAL 来指定,可以分为 LOGICAL、LOGICAL(1)、LOGICAL(2)或 LOGICAL(4)。当不指明种别值时,LOGICAL 默认 KIND 值为 4,即 LOGICAL(4)。

2.2.2 常量

所谓"常量"是指在程序运行期间其值始终保持不变的一些量。例如,3、7.2、−10 等都是常量。在 FORTRAN90 中允许使用下面 6 种常量。

> 整型常量
> 实型常量
> 双精度实型常量
> 复型常量
> 逻辑型常量
> 字符型常量

前 4 种常量属于算术型常量,又称为"常数"。后两种常量的值不是数值,所以称为"常量"。

1. 整型常量

整型常量又称为"整型常数或整数"(INTEGER)。它是一个正的,或负的,或零的数。例如,18、−23、+325 等。FORTRAN90 中的整数不应该包括小数点,例如,−10.0、8.0、100.0 等都不是 FORTRAN90 整数。整数既可以包括数符(正负号),也可以不包括数符(此时数为正,如+3 与 3 等价)。程序中常数的各数字之间的空格是非法的,例如,34 写成 3 4 在程序中是错误的。常数中不允许加入逗号或分号等分节号,例如,12000 不能写成 12,000 或 12;000。

用两个字节来存储一个整数时,整数的范围为:−32768～32767。用 4 个字节存储一个整数时,整数的范围为:$-2^{31} \sim 2^{31}-1$,即−2147483648～2147483647 之间,约为正负 21 亿。

2. 实型常量

实型常量也称"实数"(REAL)。实数有如下两种表示形式。

①小数形式。即日常习惯使用的小数形式,如:+32.25、−789.56、0.0 等。它由一个或多个数字和一个小数点组成(必须包含一个小数点而且只能有一个小数点)。小数点前或小数点后可以不出现数字,但不能小数点前后都不出现数字。如:+45.8、−89.56、0.0、.56、89.、.0 是合法的实数,而 18、36、7、.(只有一个小数点而无数字)都是非法实型常量。

②指数形式。在数学中,常用指数形式表示一个大数或小数,例如,中国人口十二亿四千万,可以记为 $12.4*10^8$,电子的质量为 $0.91*10^{-30}$ 千克等。由于在计算机设备中无法用上角和下角字符,所以用 E(英文指数 EXPONENT 的第一个字母)表示以 10 为底的指数,如 $10.3*10^8$ 在 FORTRAN90 中表示为 10.3E+08 或 10.3E8,而 $0.91*10^{-30}$ 表示为 0.91E−30。

可以看到,用指数形式表示的实数由两部分组成,即数字部分和指数部分,如:

  10.3   E8   0.91   E－30

 数字部分   指数部分   数字部分   指数部分

  数字部分既可以是不带小数点的整数形式,也可以是带小数点的实数,如:3E5、3.0E5均合法。但指数不能为小数,如:3E5.6、8.6E－3.7不合法。指数部分不能单独用来代表一个常数,如:E12不是合法的FORTRAN90常数。在数字部分和指数部分之间也不能画蛇添足地加上乘号,如:10.3E8不应写成10.3*E8。

  一个实数既可以写成小数形式,也可以写成指数形式。用指数形式时可以用不同的指数表示,如:18.365、1.8365E1、0.18365E2、18.3650、18365E－3,都表示同一个实数,它们是等价的,在程序中可写成任一种形式。在FORTRAN90中,以上各种指数形式都是合法的,它们代表同一个数。但在计算机输出数据时,只能按照一种标准的指数形式输出。不同的计算机系统采用不同的标准化形式。常用的标准化形式有两种:

  ①一种标准化的指数形式是:数字部分小数点前仅有一位整数,仅有的这位整数是一个非0的数字,即数字部分的值大于1.0小于等于10.0的实型数。如图2-1所示。FORTRAN POWER STATION4.0采用的就是这样的标准。

图2-1 标准化形式实数示例

  ②有的计算机系统规定数字部分的值小于1(即在小数点前的数字必须为0),小数点后的第一个数字必须为一个大于0的数字。如:0.123456E＋08。

3. 双精度实型常量

  双精度实型常量就是用D取代E的指数形式的实型常量,它是指数形式的实型常数的另一种表示法。这种表示法用字母D取代E,强调相应的实型数是双精度型。例如:

  0.222E23 变成 0.222D23

  2.222E－23 变成 2.222D－23

4. 复型常量

  在数学上,复数一般表示形式是:A＋Bi。其中,A是复数的实部;B是复数的虚部;i是虚数单位。

  在FORTRAN90中,可以使用复数。复数常量的形式是:括号内由逗号分开的一对实型常量,其中第一个实型常数表示复型常量的实部,第二个实型常数表示复型常量的虚部。表2-3列出了若干复型常量的例子。

表2-3 复型常量的表示方法

数学中的复数表示形式	FORTRAN90中的复型常量
1＋i	(1.0,1.0)
5＋6i	(5.0,6.0)
5	(5.0,0.0)
6i	(0.0,6.0)
－1/2－4.8i	(－0.5,－4.8)

5. 逻辑型常量

FORTRAN90中只有两个逻辑型常量:.TRUE.(真)、.FALSE.(假)。在FORTRAN90中,逻辑型常量的两边必须各有一个".",即逻辑"真"为.TRUE.,逻辑"假"为.FALSE.,如果没有两侧的".",就会把它们作为一般的变量名来处理,而不作为逻辑型常量了。

6. 字符型常量

字符型常量的标准格式是:一个撇号后跟非空字符串,后面再跟一个撇号。这里的撇号既可以是单撇号,也可以是双撇号。例如:

｀CHINA｀   表示字符串 CHINA
｀4567｀   表示字符串 4567
"3＊X＊X＋4"   表示字符串 3＊X＊X＋4
"－4567"   表示字符串 －4567

字符型常量是区分大小写的,例如,｀CHINA｀与｀china｀是不同的字符串。

字符型常量所包含字符个数称为"字符常数的长度"。计算字符常量的长度时要注意,作为分隔符的撇号不是字符常数内容。

注意:若字符型常量中包含界定符,则用两个字符代表一个字符。

例如:

"AB""CD"   表示字符串 AB"CD,长度为 5
｀ABCD｀E｀   表示字符串 ABCD｀E,长度为 6

2.3 变 量

2.3.1 变量的概念

变量是在程序执行过程中其值可以变化的量。一个变量用一个固定的名称,即变量名作为标识。程序运行时,系统为每一个变量分配一个存储单元,用来存放相应的数据,这个被存放的数据称为"变量的值"。如图 2-2 所示。

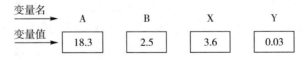

图 2-2　变量和变量名

当给一个变量赋予一个值时,就称此变量"被赋值"。在程序中用到的变量,应该给它赋予确定的值,否则计算机系统便会使它有一个不确定的值。例如,如果程序中第一个语句为:PRINT＊,A,由于 A 未曾被赋予确定的值,因此打印输出的 A 值是不可预料的(也有些系统使未被程序赋值的数值的初值为零)。

在程序运行过程中,可以用一个新值代替变量的原值。例如,下面的语句:

A = 18.3
A = 20.6

则变量 A 的值的变化如图 2-3 所示。

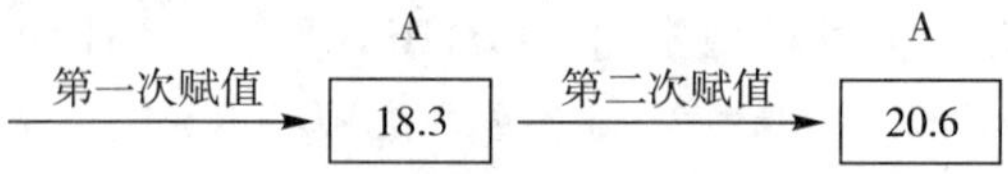

```
            A                    A
第一次赋值 ┌──────┐ 第二次赋值 ┌──────┐
─────────→│ 18.3 │──────────→│ 20.6 │
          └──────┘            └──────┘
```

图 2-3 同一个变量值的变化

在执行第一条语句后 A 的值为 18.3，在执行第二条语句后 A 的值变为 20.6。也就是说，在每一个瞬时，一个变量只能有一个确定的值，当 A 被赋予新值 20.6 时，原来的值 18.3 便被取代了。但是仅仅引用变量，它的值不会改变。

2.3.2 变量名

一个变量需要用一个名字来识别，称为"变量名"。在同一个程序单位里，不能将两个变量命成相同的名字。

一个变量应该有一个属于它的名字。FORTRAN90 变量名必须同时符合下列规定：
① 变量名是字母、数字或下划线的组合。
② 变量名必须以英文字母开头。
③ 变量名长度最多可以包含 31 个字符。

按照以上 3 个规定，下面的名字都是合法的，都可以作为变量名：
　　SUM　　NAME　　YEAR1　　MONTH2　　DAY_3　　AVERAGE　　STUDENT_NAME2
而下列名字是不合法的，不可以作为变量名：
　　C D　　DR.CLIT　　_DATE　　A＝B　　♯110　　DUG-OUT

一个变量名中是不能随便插入空格的，带空格的变量名是非法变量名。如上例的 C D，中间包含了空格，就是非法的变量名，含有非法变量名的程序在编译时就会出现错误。

FORTRAN90 对于变量名字中字母的大小写没有要求，名字中的大写字母和小写字母是等价的，可以互相代替。例如，STUDENT_ NAME 与 student_ name 指的是同一个变量，出于习惯上的考虑，通常情况下 FORTRAN90 变量采用大写字母。

在 FORTRAN90 标准中，并没有规定保留字，因此完全可以使用其中的函数名或关键字作为变量名。但为了避免混淆，建议不要使用 FORTRAN90 中已有的具有特定意义的名字作为变量名。在变量命名的时候，最好遵循"见名知意"的准则，即选择符合变量在程序中所代表意义的英文单词或拼音字母作为变量名，例如，使 NAME、DAY、CLASS、COUNTRY、SUDU、WEIYI 等作为姓名、日期、班级、国家、速度、位移等变量的名字。

2.3.3 变量类型

变量的数据类型是指变量中存放数据的类型，变量的值随着程序执行可以发生变化，但是无论变量值如何变化，它的数据类型是固定不变的，即一个变量的类型定义以后就不再改变，除非重新定义了这个变量。变量按类型分为 5 类：整型变量、实型变量、复型变量、字符型变量和逻辑型变量。整型变量用来存放整型数据，实型变量用来存放实型数据。

对变量进行类型说明也称为"对变量的定义"，变量的类型由类型说明符来说明。在一个 FORTRAN90 程序中，变量类型说明语句一般位于程序的开始部分，变量的类型说明一般形式如下：

  类型说明符［［,属性］…］::变量名列表

 上述"::"符号是 FORTRAN90 中变量说明的标志。［］内的内容是可选的,在本书中约定,方括号［］中的内容表示可选项。类型说明中的属性可以根据变量的性质而定,在以后的章节中将陆续介绍各种属性,如 PARAMETER、POINTER、TARGET 等。类型说明符可以是固有类型说明符或派生的类型。其中固有数据类型的变量说明相对简单,派生类型变量说明在后续的章节中会慢慢展开。下面举例固有数据类型的变量说明如下：

  CHARACHER(LEN = 6)::NAME 说明 NAME 是一个长度为 6 的字符型变量

  INTEGER::AGE   说明 AGE 是一个整型变量

  REAL::SCORE   说明 SCORE 是一个实型变量

 对于字符型变量的说明,可以写成如下形式：

  CHARACHER::STR

 表示 STR 是长度为 1 的字符型变量,这样的类型说明等价于：

  CHARACHER(LEN = 1)::STR

 在变量的类型说明过程中,如果有几个变量的类型相同,比如变量 A、B、C 都是整型,则可以一次性定义 3 个变量,各变量间用逗号分隔。

  INTEGER::A,B,C   同时定义了 3 个整型变量 A,B,C

 在 FORTRAN90 中,在说明变量类型的同时可以给变量赋初值,例如：

  REAL::SCORE = 89.5   说明一个实型变量 SCORE,赋初值 89.5

 也可以在定义多个变量时,给一部分变量赋初值,例如：

  INTEGER::A = 12,B = 4,C   说明整型变量 A,B,C,并给变量 A 赋初值 12,变量 B 赋初值 4

 必须强调的是,FORTRAN90 以前版本中,对整型和实型变量类型有隐含约定,即 I-N 规则：除非特别声明外,凡以 I、J、K、L、M、N 这 6 个字母开头的变量名都被默认为整型变量,以其他字母开头的变量名表示实型变量。为了确保兼容以前版本的程序代码,FORTRAN90 版本仍然可以默认使用 I-N 规则。但是,作为一种新版本,FORTRAN90 并不推荐使用 I-N 规则,因为这种隐含约定往往会带来严重的程序错误。

 为保证其严谨的程序设计风格,在 FORTRAN90 的程序中,可以使用如下的语句取消 I-N 规则：

  IMPLICIT NONE

 这条语句一定要放在程序的开始部分,这样 I-N 规则在本程序中将不再适用。如下面一段变量说明：

  IMPLICIT NONE

  INTEGER::SUM

  REAL::AVERAGE,TOTAL

  CHARACHER(LEN = 8)::STRING

 上面这段类型说明中,IMPLICIT NONE 是放在程序的开始部分的,这样就取消了 I-N 规则的隐含作用。

 取消 I-N 规则后,程序中的所有变量在使用前要先进行类型说明,即变量必须先定义后

使用,没有定义的变量在FORTRAN90集成开发环境Fortran PowerStation4.0中将不能通过编译、连接和运行。

2.4 FORTRAN90 的字符集

FORTRAN90字符集指在FORTRAN90程序中可以出现的字符,该字符集由下面字符组成:

①所有大写和小写英文字母:
A B C D E F G H I J K L M N O P Q R S T U V W X Y Z, a b c d e f g h i j k l m n o p q r s t u v w x y z
在控制程序方面不区分字母的大小写(除了字符常量)。

②10个阿拉伯数字:
0 1 2 3 4 5 6 7 8 9

③下划线(_)。

④其他特殊字符,如表2-4所示。

表2-4 其他特殊字符

字 符	名 称	字 符	名 称
空格或(TAB)	空格或TAB	:	冒号
=	等号	!	感叹号
+	加号	"	引号
-	减号	%	百分号
*	星号	&	AND(与)符号
/	斜线	;	分号
(	左括号	<	小于号
)	右括号	>	大于号
,	逗号	?	问号
.	句号(小数点)	$	美元符号
'	撇号		

⑤其他可打印字符。

2.5 FORTRAN90 的标准函数

与其他高级语言比较,FORTRAN90语言具有强大的数值计算功能,其丰富的内在函数库就是其功能强大的体现。FORTRAN90将常用的函数,如三角函数、平方根函数及指数对数函数等编写成独立的函数放入函数库中,这些由FORTRAN90提供的函数称为"标准函数"(也称为"内部函数"或"固有函数")。程序开发人员不必重新编写实现上述函数运

算的语句段,在程序中直接调用内在函数即可实现特定的运算。标准函数的一般形式为:

函数名(函数参数)

例如:

求 3.5 的正弦函数可以表示为 SIN(3.5);

求 2.0 的自然对数可以表示为 LOG(2.0);

求 2.56 的平方根可以表示为 SQRT(2.56)。

FORTRAN90 常用的标准函数如表 2-5 所示,下面对表 2-5 中较难理解的函数举例说明。

函数 INT 对参数取整,如 INT(4.52)=4,INT(-4.52)=-4;

函数 MOD 取第 1 个变量除以第 2 个变量后的余数,如 MOD(11,4)=3;

函数 MAX 取参数中的最大值,如 MOD(3,5,2,14,-36,0)=14;

函数 MIN 取参数中的最小值,如 MIN(3,5,2,14,-36,0)=-36;

符号传递函数 SIGN,如 SIGN(3,-1)=-3,SIGN(-3,-1)=-3。

从上面例子中不难发现,INT 函数的作用是简单截去一个实数的小数部分,和数学中的取整运算稍有差别。

SIGN 函数的作用是符号传递,即把第二个参数的符号传递给第一个参数,这样函数值的符号最终由第二个参数决定,大小则由第一个参数决定。利用 SIGN 函数可以判断两个参数的符号是否相同,如果 SIGN(X,Y)=X,则说明 X 和 Y 同号,否则 SIGN(X,Y)=-X,说明 X 和 Y 异号。

表 2-5 FORTRAN90 常用内在函数表

函数名	含 义	例 子
ABS	求绝对值	ABS(X)
ACOS	求反余弦	ACOS(X)
ASIN	求反正弦	ASIN(X)
ATAN	求反正切	ATAN(X)
COS	求余弦	COS(X)
EXP	求指数运算	EXP(X)
INT	取整运算	INT(X)
LOG	求自然对数	LOG(X)
MAX	求最大值	MAX(X,Y[,Z,…])
MIN	求最小值	MIN(X,Y[,Z,…])
MOD	求余	MOD(X,Y)
SIGN	求符号	SIGN(X,Y)
SIN	求正弦	SIN(X)
SQRT	求平方根	SQRT(X)
TAN	求正切	TAN(X)

综合以上函数可以看出,在使用一个函数的时候要注意参数的个数、顺序和类型。

①一个标准函数要求有一个或多个参数。例如,平方根函数只能有一个参数,SQRT(4,5)

就是错误的,MOD 和 SIGN 函数需要两个参数,MAX 和 MIN 函数要求两个或两个以上的参数。

②在某些函数的使用中,参数的顺序是十分重要的。例如,MOD 函数和 SIGN 函数,MOD(11,4)其值为 3,而 MOD(4,11)其值为 4,同样 SIGN(3,−1)和 SIGN(−1,3)也是不同的。而另外的一些函数对参数的前后顺序没有任何要求,例如,MIN(3,5,2,14,−36,0)和 MIN(0,3,5,−36,2,14)的最后结果完全相同。

③函数的参数是有类型的,函数的值同样也是有类型的。例如,MOD 函数的参数要求是整型的,其结果也是整型的;平方根函数的参数要求是实型的,其结果也是实型的;三角函数的参数必须是实型的,最后的结果也是实型的。而有些函数则对参数的类型限制较为宽松,SIGN、MAX 和 MIN 函数的参数是实型和整型均可,其函数值也是和参数的类型相对应的。在多参数的函数中,其参数的类型必须完全相同,否则编译就会出错。

函数的参数可以是常量、变量或表达式。例如,SIN(2.0)、SIN(2.0*4.5)和 SIN(X)(X 是实型变量)都是合法的。还应注意的是,三角函数中的角度单位是"弧度"而不是"度",在实际编程时要注意转化。

2.6 算术表达式

FORTRAN90 有 3 种表达式,即算术表达式、逻辑表达式和字符表达式。这里先介绍算术表达式,逻辑表达式和字符表达式在后面的章节里介绍。算术表达式是由 FORTRAN90 的算术运算符将参与运算的量连接在一起,构成有特定意义的符合 FORTRAN90 语法规则的式子,称为"算术表达式"。

2.6.1 算术运算符与优先级

算术运算符是 FORTRAN90 内置的,共有 5 种算术运算符,分别是+(加)、−(减)、*(乘)、/(除)、**(乘方)。

运算符按操作数的个数分为一元运算符(单目运算符)和二元运算符(双目运算符)。一个算术运算符如果有两个操作数,如:A+B,就称作"二元运算符"。当运算符只有一个操作数时,如:−A 中的"−",则是一元运算符。

在算术表达式中,各算术运算符之间有一定的优先顺序,优先级别越高,越先进行运算。乘除运算级别高于加减运算,乘方又高于乘除。同一运算级别的则按"从左到右"的原则。如表 2-6 所示。

表 2-6 算术运算符

运算符	含 义	优先级
+	加法运算符	3
−	减法运算符	3
*	乘法运算符	2
/	除法运算符	2
**	乘方运算符	1

例如,表达式 9－4＋12/3＊2＊＊3 的运算先后顺序为:首先进行乘方运算 2＊＊3,结果为 8;然后进行 12/3＊8,先算 12/3 得 4,再乘以 8 得到 32;最后运算 9－4＋32,按照同一运算级别"从左到右"的原则,得到 37。

注意:一些较特殊的运算符,如乘方运算符,其运算顺序要多加注意。例如,2＊＊3＊＊2,应该先算 3＊＊2,再算左边的乘方,最后结果是 512,而不是 64。

如果算术表达式中包含括号,则括号内的表达式最先进行运算。FORTRAN90 中没有大、中、小括号之分,一律采用小括号。所以当括号层次比较多的时候,一定要注意每个括号左右的对应,即左右括号要成对出现。

在算术表达式中,禁止使用未被允许的数学运算,例如,被零除,负数在实数范围内开平方根等。

在 FORTRAN90 表达式中出现的符号只能是 FORTRAN90 字符集中规定的字符。例如,与数学表达式 $\frac{6e^3}{\sqrt{11}}\sin x$ 对应的 FORTRAN90 表达式为:

6＊EXP(3.0)/SQRT(11.0)＊SIN(X)

上式中,分数线不在 FORTRAN90 字符集中,所以就用"/"号代替,既符合数学意义,又符合 FORTRAN90 表达式书写规则。同样的道理,开平方根符号"$\sqrt{}$"用固有 SQRT 代替,指数 e 用固有函数 EXP 代替。

2.6.2 算术表达式中的类型转化

FORTRAN90 中的常量和变量是分类型的,那么在算术表达式中能不能出现不同类型的数据呢?如果出现了不同类型的常量或变量,FORTRAN90 将做怎样的处理呢?

如前所述,FORTRAN90 中的常量和变量都可以分为整型、实型、复型、字符型和逻辑型 5 类,整型、实型和复型属于数值型数据类型,而字符型和逻辑型属于非数值型数据类型。FORTRAN90 允许不同类型的数值型数据类型之间进行算术运算,但不允许在数值型数据类型与非数值型数据类型之间进行算术运算。

同类型之间的算术运算的结果仍然保持原类型不变。如:2＊5 的值为 10,是整数;2.0＊5.0 的值为 10.0,是实数;3＊＊4 的值为 81,是整数;3.0＊＊4.0 的值为 81.0,是实数。

不同类型的数值型数据类型之间的算术运算遵循一定的规则,即低级类型转换成高级类型,这种转换是系统自动进行的。整型数据是最低级的数据类型,这意味着在整型数据和实型数据之间进行算术运算的时候,整型数据将转换为实型数据。如:3＋4.0,在程序执行时,系统首先将整数 3 转换成实数 3.0,然后加上 4.0 得到 7.0,结果是实型数据类型。这条规则对每个算术运算符都是适用的,又如:10/3.0 的值为 3.33333,是实数;4.0/5 的值为 0.8,是实数;2＊＊(－2.0)的值为 0.25,是实数。

这也就是说,整型数据和实型数据、实型数据和整型数据以及实型数据和实型数据之间的算术运算其结果都是实型数据。

但要注意,数据类型的转换是从左至右进行的,在遇到不同类型的数据时才开始转换。例如,9/4/3.0,计算时,首先进行 9/4 的整数除法运算,并没有把 9 和 4 转换成实数 9.0 和 4.0 进行实数之间的除法,这样结果为 0.666667,而不是想得到的结果 0.75。

2.6.3 整数的除法

在进行除法运算的时候,如果是整数之间的除法,那么结果也是整数。在整除的情况下没有任何影响,但若不能整除,最后结果仅仅是商的整数部分,小数部分将被去掉。因此,下列表达式的结果是这样的:12/5 结果为 2;-8/3 结果为-2;3*7/8 结果为 2。再如表达式 I=1/5+1/5+1/5+1/5+1/5,最后 I 等于零。如果要表示分数 1/2,要么用 0.5,要么用 1.0/2.0,一定不要直接使用 1/2,否则结果将为零。

习题 2

一、单项选择题

1. 下面符号是合法变量名的是_____。
   A. _UNDER   B. A&B   C. SUM_1   D. 5B
2. 下列不是 FORTRAN90 常量的是_____。
   A. (3.0,4.0)   B. 3.1416D+00   C. 2/3   D. 'Very good!'
3. 下面是 FORTRAN90 中正确的表达式是_____。
   A. A*COS(X)+|B| B. 2*EXP(2)/SORT(16)
   C. B^2-4AC   D. MOD(24.5,0.5)
4. 在 FORTRAN90 的类型定义中,缺省种别值的情况下,一个 INTEGER 类型占用_____字节。
   A. 1   B. 2   C. 4   D. 8
5. 算术表达式 1/3+2/3 的值为_____。
   A. 0   B. 1   C. 0.99999999   D. 值不确定
6. 下列数据类型中,不属于固有数据类型的是_____。
   A. REAL   B. FLOAT   C. CHARACTER   D. LOGICAL
7. 下列字符型常量中,正确的是_____。
   A. 'AABBCC"   B. "AABBCC'   C. "AABBCC"   D. AABBCC
8. 圆的直径存放在整型变量 K 之中,下列计算圆面积的表达式中正确的是_____。
   A. 3.1415926*K*K/4   B. 3.1415926*(K*K/4)
   C. 3.1415926*(K/2)**2   D. 3.1415926*(K/2)*(K/2)
9. 表达式 1+SQRT(B*B-4.0*A*C)*ABS(X)<3E-5 值的类型为_____。
   A. 逻辑型   B. 整型   C. 实型   D. 字符型
10. 执行下列赋值语句 R=25**(6/12)后,变量 R 的值为_____。
    A. 5.0   B. 0   C. 1   D. 1.0

二、填空题

1. $\frac{3}{5}\sqrt{3}e^2$ 相应的 FORTRAN90 算术表达式是_____。

2. $\dfrac{x^2+y^2}{|\sin(x+3)-\cos y|}$ 相应的 FORTRAN90 算术表达式是_____。

3. $\dfrac{y}{x}+x^3-y^3$ 相应的 FORTRAN90 算术表达式是_____。

4. $\ln(5+x^2+y^2)$ 相应的 FORTRAN90 算术表达式是_____。

5. $\sqrt{s(s-a)(s-b)(s-c)}$ 相应的 FORTRAN90 算术表达式是_____。

6. FORTRAN90 程序中,缺省种别值时,INTEGER 类型数据占_____字节。

7. 定义逻辑类型变量使用关键字_____。

8. 表达式 1/3＋1/3＋1/3 的值是_____。

9. FORTRAN90 中,函数 LEN("ABCD1234") 的值是_____。

10. FORTRAN90 中,函数 MOD(10,5) 的值是_____。

第 3 章
简单结构程序设计

考核目标

- 了解：FORTRAN90 语言程序的基本结构特点。
- 理解：PARAMETER、PROGRAM、END、STOP、PAUSE 等语句。
- 掌握：FORTRAN90 语言的程序结构,赋值语句,数据的输入和输出,各种格式控制符的使用。
- 应用：正确使用格式控制符进行数据输入输出,运用赋值语句、输入输出语句等基本语句编写顺序结构程序。

本章主要介绍了FORTRAN90的程序结构、赋值语句、输入输出语句、格式编辑符及其他一些简单语句等，并给出了一些简单程序设计的例子。

通过本章的学习，要求学生掌握FORTRAN90的程序结构、赋值语句、格式语句、参数说明语句等；理解赋值语句的执行过程、简单程序设计的基本过程；了解格式控制符及其在格式控制中的作用。

3.1 FORTRAN90 程序分析

FORTRAN90的书写格式较为自由，在合乎语法的前提下，使用者拥有更大的自主权。一个简单的FORTRAN90程序基本结构如下：

[PROGRAM 程序名称]
　[说明语句部分]
　[执行语句部分]
END [PROGRAM [程序名称]]

其中，PROGRAM语句称为"主程序语句"，说明语句用于对用户命名的表示符进行定义或说明，执行语句是程序运行时要进行的操作。END语句是程序结束语句。上述方括号[ ]中的内容表示是可选项。

从中可以看出，只有END才是一个FORTRAN90程序所必需的。对FORTRAN90程序而言，END意味着程序的编译到此为止，即程序的结束。

下面是FORTRAN90程序在编写时需要遵守的规则：

①在没有程序名称的时候，程序开头的PROGRAM应该省略。如果使用了程序名称且在END语句中出现，则END语句中的PROGRAM不能省略。为了增加程序的可读性，建议不要省略PROGRAM语句。

②语句是一个程序的基础，FORTRAN90的语句行可以是0到132个字符。FORTRAN90允许出现空语句行，使用空语句行可以使程序的可读性增强。

③在FORTRAN90中，除了赋值语句之外，每个语句都要使用关键字开头。所谓"关键字"是指FORTRAN90系统使用的具有一定含义和功能的词，如PROGRAM、END、PRINT等。

④FORTRAN90对字母的大小写是不加以区分的，用户可以根据自己的习惯使用大小写。为了便于阅读，本书一律采用大写英文字母，同时请读者注意：若无特别说明，符号"␣"表示空格。

⑤在FORTRAN90中每行有一条语句。如果希望一行中出现多个语句，语句间要用分号隔开。为了增加程序的紧凑性，较短的语句可以放在一行，如两个简单的赋值语句可以写成：

　　PI=3.1415926;R=10.0;H=8.0

⑥在编程的时候，使用空格可以调整程序的格式，如使语句缩进等，这样可以增强程序的可读性，给程序的调试带来方便。但是，应该注意的是空格并不是随处都可以使用的，像关键字、变量和常量名以及操作符等字符，其内部是不能使用空格的，空格会使字符失去其原有的含义。

⑦FORTRAN90的注释语句以感叹号为标志,注释语句的目的是为了增加程序的可读性。在程序编译的时候,一行中感叹号后的所有字符都被编译器作为注释语句而忽略。注释语句可以单独占一行,也可在程序的其他语句后面出现。

在 FORTRAN90 中,空行被作为注释语句。

⑧在编程的时候,如果遇到一条语句的长度超过了 FORTRAN90 所允许的行最大长度,需要写成几行,第 1 行称为"起始行",从第 2 行开始以后的各行称为"继续行"。这时,编译器如何来辨认某一行是上一行的续行而不是新语句呢?FORTRAN90 提供了一个续行符(&)来解决这个问题,通过在语句末尾添加续行符,编译器就会把下一行作为续行来处理。如果是把一个如关键字这样的字符分成两行,那么需要在下行语句的开头再加一个续行符,这样编译器就能够把这个分离的字符当作一个完整的字符处理。不过,一个严谨的编程人员是不会轻易使用这种方法的,因为它破坏了程序中字符的完整性,给阅读程序带来一定的困难。

如果续行符出现在注释语句中,则失去了续行的功能。

下面给出一个简单的例子,以对上述内容做一个直观的解释。

【例 3-1】 简单结构程序示例。

```
PROGRAM EXAMPLE1
    IMPLICIT NONE
    CHARACTER (LEN = 20)::NAME
    PRINT *                    !打印空行
    NAME = ´WYG´
    PRINT * ,´您好,´,&         !使用续行符 &
       NAME
    PRINT *
    PRINT * ,´欢迎进入 FORTRAN90 世界!´
END PRO&
&GRAM EXAMPLE1                 !续行符也可连接一个关键字,但这种方法不建议使用
```

程序运行结果如图 3-1 所示。

图 3-1 例 3-1 程序的运行结果

【例 3-2】 已知一个圆的半径为 R、高度为 H,写出计算圆周长、圆面积、圆柱全面积、圆锥侧面积、圆锥体积的程序。

先给出数学公式:

圆周长:$C = 2\pi R$

圆面积:$S1 = \pi R^2$

圆柱全面积:$S2 = 2\pi R(H + R)$

圆锥侧面积：$S3 = \pi R \sqrt{R^2 + H^2}$

圆锥体积：$V = \dfrac{1}{3}\pi R^2 H$

如果 $R=10$ 米，$H=8$ 米，则程序可以写为：

```
PROGRAM EXAMPLE2                                    !主程序语句
  IMPLICIT NONE
  REAL::R,H,C,S1,S2,S3,V,PI                         !说明语句
  PI = 3.1415926；R = 10.0；H = 8.0                   !赋值语句
  !下列语句的作用是计算并赋值
  C = 2 * PI * R
  S1 = PI * R * R
  S2 = 2 * PI * R * (H + R)
  S3 = PI * R * SQRT(R * R + H * H)
  V = (PI * R * R * H)/3.0
  !下列语句的作用是输出计算结果
  PRINT * , ´圆周长：´,C
  PRINT * , ´圆面积：´,S1
  PRINT * , ´圆柱面积：´,S2
  PRINT * , ´圆锥侧面积：´,S3
  PRINT * , ´圆锥体积：´,V
END PROGRAM EXAMPLE2                                !程序结束语句
```

这个程序很简单，对于 C、S1、S2、S3、V 的计算过程就是一种公式翻译。这其中只有两个地方与数学公式不同：

①PI 代替了"π"，这是由于键盘上没有"π"这个字符。

②$\sqrt{}$ 用 SQRT 代替，SQRT 是 squareroot 的缩写，在 FORTRAN90 中是一个内部函数，作用就是求正实数平方根。

程序的运行结果如图 3-2 所示。

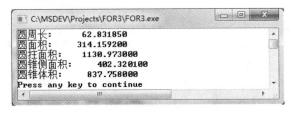

图 3-2 例 3-2 程序的运行结果

3.2 赋值语句

赋值语句的作用是将一个量赋给一个相应类型的变量。赋值语句的一般格式为：

$$V = E$$

其中，V 为变量名，"="为赋值号，E 是一个表达式。

例如，赋值语句：
  A=31125*R**2
的作用是将算术表达式 31125*R**2 的计算结果赋值给变量 A。

赋值语句可以分为算术赋值（整型、实型、复型）、逻辑赋值和字符串赋值三种情况。本章节主要介绍算术赋值语句。

算术赋值语句的执行过程如下：

①计算算术表达式 E 的值。

②检查表达式值的数据类型与左边变量 V 的数据类型是否一致（这里是指是否都是整型或实型或复型）。如果不同，则将表达式值的类型自动转换成左边变量的类型。

③将转换后的值赋给左边的变量 V。

关于算术赋值语句作如下说明：

①赋值语句中的"="号是"赋值"的符号，而不是等号。它的作用是将赋值号右边的表达式的值赋给左边的变量。例如，赋值语句"A=3.6"的作用是将 3.6 送到变量 A 中。如果有下面赋值语句：
  N=N+1
其作用是将 N 的原值加 1 再送回变量 N 中。

②算术赋值语句兼有计算和赋值双重功能。即先计算出表达式的值，然后将该值赋给一个变量。在 FORTRAN90 程序中的求值计算主要是用赋值语句来实现的。

③根据赋值语句的性质可以看出：赋值号左边只能是变量名（或数值元素名），而不能是表达式，赋值号右边可以是常量、变量或表达式（常量或变量是表达式的最简单的形式）。因此，下面的赋值语句是不合法的：
  X+Y=3.6

因为在内存中找不到一个"X+Y"的存储单元来存放 3.6 这个数值。显然，赋值号两侧的内容不能任意调换。下面两个程序（见图3-3）的执行结果是不相同的：

```
程序 1: PROGRAM EX  AM1        程序 2: PROGRAM EX  AM2
        IMPLICIT NONE                  IMPLICIT NONE
        A=1.0                          A=1.0
        B=2.0                          B=2.0
        A=B                            B=A
        PRINT *,A,B                    PRINT *,A,B
        END                            END
```

图 3-3 两个程序的比较

程序 1 打印出 A 和 B 的值均为 2.0，而程序 2 打印出来的 A 和 B 的值均为 1.0。这表明不同的赋值方式会影响程序的运行结果。

④执行赋值语句时的类型转换问题。一个算术赋值语句中被赋值的变量和表达式的类型可以相同，也可以不相同。FORTRAN90 规定：如果变量与表达式的类型相同，则直接进行赋值。例如：
  INTEGER::T=3   !T 和 3 都是整型，3 直接赋值给 T
  REAL::A=1.5*T   !A，1.5*T 都是实型，表达式 1.5*T 的结果赋值给 A

如果赋值号两边数据类型不同，则应先计算赋值号右边表达式的求值，然后将该表达式的值转换为赋值号左边变量的类型。如下面一些实例：

①赋值语句左边变量是整型,右边表达式的值是实型,此时表达式的值将截取小数部分变成整型再赋给左边变量。例如:

    INTEGER::I = 3.5 * 2.1

表达式 3.5 * 2.1 的值为 7.35,是一个实型数。而变量 I 为整型,因此系统先将 7.35 转换成整数 7,再赋给变量 I,I 的值等于 7。

②赋值语句左边变量是实型,右边表达式的值是整型,此时表达式的值将添加小数部分变成实型再赋给左边变量。例如:

    REAL::T = 3 * 5/7

表达式的值为 2,是一个整型数。由于 T 为实型,故系统先将整数 2 转换成实数 2.0,再赋给变量 T,T 的值为 2.0(在数学上 2 和 2.0 是等价的,但在 FORTRAN90 中二者在内存中的存储形式不同)。

③赋值语句左边变量是复型,右边表达式的值是整型或实型。例如:

    COMPLEX::COM1,COM2
    COM1 = 5 * 3
    COM2 = 5.0 * 4.0

此时,右边表达式的值自动转换成复型,第一个赋值语句中,先将整型数 15 转换成实型数 15.0,作为复型数的实部,复型数虚部为 0.0,因此变量 COM1 的值为 (15.0, 0.0)。第二个赋值语句中,实型数 20.0 作复型数的实部,复型数虚部为 0.0,即 COM2 值是 (20.0, 0.0)。

④赋值语句左边变量是整型或实型,而右边表达式的值是复型。例如:

    INTEGER::M
    REAL::X
    M = (1.0, 2.0) * 2
    X = (1.5, 2.0) + (2.0, 1.0)

此时,变量 M、X 赋值过程中,赋值号右侧表达式的值都是复型。赋值时应当将表达式的值舍去虚部,只将实部换成相应类型。因此,整型变量 M 获得整数值 2,实型变量 X 获取的实数值为 3.5。

综上所述,赋值号两边类型不同,也可以进行赋值,但是在编写程序时,应尽可能使赋值号两侧保持类型相同。

需要说明的是,如果不同类型进行转换,也要多花费机器的运行时间,所以不提倡在不同类型间进行赋值。

3.3 简单的输入输出语句

将有关信息输入计算机以及从计算机输出有关信息的过程都可以称作数据传递,数据传递在计算机软件中占有非常重要的地位。对于程序设计语言来说,数据传递即所谓的输入语句和输出语句。输入语句和输出语句在任何语言中都是必不可少的,FORTRAN90 中有两种不同的输入输出格式,即表控格式的输入输出和有格式的输入输出。

表控格式语句,又称"简单的输入输出语句"。本节主要介绍简单的输入输出语句,有格式的输入输出将在下一节详细阐述。

3.3.1 简单的输入语句

表控格式输入(又称"自由格式输入")就是 FORTRAN90 所提供的简单输入语句,它是在程序运行时,通过键盘给各变量输入数据的。在输入数据时不必指定输入数据的格式,只需将数据按其合法形式依次输入。

表控输入语句的一般格式为:

READ*,变量列表

其中变量列表中的变量之间用逗号分隔开。所谓"表控格式输入",表示当执行上述两个语句时,要求系统从默认的输入设备上进行输入数据,通常系统默认的输入设备是键盘。例如:

INTEGER::NUMBER1,NUMBER2

READ*,NUMBER1,NUMBER2

表示当计算机执行上述 READ 语句时,要求从键盘上输入两个整型常数存入整型变量 NUMBER1 和 NUMBER2 中。

在输入数据时,如果只有一个数据,那么直接输入即可。在遇到多个数据的情况时,数据之间要插入特定的分隔符将数据分隔开,否则计算机会把输入的多个数据当作一个数据来处理。

允许使用的分隔符可以是空格、逗号(,)、斜杠(/)和回车(✓)。两个数据间空格可以有多个,但逗号只能有一个,多个逗号意味着对某些变量输入空数据。

【例 3-3】 输入数据采用逗号分隔示例。

```
PROGRAM SHURU1
    IMPLICIT NONE
    INTEGER::A=8,B=9,C,D,E
    READ*,A,B,C,D,E
    PRINT*,A,B,C,D,E
END PROGRAM SHURU1
```

在程序运行时输入数据:1,2,3,4,5✓,则输出结果如图 3-4 所示。

图 3-4 逗号作为分隔符示例

数据 1、2、3、4、5 分别输入给了变量 A、B、C、D、E。变量 A、B 原有数据被新数据取代,各变量以简单格式输出的结果如图 3-4 所示。

执行【例 3-3】程序,运行时如果输入数据:1,,2,3,4,5✓,则输出结果如图 3-5 所示。

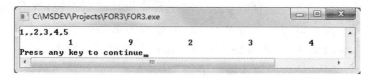

图 3-5 连续逗号分隔符示例

由图 3-5 可知，数据 1 输入给了变量 A，1 与 2 之间的两个连续逗号间不改值，所以变量 B 的值保持原值不变。输入的数据 2、3、4 分别给了变量 C、D、E。多余的数据 5 不起作用。

在输入的数据行中，斜杠（/）的作用是终止输入，即输入数据到此结束，斜杠后的数据是无效输入。

【例 3-4】 输入数据采用斜杠分隔示例。

```
PROGRAM SHURU2
    IMPLICIT NONE
    REAL::X1,X2,X3,X4
    READ *,X1,X2,X3,X4
    PRINT *,X1,X2,X3,X4
END PROGRAM SHURU2
```

在程序运行时若输入数据：2.1,3.2,/4.5,6.8↙，运行结果如图 3-6 所示，由于斜杠（/）起结束输入的作用，变量 X3、X4 没有得到数据，所以输出都为 0.000000E+00。

图 3-6 斜杠作为分隔符示例

如果输入的数据个数多于要求输入的变量的个数，则多余的数据不起任何作用。如例 3-4 在运行时输入数据：1.1,2.1,3.1,4.1,5.1,6.1↙，则输出结果如图 3-7 所示。

图 3-7 多余数据输入示例

这说明只有前 4 个数据被使用，5.1 和 6.1 是多余的数据，不起任何作用。

由此可见，尽管赋值语句能够使变量获取数据，输入语句 READ 同样也可以使变量获取数据，而且输入语句可以根据需要灵活运用，方便变量获取所需的不同数据，增加了程序的灵活性。这一点在复杂的程序中我们可以有深刻的体会。

在输入语句中，FORTRAN90 允许使用不同类型的变量，即一条 READ 语句可以为不同类型的变量分别读入数据。

【例 3-5】 不同类型变量同一 READ 语句输入示例。

```
PROGRAM SHURU3
    IMPLICIT NONE
    INTEGER::A,B
    REAL::X1,X2
    READ *,A,B,X1,X2
    PRINT *,A,B,X1,X2
END PROGRAM SHURU3
```

在例3-5中,变量A、B为整型,变量X1、X2为实型,两种不同类型的变量,可以放在同一个输入语句READ中进行输入,程序运行时,输入输出结果如图3-8所示。

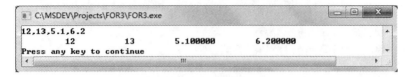

图3-8　不同数据类型输入示例

在例3-5中,输入数据前两个是整型数据,输入给变量A、B;后两个数据是实型数据,输入给变量X1、X2。

在程序运行时,数据以什么样的形式输入,以及输入数据的方法分为以下几种情况进行阐述。

1. 算术型数据的输入

①输入整型数据时不得出现小数点。

②实型数可以写成小数形式。若输入数据中没有包含小数点,则默认该实数的小数部分为.0。

③输入复型数据时,要用一对括号将实部和虚部括起来,并用逗号将它们分隔开,实部和虚部的前后可以用空格填充。

【例3-6】 算术型数据输入示例。

```
PROGRAM SHURU4
    IMPLICIT NONE
    COMPLEX::P1,P2
    REAL::X1,X2,X3,X4
    INTEGER::M1,M2,M3,M4
    READ *, M1,M2,M3,M4
    READ *, X1,X2,X3,X4
    READ *, P1,P2
    PRINT *, M1,M2,M3,M4
    PRINT *, X1,X2,X3,X4
    PRINT *, P1,P2
END PROGRAM SHURU4
```

程序执行时,若从键盘输入如下数据:

　　11,12,13,14,15↙
　　0.6,0.7,0.9,1.0↙
　　(1.0,0.0),(1.5,1.0)↙

输入数据后,第一个READ语句从第1行读入4个数据,分别给变量M1、M2、M3、M4,第1行的第5个数据15成为无效数据。第2个READ语句从第2行开始读入4个实型数据,分别给变量X1、X2、X3、X4。第3个READ语句从第3行读入2个复型数据,分别给变量P1、P2。每一个READ语句都是从新的一行的读入数据,执行结束后各变量的内部值依次为:

M1=11,M2=12,M3=13,M4=14
X1=0.6,X2=0.7,X3=0.9,X4=1.0
P1=(1.0,0.0),P2=(0.5,1.0)

程序运行后的输入输出结果如图3-9所示。

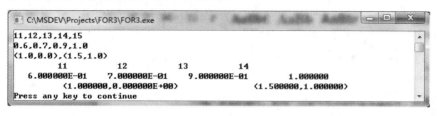

图 3-9 算术型数据输入示例

2. 字符数据的输入

①输入字符数据时,要将字符串用撇号界定,即写成字符常数形式。

②若字符常数的长度大于输入表中相应字符变量的长度,则字符常数右侧多余部分被截去。

③若字符常数的长度小于相应字符变量的长度,则不足的部分在尾部自动填充空格。

【例 3-7】 字符型数据输入示例。

```
PROGRAM SHURU5
    IMPLICIT NONE
    CHARACTER(LEN = 8)::C1,C2,C3,C4
    READ * ,C1,C2
    READ * ,C3
    READ * ,C4
    PRINT * ,C1,C2,C3,C4
END PROGRAM SHURU5
```

程序执行时,从键盘输入:

'INTEGER ','REAL * 4 '✓

'COMPLEX '✓

'CHARACTER '✓

每个 READ 语句都是从新的一行上读入数据,各字符型变量获取的值依次为:

C1='INTEGER ',C2='REAL * 4 ',C3='COMPLEX ',C4='CHARACTE '

程序运行时输入输出结果如图 3-10 所示。

图 3-10 字符型数据输入示例

3. 逻辑型数据的输入

以 T 或 F 作为第一字母的字符串都可以作为逻辑值输入,字母前面的小数点可有可无。作为逻辑值的字符串不得包含空格、逗号、斜杠。例如:

输入 TRUE、.TRUE.、TB、TAA 都是表示输入 .TRUE. 。

输入 .FALSE.、FALSE、FA、FAL、F 都是表示输入 .FALSE.。

FA/SE、.T␣UE 都是非法的逻辑值。

【例 3-8】 逻辑型数据输入示例。

```
PROGRAM SHURU6
    IMPLICIT NONE
    LOGICAL::L1, L2, L3
    READ *, L1, L2, L3
    PRINT *, L1, L2, L3
END PROGRAM SHURU6
```

程序执行时,从键盘输入:T,F,.TRUE.↙,则各逻辑型的值依次为:

L1 = TRUE.,L2 = .FALSE.,L3 = TRUE.

程序运行时,输入输出结果如图 3-11 所示,需要强调的是,逻辑型变量输出时,仅输出 FALSE 或 TRUE 的首字母,所以上例程序输出为 T、F 和 T。

图 3-11 逻辑型数据输入示例

4. 重复值的输入

如果将同一个数据赋给输入表中连续排列的若干个变量,可用下述形式的重复值:

$$R * C$$

这里,C 是要输入的数值,R 为重复系数,它是一个非零的无符号整型数,表示要输入的数值 C 的重复次数。例如:

4 * 0.15	!表示实型数 0.15 重复 4 次
2 * 3	!表示整型数 3 重复 2 次
2 * ´AB´	!表示字符值 ´AB´ 重复 2 次
3 * (1.0, -1.0)	!表示复数 (1.0, -1.0) 重复 3 次

对于下面的输入语句:

READ *, N1, N2, N3, N4, N5

程序执行时键入:4 * 6,5↙,则各整型变量的值依次为:

N1 = 6, N2 = 6, N3 = 6, N4 = 6, N5 = 5

3.3.2 简单的输出语句

表控输出语句就是 FORTRAN90 所提供的简单输出语句,其格式为:

PRINT *,输出表

其中，PRINT 是输出语句的关键字，"*"表示表控格式。输出表由变量名、表达式等数据项目组成，各数据项目之间用逗号隔开。

简单输出语句的功能是按系统默认的格式输出表中各数据项目（变量、表达式）的值并将其显示在屏幕上，通常对于整型数（INTEGER(4)），一行输出 6 个数据，对于实型数（REAL(4)），一行输出 4 个数据，对于复数一行输出 2 个数据。

【例 3-9】 简单格式输出整型数据示例。

```
PROGRAM SHURU7
    IMPLICIT NONE
    INTEGER::N
    READ*, N
    PRINT*, ´N=´, N
END PROGRAM SHURU7
```

程序运行时，输入数据：5↙，则程序输出结果为：
　　N=□□□□□□□□□□5

这里，简单输出语句的输出表有两个数据项，第一个是字符表达式´N=´，执行 PRINT 语句时，屏幕显示该表达式的值：N=，接着再显示整型变量 N 的值。

若程序执行时输入数据－1234567↙，则输出结果为：
　　N=□□□－1234567

1. 算术值的输出格式

用表控格式输出数据时，系统为每种类型的数据规定了输出的宽度。

（1）整型数的输出格式

整型数的输出域宽度是 11 位，即输出一个整型数时占 11 个字符的宽度，其中符号占一位，数字占 10 位，若是无符号数，其数字位是 11 位。表 3-1 列出了不同的输入数字所对应的输出内容。

表 3-1　整型数据输入输出对照表

输入语句	输出语句	输入数据	输出数据
READ*, N	PRINT*, N	123456	123456
READ*, M	PRINT*, M	123456789	123456789
READ*, L	PRINT*, L	－1234565470	－1234565470
READ*, K	PRINT*, K	12345676543	出错（溢出）信息
READ*, H	PRINT*, H	－1234567890	－1234567890

由此可见，整数的个位数字总是输出在从左往右数第 11 个字符上，若整数的数字位数小于 10，则在它的前面填充空格。

（2）实数输出格式与实数的数量级有关

① 若 $10^{-1} < |实数（REAL*4）| < 10^6$，则该实数的输出域宽度为 15，其中小数点后有 6 位，小数点总是输出在从左往右数第 9 个字符上。

【例 3-10】 简单格式输出实型数据示例之一。

```
PROGRAM SHURU8
    IMPLICIT NONE
```

```
        REAL::X,Y,Z
        READ*,X
        READ*,Y
        READ*,Z
        PRINT*,´X=´,X
        PRINT*,´Y=´,Y
        PRINT*,´Z=´,Z
     END PROGRAM SHURU8
```

若程序执行时键入：

−1.12345678↙

−123.1234↙

−1234.12345↙

则输出语句执行后显示：(由于有效位数的限制,只能输出 7 位有效数字)

X=□□□□□−1.123457

Y=□□□□−123.123400

Z=□□□−1234.123000

②若|实型数(REAL*4)|≤0.1,或者|实型数(REAL*4)|≥10^6,则输出域是 15 个字符且表示为 E 格式。

【例 3-11】 简单格式输出实型数据示例之二。

```
     PROGRAM SHURU9
        IMPLICIT NONE
        REAL::X,Y
        READ*,X
        READ*,Y
        PRINT*,´X=´,X
        PRINT*,´Y=´,Y
     END PROGRAM SHURU9
```

若程序执行时键入：

0.000123↙

−12345678.12↙

则执行后显示：

X=□□□1.230000E−04

Y=□□−1.234568E+07

由此可以看出：当实数(REAL*4)的绝对值小于等于 0.1,或大于等于 10^7 时,其输出域总宽度为 15,其中小数点总在第 5 个字符位置,小数点前一位是数字,该数字之前一位或是符号,或是空格(表示正值),而第一个字符总是空格。小数部分共 6 位,若无有效数字则填充 0,字母 E 总在第 12 个字符位置,E 之后是正负号,最后两个数字表示指数。

(3)双精度型实数的输出格式也与该数的数量级有关

①若 0.1≤|双精度实数(REAL*8)|<10^6,则输出格式如例 3-12 所示。

【例 3-12】 简单格式输出实型数据示例之三。

```
PROGRAM SHURU10
    IMPLICIT NONE
    REAL * 8::X,Y
    READ * ,X
    READ * ,Y
    PRINT * ,´X = ´,X
    PRINT * ,´Y = ´,Y
END PROGRAM SHURU10
```

如果程序执行中键盘输入：

　　-123456.12345678901234567 ↙

　　-0.123 ↙

则执行结果如下：

　　X=␣-123456.123456789000000

　　Y=␣-1.230000000000000E-001

由此可见，双精度实数的输出域宽度为 24，小数点在第 9 个字符位置上，小数点后有 15 位数字，不足 15 位的在后面补 0。

②若 |双精度实数(REAL * 8)|≥10^6，或者 |双精度实数（REAL * 8）|≤0.1，则输出格式是 E 格式。

【例 3-13】 简单格式输出实型数据示例之四。

```
PROGRAM SHURU11
    IMPLICIT NONE
    REAL * 8::X,Y
    READ * ,X
    READ * ,Y
    PRINT * ,´X = ´,X
    PRINT * ,´Y = ´,Y
END PROGRAM SHURU11
```

若程序执行时由键盘输入：

　　-123456789.1234 ↙

　　-0.0012345678 ↙

则输出结果是：

　　X=␣-1.234567891234000E+008

　　Y=␣-1.234567800000000E-003

在这种情况下，输出域宽度为 24，小数点总在第 4 个字符位置上，小数点后有 15 位有效数字。字母 E 在第 20 个字符位置上，字母 E 后面是指数的符号，后面有 3 个数字表示指数。

2. 复数的输出格式

复数的输出格式是用一对括号括起来的两个实型数，两个实型数用逗号隔开。

【例3-14】 简单格式输出复型数据示例。
```
PROGRAM SHURU12
    IMPLICIT NONE
    COMPLEX::A, B
    READ *, A, B
    PRINT *, ´A = ´, A
    PRINT *, ´B = ´, B
END PROGRAM SHURU12
```
程序执行时由键盘输入：

(−987654321.12,0.00123456),(−10.5,5.7)↵

输出结果是：

A=□□□□□(−9.876543E+08,1.234560E−03)

B=□□□□□□□□□□□(−10.500000,5.700000)

3. 逻辑值的输出

简单格式输出的逻辑值写成 T 或 F，T 表示.TRUE.，F 表示.FALSE.。

【例3-15】 简单格式输出逻辑型数据示例。
```
PROGRAM SHURU13
    IMPLICIT NONE
    LOGICAL::LOG1,LOG2
    READ *, LOG1
    READ *, LOG2
    PRINT *, ´LOG1 = ´, LOG1
    PRINT *, ´LOG2 = ´, LOG2
END PROGRAM SHURU13
```
若程序执行时由键盘输入：

TRUE↵

FALSE↵

则输出结果是：

LOG1=T

LOG2=F

4. 字符数据的输出

如果输出表项是字符表达式，则字符表达式的值照原样输出。

【例3-16】 简单格式输出字符型数据示例。
```
PROGRAM SHURU14
    IMPLICIT NONE
    CHARACTER (LEN = 10)::B1, B2, B3
    PRINT *, ´INPUT B1,B2,B3´
    READ *, B1, B2, B3
    PRINT *, B1
```

```
    PRINT *, B2
    PRINT *, B3
    PRINT *, B1, B2
END PROGRAM SHURU14
```
程序执行时,先在屏幕上显示:
  INPUT B1,B2,B3
若输入:
  'ABCDEFGHIJ','JIHGFEDCBA','QWERTYUIOP'✓
则输出如下结果:
  ABCDEFGHIJ
  JIHGFEDCBA
  QWERTYUIOP
  ABCDEFGHIJJIHGFEDCBA

3.4 带格式的输入输出

上一节我们学习了简单格式的输入输出,那是按照系统默认的格式进行输入输出。除此之外,用户还可以按照自己的设计对输入输出格式进行定义和说明。格式说明由FORTRAN90规定的"格式编辑符"来实现,通过对编辑符的描述,对数据进行"编辑加工",从而得到用户需要的数据格式。

下面首先介绍格式说明中的编辑符,然后再来学习格式输入输出的方式。

3.4.1 格式编辑符

格式说明由格式编辑符组成。格式编辑符可以是数据编辑符和控制编辑符。下面分别加以说明。

1. 数据编辑符

数据编辑符的一般形式为:

  [r]编辑符[.正整数[指数描述]]

其中 r 是正整型常数,称为"重复因子";编辑符说明数据类型;指数描述用来说明实数的指数形式。

下面分别就整型、实型、逻辑型、字符型数据的编辑方式进行说明。

(1)整型数据

整型编辑符有:Iw[.n]、Bw[.n]、Ow[.n]、Zw[.n] 4 种,分别描述十进制整数、二进制整数、八进制整数和十六进制整数。其中,w 是字段宽度(即数据位数),n 是输出数据的最小位数,输入时 n 不起作用,n 不得大于 w。下面分为输入和输出两种情况进行讨论。

整型格式符用于输入时,输入数据必须是一个可能带有正负号的整型常数。当 w 大于所输入的数据倍数时,取所输入的数据;当 w 小于所输入的数据位数时,从左边开始取数据的 w 位。当输入数据中带有分隔符(逗号)时,输入时只取到分隔符。

【例 3-17】 整型数据格式输入示例。
```
PROGRAM SHURU15
    IMPLICIT NONE
    INTEGER::A
    READ'(I4)',A
    PRINT*,A
END PROGRAM SHURU15
```
程序运行时,输入-12↙,输出结果如图 3-12 所示。

程序中,输入语句中的格式符为 I4(即 w 为 4),输入数据为 3 列,w 大于输入数据列数,变量 A 取所输入的数据-12。

图 3-12 整型数据输入示例

例 3-17 程序运行时,如果输入数据为-123456↙,输出结果如图 3-13 所示。

此时输入数据为 7 位,w 小于输入数据列数,变量 A 取输入数据中的前 4 列,即 A 为-123。

图 3-13 整型数据输入数据超宽示例

例 3-17 程序运行时,如果输入数据为-1,23456↙,输出结果如图 3-14 所示。

此时由于输入序列中有一个逗号分隔符,变量 A 取值至逗号为止,即 A 为-1。

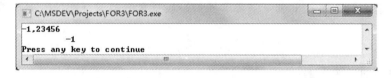

图 3-14 整数数据输入含逗号示例

整型格式符用于输出时,字段宽 w 包括开头的空格、数据位数(包括可能的正负号),当 w 小于数据位数时溢出,此时给出出错信息(w 个 * 号)。当 n 小于数据位数时,n 不起作用,数据以实际的位数输出,当 n 大于数据位数时,在数据的前面添零。

【例 3-18】 整型数据格式输出示例之一。
```
PROGRAM SHURU16
    IMPLICIT NONE
    INTEGER::A
    A = 123456
    PRINT'(1X,I5)',A
END PROGRAM SHURU16
```

程序运行时,输出结果如图 3-15 所示。

图 3-15　整型格式输出时溢出示例

在例 3-18 程序中,要输出的数据是 123456,共 6 位,输出格式是 I5(即 w 为 5),此时 w 小于输出数据的位数,所以输出是"*****",输出格式中的 w 为 5,所以有 5 个 * 号。

【例 3-19】　整型数据格式输出示例之二。

```
PROGRAM SHURU17
    IMPLICIT NONE
    INTEGER::A
    A = 123
    PRINT '(1X,I7.4)',A
END PROGRAM SHURU17
```

程序运行时,输出结果如图 3-16 所示。

图 3-16　整型格式带小数点输出时示例

在例 3-19 程序中,输出的变量 A 是 123,共 3 位,输出格式是 I7.4(即 w 为 7,n 为 4),此时输出数据总共有 7 列位置可用,并且一定要占用 4 列。输出的数据是个 3 位数,在前面补 0,所以输出数据是 0123;0123 共 4 位,前面还空 3 个位置,以空格的形式存在,所以程序运行结果是:␣␣␣0123。

【例 3-20】　整型数据格式输出示例之三。

```
PROGRAM SHURU18
    IMPLICIT NONE
    INTEGER::A
    A = 1234
    PRINT '(1X,I8.3)',A
END PROGRAM SHURU18
```

程序运行时,输出结果如图 3-17 所示。

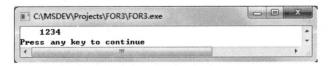

图 3-17　整型格式符小数点不起作用示例

在例 3-20 程序中,要输出的是变量 1234,共 4 位,输出格式是 I8.3,此时按正常情况输出这个 4 位数,还剩下 4 个空格,所以程序运行结果是:␣␣␣␣1234。

表3-2列出了几种I格式符输出结果比较。

表3-2　几种I格式符输出结果比较

要输出的值	编辑符	输出结果	说　　明
1234	I5	␣1234	前面添空格
123	I7.4	␣␣␣0789	输出4位数字
1234	I8.3	␣␣␣␣1234	按数据实际位数输出
123456	I5	*****	w不够大而(溢出)出错

注意：在上述例子中，输出语句格式符中的1X表示纵向走纸控制，若没有这个编辑符，则输出数据中第一个数据将被"吃掉"。

【例3-21】 纵向走纸控制符的作用。

```
PROGRAM SHURU19
    IMPLICIT NONE
    INTEGER::A
    A = 1234
    PRINT '(I4)',A
END PROGRAM SHURU19
```

程序中需要输出的是变量A中的整型数据1234，在输出语句PRINT中，输出格式符没有1X，此时将会以输出数据1234的第一个数字1作为纵向走纸控制符，因此输出结果为234，输出结果如图3-18所示。

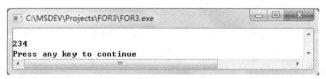

图3-18　无纵向走纸符时输出示例

对于二进制、八进制和十六进制的整型格式符(Bw.n、Ow.n、Zw.n)的用法与十进制格式符相同，读者可以举一反三，细心领会。

(2) 实型数据

实型编辑符的格式为：

　　Fw.d 或 Ew.d[Ee]

①Fw.d：用于处理小数形式的实数。w为字段宽度，d为小数位数。

F格式符用于输入语句时，如果输入数据中带有小数点，则d不起作用；如果没有小数点，则小数位数为d位。

【例3-22】 实型数据格式输出示例。

```
PROGRAM SHURU20
    IMPLICIT NONE
    REAL::A
    READ '(F5.2)',A
    PRINT *,A
END PROGRAM SHURU20
```

程序运行时,如果输入数据改为 1234567890↙,输出结果如图 3-19 所示。

变量 A 获取了实型数据 1234567890 的前 5 列 12345,按照 READ 语句中格式符 F5.2 的要求,小数点为 2 位,所以变量 A 的值为 123.45。

图 3-19　F 格式符输入数据无小数点示例

例 3-22 程序运行时,如果输入数据 123.4567890↙,输出结果如图 3-20 所示。

输入数据有小数点,所以 READ 语句的格式符 F5.2 中的.2 不起作用,变量 A 在输入的数据 123.4567890 中取 5 列(包括其中的小数点),所以变量 A 最终获取数据 123.4。

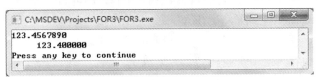

图 3-20　F 格式符输入数据有小数点示例

F 格式符用于输出语句时,输出一个宽度为 w,小数位数占 d 位的实型数。表 3-3 列出了用 F 格式符输出实数的结果。

表 3-3　几种 F 格式符输出结果比较

输出的值	编辑符	输出结果	说　　明
12.4	F6.2	␣12.40	第 2 位小数补零
1357.789	F9.2	␣␣1357.79	多余的小数四舍五入
−11187.65	F9.3	*********	w 的宽度不够
0.0000234567	F10.4	␣␣␣␣0.0000	截去有效数字

②Ew.d [Ee]:用于处理浮点数(指数形式)的数据。其中 w、d 同前,Ee 指明指数的形式,e 表示指数位数。输入时,与 F 编辑符的作用相同。输出时的字段为:

[±][0].$z_1 z_2 \cdots z_d$EXP

其中,EXP 为指数形式。例如,若 A=−22.5555,用格式′(1X, E15.8E3)′输出,结果为:

−0.22555500E+002

表 3-4 列出了用 E 描述符输出实数的结果。

表 3-4　几种 E 格式符输出结果比较

输出的值	编辑符	输出结果	说　　明
123.24	E12.4	0.1232E+03	第 5 位小数四舍五入
−0.005789	E11.3	−0.579E−02	
187.65	E8.4	********	w 的宽度不够
23456.7	E15.6E3	.234567E+005	指数为三位数

(3) 复型数据

复数的编辑需要两个实型编辑符,一个用于实部,另一个用于虚部。实部和虚部的编辑符可以相同或不同。例如,当 C 是复型量时:

READ′(2F5.2)′,C

若输入数据为:

1234545678

执行输入语句后,C 的值应为:123.45+i 456.78。

(4) 逻辑型数据

用于逻辑型数据的编辑符为:

Lw

其中 w 为字段宽度。输入一个逻辑值时,字段宽度中可以前置任意多个零,后面是有效逻辑值,再后面可跟任何字符。有效逻辑值包括(大小写都可):

T、.T.、TRUE、.TRUE.、F、.F.、FALSE、.FALSE.

例如,输入"Thursday"会被作为"真",而"friend"为"假"。

输出时,字段中包括 w-1 个空格,后跟 T 或 F。

(5) 字符型数据

用于字符型数据的编辑符为:

A [w]

其中,w 是字段宽度,若省略 w,则以输入输出的字符型数据的长度作为字段宽度。

【例 3-23】 字符型数据格式输出示例之一(输入时缺省宽度 w)。

```
PROGRAM SHURU21
   IMPLICIT NONE
   CHARACTER(LEN = 7)::STR
   READ ′(A)′,STR
   PRINT * ,STR
END PROGRAM SHURU21
```

程序运行时如果输入 AABBCCDDEE ↙,输出结果如图 3-21 所示。

变量 STR 长度为 7,输入语句 READ 格式符 A 缺省了 w,则字段宽度 w 按 7 计算,从输入序列中取 7 列值,所以变量 STR 的值为 AABBCCD。

图 3-21 输入语句 A 格式符缺省 w 时示例

如果输出时省略了字段宽度 w,程序如下例所述。

【例 3-24】 字符型数据格式输出示例之二(输出时缺省宽度 w)。

```
PROGRAM SHURU22
   IMPLICIT NONE
   CHARACTER(LEN = 4)::STR
   STR = ″ABBC″
```

```
    PRINT ´(1X, A)´,STR
    END PROGRAM SHURU22
```
输出语句 PRINT 中格式符省略了字段宽度 w,字符型数据 ABBC 的长度为 4,则字段宽度 w 按 4 计算。程序输出结果如图 3-22 所示。

图 3-22　输出语句 A 格式符缺省 w 时示例

如果在输入语句格式符中不省略 w,设字符型变量长度为 LEN,格式符用于输入时,若 w>LEN,只读入输入字段中最右边的 LEN 个字符。

【例 3-25】　字符型数据格式输出示例之三(输入时字段宽度 w>LEN)。

```
PROGRAM SHURU23
    IMPLICIT NONE
    CHARACTER(LEN = 7)::STR
    READ ´(A9)´, STR
    PRINT * , STR
END PROGRAM SHURU23
```

程序运行时,输入 AABBCCDDEE ↙,输出结果如图 3-23 所示。

图 3-23　输入语句 A 格式符 w 大于字段宽度示例

例 3-25 程序中变量长度 LEN 为 7,输入语句格式符字段宽度 w 为 9,取输入序列 AABBCCDDEE 中的前 9 个字符 AABBCCDDE 给变量 STR,但是变量 STR 长度为 7,放不下这么长的字符,怎么办? FORTRAN90 取这 9 个字符的后面 7 个作为变量 STR 的值。

若 w<LEN,读入 w 个字符后在后面补 LEN－w 个空格。

【例 3-26】　字符型数据格式输出示例之四(输入时字段宽度 w<LEN)。

```
PROGRAM SHURU24
    IMPLICIT NONE
    CHARACTER(LEN = 9)::STR
    READ ´(A6)´,STR
    PRINT * ,STR
END PROGRAM SHURU24
```

程序运行时,输入 AABBCCDDEE ↙,输出结果如图 3-24 所示。

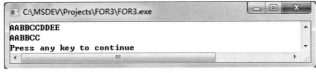

图 3-24　输入语句 A 格式符 w 小于字段宽度示例

例 3-26 程序中变量长度 LEN 为 9，输入语句格式符字段宽度 w 为 6，取输入序列 AABBCCDDEE 中的前 6 个字符 AABBCC 给变量 STR。同时，在 STR 后面补 LEN－w（此例即为 3）个空格。

注意：格式输入字符型数据时，输入的字符不必用字符界定符(引号)。

A 格式符在输出语句中使用时，输出字段宽度 w 和输出字符串长度 LEN 关系如下：若 w＞LEN，在字符左侧添加 w－LEN 个空格；若 w＜LEN，只输出最前面的 w 个字符。

表 3-5 是用 A 描述符输出的结果。

表 3-5 几种 A 格式输出结果比较

字符变量长度	输出的值	编辑符	输出结果	说明
7	FORTRAN	A8	␣FORTRAN	前面补空格
7	AABBCCD	A6	AABBCC	截去右边的 1 个字符
8	SHANGHAI	A	SHANGHAI	按定义长度输出

以上的编辑符都是针对数据类型的，这些编辑符都可以前置重复因子，称其为"数据编辑符"。下面的编辑符是针对空格、位置和走纸控制的，称为"控制编辑符"。

2. 控制编辑符

(1) X 编辑符

nX(n 是正整数)编辑符在输入语句中表示跳过 n 列数据不读，在输出语句中则表示产生 n 个空格。

【例 3-27】 X 编辑符示例。

```
PROGRAM SHURU25
    IMPLICIT NONE
    INTEGER::I,J
    READ´(2X,I3,1X,I4)´,I,J
    PRINT´(1X,I4,2X,I5)´,I,J
END PROGRAM SHURU25
```

若输入数据：

　　123,4567↙

则输出结果为：

　　␣␣␣3␣␣␣567

需要说明的是，在输出语句中第一个 X 表示纵向走纸控制，上面程序中 PRINT 中的 1X 就是这个功能，而后面的 2X 则表示产生 2 个空格。

(2) 撇号编辑符

撇号编辑符只用于输出，作用是输出一个由撇号界定的字符串。例如：

　　PRINT´(1X,″SIN (X)＝″, F10.6)´,SIN(X)

当 X＝1.5 时，输出结果为：

　　SIN (X)＝␣␣␣.997495

再看下面的例子：

　　PRINT´(1X,″2＋3＝″,I3)´,2＋3

　　END

则结果为：
　　2＋3＝□□5
(3) 定位编辑符

定位编辑符控制输入输出的位置，通常称为"制表位"。定位编辑符有：

Tn：制表位移动到第 n 列（绝对移动）；

TLn：制表位向左移动 n 列（相对移动）；

TRn：制表位向右移动 n 列（相对移动）。

其中，n 是无符号、无种别参数的整常数。用定位编辑符移动制表位后，制表位的位置就是下一个操作的位置。例如：

　　READ ′(I4，TL3，I4)′，I, J

当输入数据为 12345678↙时，执行该语句后 I＝1234, J＝2345（而不是 J＝5678）。

(4) 斜杠（/）编辑符

斜杠编辑符的作用是结束当前记录，使控制指向下一个记录的开始，通常形象地称为"换行符"。例如，若在输出格式说明中写入了换行符：

　　PRINT ′(1X, I4/1X, I4)′，I, J

当 I＝1234, J＝2345 时，输出结果为：

　　1234

　　2345

3.4.2　格式输入与格式输出

1. 格式说明语句

对于输入输出格式，FORTRAN90 有专门的格式说明语句。尽管在上面的程序中，这些格式完全放在输入输出语句中也能够正常运行。但是，为了程序的可读性及省去某些不必要的重复，对于 FORTRAN90 的程序开发人员来说，更愿意使用格式说明语句进行数据的输入输出。

格式说明语句提供对数据进行格式的转换和编辑所需的控制信息，格式说明语句与输入输出语句共同配合，在程序运行中实现对输入输出设备、传输设备以及数据格式等要素的控制。

格式说明语句的一般形式为：

　　S FORMAT(格式说明)

其中，S 是本程序单位中一个格式说明语句的语句标号，它是一个不超过 5 位的正整数。FORMAT 是关键词，格式说明是一个由若干项编辑符组成的编辑描述符表。例如：

　　10 FORMAT (1X, I1, F5.1)

注意：FORMAT 语句中对于格式说明部分不使用引号。

格式说明部分允许使用括号对编辑符进行组合，且可以使用多重括号进行嵌套。FORMAT 语句中最大允许 16 层括号的嵌套。

格式说明语句是一个非执行语句，它仅仅给输入输出语句提供数据的格式描述，在程序运行中由输入输出语句根据格式说明语句提供数据的格式描述信息，实现数据传输中的格式控制。输入输出语句是通过格式说明语句的语句标号和格式说明语句建立联系的。它们之间的位置关系没有规定，格式说明语句出现在使用它的输入输出语句前后结果是一样的。

2. 输入输出语句与格式说明语句的共同作用

格式输入输出的第 1 种形式为：

　　READ '(格式说明)',输入表

　　PRINT '(格式说明)',输出表

前面介绍编辑符时多次用到这种形式。

格式输入输出的第 2 种形式为：

　　READ S,输入表

　　PRINT S,输出表

其中,S 是格式说明语句的标号。下面举例说明这两种形式的格式语句的使用。

图 3-25 给出了两种输出形式的比较,两个程序的功能完全相同,只是实现输出形式不同。

```
程序 1:PROGRAM SHURU26
        IMPLICIT NONE
        INTEGER::A
        A = 123
        PRINT '(1X,I4)',A
       END PROGRAM SHURU26
```

```
程序 2:PROGRAM SHURU27
        IMPLICIT NONE
        INTEGER::A
        A = 123
        PRINT 100,A
       100 FORMAT (1X,I4)
       END PROGRAM SHURU27
```

图 3-25　两种输出形式的比较

程序 1 采用了第 1 种形式对变量 A 进行输出,输出语句 PRINT 以 I4 格式输出变量 A 的值,采用了格式符应用的第 1 种形式进行输出操作输出结果为␣123。

程序 2 采用了第 2 种形式对变量 A 进行输出,输出操作是由输出语句与 FORMAT 语句共同作用下完成的。FORMAT 语句提供了进行输出所需的格式说明,输出语句 PRINT 通过标号 100 引用了格式符,对变量 A 进行输出。

下面再举一例,说明 FORMAT 语句与 READ 配合使用进行数据输入。

【例 3-28】　FORMAT 语句使用示例之一。

```
PROGRAM SHURU28
   IMPLICIT NONE
   INTEGER::A
   READ 200,A
   PRINT 100,A
   100 FORMAT (1X,I4)
   200 FORMAT (I3)
END PROGRAM SHURU28
```

程序运行时,输入 123456↙,输出结果如图 3-26 所示。

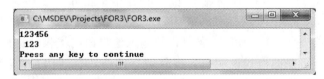

图 3-26　FORMAT 与输入输出语句共同作用示例

程序中输入语句采用了语句标号为 200 的格式，READ 200,A 相当于语句 READ '(I3)',A。输入数据为 6 列，取前 3 列输入给变量 A。输出语句使用了 100 格式输出变量 A 的值。

在 FORMAT 语句中，也可以包含字符串，例如下面的程序。

【例 3-29】 FORMAT 语句使用示例之二。

```
PROGRAM SHURU29
    IMPLICIT NONE
    INTEGER::A,B
    READ 200,A,B
    PRINT 100,A+B
100 FORMAT (1X,"A+B=",I4)
200 FORMAT (I3,I2)
END PROGRAM SHURU29
```

程序运行时，输入 1234567 ↙，输出结果如图 3-27 所示。

图 3-27　FORMAT 语句包含字符串示例

例 3-29 程序中，200 格式用于输入，100 格式用于输出，其中"A+B="是字符串，按原样输出，结果如图 3-27 所示。

例 3-29 中的 200 格式，以 I3 格式输入数据给变量 A，以 I2 格式输入数据给变量 B。现在考虑一下，如果变量 A,B 都使用 I3 格式输入数据时，200 格式符可以改为：

200 FORMAT(I3,I3)

这时候，可以写为带重复因子的形式，即 200 FORMAT(2I3)，表示两个 I3 格式。

【例 3-30】 FORMAT 语句使用示例之三。

```
PROGRAM SHURU30
    IMPLICIT NONE
    INTEGER::A,B
    READ 200,A,B
    PRINT 100,A,B
100 FORMAT (1X,2I4)
200 FORMAT (2I3)
END PROGRAM SHURU30
```

程序运行时，输入 1234567 ↙，输出结果如图 3-28 所示。

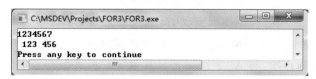

图 3-28　带重复因子的格式输入输出示例

例 3-30 程序中,100 格式用于输出语句,200 格式用于输入语句。100 格式表示两个 I3 格式输入数据给变量 A、B。200 格式表示两个 I4 格式输出变量 A、B 的值。

3.5 参数说明语句

在程序中常常要多次用到某些常数,例如,π＝3.1415926,如果每次用到 π 时都要重复写 3.1415926 是很不方便的。FORTRAN90 允许用一个名字来代表一个常量,例如,可以指定用 PI 来代表 3.1415926,在本程序单位中用到 PI 时,它就代表 3.1415926,这个 PI 被称为"符号常量"(或称为"命名常量"),即用一个符号来代表一个常量。常数的这种性质称为"数据属性"。FORTRAN 中对符号常量 PARAMETER 属性的定义有如下几种方式。

3.5.1 类型说明中的 PARAMETER 属性

一般说来,数据属性描述了一个数据对象如何在程序中应用。用户可以用一个或多个语句来说明数据的属性,但每一个属性只能说明一次。

符号常量可以在类型说明中用 PARAMETER 语句来定义 PARAMETER 属性。具有 PARAMETER 属性的数据在程序执行过程中不能被重新赋值。在类型说明语句中包含 PARAMETER 属性的格式为:

类型说明,PARAMETER [,其他属性]::符号常数名＝初始化表达式

其中,初始化表达式是常数或常数表达式,该语句中还可以包含其他属性,如数组、指针等。

【例 3-31】 输入半径 R,求圆的周长 C 和面积 S。

```
PROGRAM EX
    IMPLICIT NONE
    REAL,PARAMETER:PI = 3.14159
    REAL::C,S,R
    READ * ,R
    C = 2 * PI * R
    S = PI * R * R
    PRINT * ,C,S
END PROGRAM EX
```

例 3-31 中定义了一个实型符号常量 PI,代表常数 3.14159,根据输入的半径,求出圆的周长和面积并输出。

符号常量定义中,一个声明语句可以同时定义多个符号常量。例如:

```
REAL, PARAMETER::PI = 3.1415926, E = 2.718281828
```

PI 和 E 在同一个声明语句中得到定义,分别代表常数 3.1415926 和 2.718281828。

PARAMETER 属性不仅可以为整型和实型数据声明符号常量,也可以对字符型数据和逻辑型数据进行常量声明,称为"字符型符号常量"和"逻辑型符号常量"。以字符型为例:

```
CHARACTER(LEN = 12),PARAMETER::STRING_1 = ´HOW ARE YOU!´
```

将字符串´HOW ARE YOU!´命名为符号常量 STRING_1。

为字符型符号常量命名时,长度 LEN 可以用星号"＊"代替。在这种情况下,长度由赋值给它的实际长度决定。例如:
　　CHARACTER(＊),PARAMETER::STRING_2＝´123456789´
此时,字符型符号常量 STRING_2 的长度为 9。

值得注意的是,前面提到的符号常量 PI、E、STRING_1 和 STRING_2 都不是变量,在程序中不能用赋值语句对其重新赋值,也不能使用输入语句对其输入数据。如下程序是错误的。

【例 3-32】 符号常量示例之一。
```
PROGRAM SHURU
    IMPLICIT NONE
    CHARACTER(＊),PARAMETER::STRING_2＝´123456789´
    STRING_2＝´ABCDEFGH´    !此行错误,不可以改变 STRING_2 值,因 STRING_2 是常量
    PRINT＊,STRING_2
END PROGRAM SHURU
```
同样的道理,下列程序也是错误的。

【例 3-33】 符号常量示例之二。
```
PROGRAM SHURU
    IMPLICIT NONE
    REAL,PARAMETER::PI＝3.14159
    READ＊,PI                !此行错误,不可以输入,因 PI 是常量
    PRINT＊,PI
END PROGRAM SHURU
```
总之,符号常量是用一个名称代替另一个常量,所以不可以改变符号常量的值。

3.5.2　PARAMETER 语句

数据的 PARAMETER 语句可以用来说明符号常量。PARAMETER 语句的格式为:
　　PARAMETER(符号常量名＝初始化表达式)
用 PARAMETER 语句定义符号常量时,并没有指定它的类型。符号常量的类型可以用类型说明语句来定义。例如:
　　INTEGER::P
　　PARAMETER(P＝5)
上面两条语句等价于 INTEGER,PARAMETER::P＝5
与赋值语句不同,PARAMETER 是一个非执行语句,它应该写在所有可执行语句之前。

【例 3-34】 PARAMETER 示例。
```
PROGRAM EX
    IMPLICIT NONE
    REAL::PI,C,S,R
    PARAMETER(PI＝3.14159)
    READ＊,R
```

```
    C = 2 * PI * R
    S = PI * R * R
    PRINT * ,C,S
END PROGRAM EX
```

使用符号常量的好处是：如果需要改变某一常数时，不需一一改变这个常数，只需改变参数语句中符号常量的值即可。

【例 3-35】 已知产品单价 PRICE，输入数量 NUM1、NUM2、NUM3，求费用 COST1、COST2、COST3。

```
PROGRAM EX
    IMPLICIT NONE
    REAL::PRICE,NUM1,NUM2,NUM3,COST1,COST2,COST3
    PARAMETER (PRICE = 3.50)
    COST1 = PRICE * NUM1
    COST2 = PRICE * NUM2
    COST3 = PRICE * NUM3
    PRINT * ,COST1,COST2,COST3
END PROGRAM EX
```

如果单价（PRICE）从 3.50 调整到 5.10 时，不必一一修改赋值语句，只需将参数语句中的（PRICE=3.50）改为（PRICE=5.10）即可，程序的其他部分不需做任何改动，这样做不会因遗漏某处未改而使结果出错，这对于成百上千行代码的程序特别有效。

注意：

①符号常量不能作为语句标号，也不能出现在 FORMAT 语句中代替常数。除此之外，凡出现常量处均可用符号常量代替。

②在程序定义一个符号常量后，不能再改变它的值。

3.6 其他常用语句

3.6.1 PROGRAM 语句

在主程序中，可以用 PROGRAM 语句为主程序命名。PROGRAM 语句的一般形式为：
　PROGRAM 程序名

PROGRAM 语句的功能是定义一个程序单位为主程序并给出主程序名。其中程序名为可选项，主程序名最多可达 31 个字符。例如：

```
PROGRAM MYPROG
    PRINT * ,´HELLO WORLD´
END PROGRAM MYPROG
```

FORTRAN90 允许主程序可以没有主程序名，这时 PROGRAM 语句应该省略。但程序中只要有 PROGRAM 语句，主程序名就不能省略。

3.6.2 END 语句

每一个程序单位必须有一个 END 语句。在程序中，END 语句的作用有两个方面：

① 结束本程序单位的运行。
② 作为一个程序单位的结束标志。

主程序中 END 语句的作用是使程序结束运行,使控制回到操作命令状态。而子程序中的 END 语句,一方面作为子程序的结束标志,另一方面使流程返回调用程序。例如:

```
PROGRAM MYPROG              !给主程序命名为 MYPROG
    PRINT*,"HELLO,WORLD!"
END PROGRAM MYPROG          !主程序单元结束
SUBROUTINE EXT1(X,Y,Z)      !定义子程序名 EXT1
    REAL::X,Y,Z
END SUBROUTINE EXT1         !子程序单元结束
```

3.6.3 STOP 语句

STOP 语句是"停止运行",一个程序单位中可以有多个 STOP 语句,执行到任一个 STOP 语句处时,程序即停止运行。在子程序中,如果有 STOP 语句,也是使整个程序停止运行,不是使程序返回主程序

为了使用户能清晰地辨别出是哪一个 STOP 语句使程序停止运行的,需要在执行 STOP 语句时,输出所需的信息。STOP 语句的一般形式为:

STOP [N]

其中,N 是一个不超过 5 位的正整数或一个字符串,可以缺省。

语句功能:终止程序执行,并显示 N。

例如:STOP '123' 或者 STOP 'ERROR DETECTED!',结果是在程序停止运行时,输出信息"123"或"ERROR DETECTED!",用户可以由此辨别程序的流程。

3.6.4 PAUSE 语句

PAUSE 语句是暂停语句,使程序"暂时停止执行"。系统只是把程序的执行暂时"挂起来",等待程序操作员输入其他操作命令。在程序设计中,有时有意在程序中加几个 PAUSE 语句,即设几个"断点",把程序分成几段,调试程序时一段一段地检查,比如,第一段验证无误后再继续调试第二段,如果第一段有错误,则不应接着运行第二段,应改正第一段后再从头运行。在调试完成后,再将所有的 PAUSE 删去。PAUSE 语句的一般形式为:

PAUSE [N]

N 的含义同 STOP 语句中的 N。

3.6.5 程序设计举例

【例 3-36】 从键盘输入两个整型数据 A、B,编程交换 A、B 中的数据。

分析:在进行数据交换的时候,一定要借助一个中间的变量。

程序如下:

```
PROGRAM EX2
    IMPLICIT NONE
    INTEGER::A,B,T
```

```
READ * ,A,B
PRINT * ,'A,B交换前的值为:',A,B
T = A
A = B
B = T
PRINT * ,'A,B交换后的值为:',A,B
END PROGRAM EX2
```

程序运行时,若输入 2,3↙,结果如图 3-29 所示。

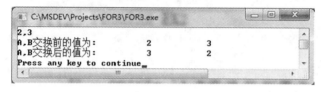

图 3-29 例 3-36 程序的运行结果

【例 3-37】 已知一个球的半径,求它的表面积、体积及经过球心的横切面的直径、周长和面积。

分析:由数学知识可以知道上述问题的基本计算公式(用半径 R 表示):

球的表面积:$S = 4\pi R^2$

球的体积:$V = \frac{4}{3}\pi R^3$

经过球心的横切面的直径:$D = 2R$

经过球心的横切面的周长:$L = 2\pi R$

经过球心的横切面的面积:$C = \pi R^2$

其中 R、S、V、D、L、C 分别表示球的半径、表面积和体积以及经过球心的横切面直径、周长和面积。

这里为了使程序具有通用性,在程序中并不对半径赋值,而是通过输入语句来完成。在输出时,要注意输出结果应该易于辨认。程序如下:

```
!本程序用于计算球的表面积和体积以及经过球心的横切面的直径、周长和面积。
PROGRAM EX1
    IMPLICIT NONE                              !变量类型无隐含说明
    REAL::R, S, V, D, L, C, PI = 3.1415926     !变量类型说明
    PRINT * ,'请输入球的半径 R:'
    READ * ,R
    S = 4.0 * PI * R ** 2                      !计算
    V = 4.0/3.0 * PI * R ** 3
    D = 2.0 * R
    L = 2.0 * PI * R
    C = PI * R ** 2
    PRINT * ,'球的表面积:', S                   !输出计算结果
    PRINT * ,'球的体积:', V
```

```
        PRINT *,'球的横切面直径:',D
        PRINT *,'周长:',L
        PRINT *,'面积:',C
    END PROGRAM EX1
```
程序运行时,若输入:3↙,输出结果如图3-30所示。

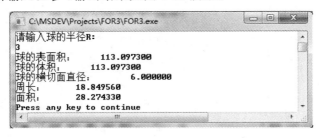

图3-30 例3-37的运行结果

在这个程序中,说明了一个变量PI并把它定义为圆周率,因为任何程序对一些常量都是不可辨认的,除非经过专门定义外。本程序采取了一些便于程序阅读的措施,并制作了友好的运行界面。在一个复杂庞大的程序中,这些都是必不可少的。

【例3-38】 某单位在发放工资时,为每个职工准备一个工资袋。假定币值为100元、50元、10元、5元、2元、1元、5角、2角和1角9种,设某职工的工资为X,试计算他的工资袋里各币值的张数。程序如下:

```
PROGRAM EX2
    IMPLICIT NONE              !变量类型无隐含说明
    REAL HK,TEMP               !变量类型说明
    INTEGER::BY,WSY,SY
    INTEGER::WY,EY,YY
    INTEGER::WJ,EJ,YJ
    PRINT *,'请输入金额:'
    READ *,HK                  !读入数据
    BY = INT(HK/100)           !计算
    TEMP = HK - BY * 100
    WSY = INT(TEMP/50)
    TEMP = TEMP - WSY * 50
    SY = INT(TEMP/10)
    TEMP = TEMP - SY * 10
    WY = INT(TEMP/5)
    TEMP = TEMP - WY * 5
    EY = INT(TEMP/2)
    TEMP = TEMP - EY * 2
    YY = INT(TEMP/1)
    TEMP = TEMP - YY * 1
```

```
            WJ = INT (TEMP/0.5)
            TEMP = TEMP - WJ * 0.5
            EJ = INT (TEMP/0.2)
            TEMP = TEMP - EJ * 0.2
            YJ = INT (TEMP/0.1)
            PRINT *,´计算结果如下:´
            PRINT *,´一百元:´,BY                !输出结果
            PRINT *,´五十元:´,WSY
            PRINT *,´十元:´,SY
            PRINT *,´五元:´,WY
            PRINT *,´二元:´,EY
            PRINT *,´一元:´,YY
            PRINT *,´五角:´,WJ
            PRINT *,´二角:´,EJ
            PRINT *,´一角:´,YJ
        END PROGRAM EX2
```

输入:103↙

输出结果如图 3-31 所示。

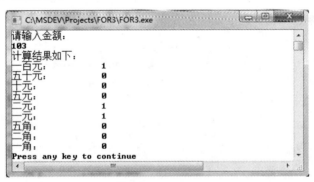

图 3-31　例 3-38 的运行结果

 习 题 3

一、单项选择题

1. FORTRAN90 程序的执行是从_____开始的。
   A. 主程序　　　　B. 子程序　　　　C. 模块　　　　D. 数组

2. 设有说明:INTEGER::X,则_____是正确的赋值语句。
   A. 5=X　　　　　B. X+5=0　　　　C. 5=X+0　　　　D. X=5.5

3. LEN("AABBCC")的值是_____。
   A. 5　　　　　　B. 6　　　　　　C. 7　　　　　　D. 8

4. 下面是关于格式输出字符数据的叙述,其中_____是错误的。
   A. 格式描述符 Aw 中的 w 可以与输出项的长度 LEN 不同
   B. 当 w>LEN 时,在输出项值的左边补充(w-LEN)个空格,右端对齐
   C. 当 w<LEN 时,输出变量值的右边 LEN 个字符
   D. 当 w＝LEN 时,输出项之间不留任何空格或间隔符

5. 下面格式编辑符中,对整型变量进行格式输入的是_____。
   A. F6.2   B. I8   C. A5   D. E12.4

6. 下面格式编辑符是给实型变量进行输出,要求输出数据保留 4 位小数,正确的是_____。
   A. E16.8   B. E7.4   C. F12.4   D. F4.8

7. 现有定义 COMPLEX::C,对 READ '(2F2.1)',C 语句,若执行时输入数据 123456,则 C 的值应是_____。
   A. 1.2＋3.4i   B. 12.3＋45.6i   C. 12.0＋34.0i   D. 123.0＋456.0i

8. 下列格式编辑符中,具有换行作用的编辑符是_____。
   A. A   B. L   C. /   D. \

9. 在格式输出语句中,格式串中的第一个编辑符 1X 的作用是_____。
   A. 输出一个空格   B. 纵向走纸控制
   C. 输出一个空行   D. 跳过一列

10. 在格式输入语句中,格式串中的编辑符 2X 的作用是_____。
    A. 输出一个空格   B. 纵向走纸控制
    C. 输出一个空行   D. 跳过两列

二、改错题

注意事项：

(1) 标有!<==ERROR?的程序行有错,请直接在该行修改。

(2) 请不要将错误行分成多行。

(3) 请不要修改任何注释。

1. 下面程序的功能是从键盘上输入一个整数 X,然后以简单格式输出该数据,请改错。

```
PROGRAM EX
    IMPLICIT NONE
    REAL::X                  !<== ERROR1
    READ *,X
    PRINT *,A                !<== ERROR2
END PROGRAM EX2              !<== ERROR3
```

2. 下面程序的功能是将整数 12 赋值给整型变量 X,然后以简单格式输出该数据,请改错。

```
PROGRAM                      !<== ERROR1
    IMPLICIT                 !<== ERROR2
```

```
    INTEGER::X
    12 = X!  <== ERROR3
    PRINT *,A
    END PROGRAM EX
```

3.下面程序的功能是从键盘输入圆半径 X,计算圆的面积,圆周率取 3.14,然后以简单格式输出面积,请改错。

```
PROGRAM EX
    IMPLICIT NONE
    REAL::X,S
    INTEGER::PI                !<== ERROR1
    PARAMETER(PI)              !<== ERROR2
    READ *,X
    S = PI * X * X
    PRINT *,S
PROGRAM EX                     !<== ERROR3
```

三、填空题

注意事项:

(1)请不要将需要填空的行分成多行。

(2)请不要修改任何注释。

1.FORTRAN90 中,逻辑型常量是:.TRUE. 和_____。

2.FORTRAN90 程序语句分隔符是_____,语句的续行符是_____,源程序文件的扩展名是_____。

3.FORTRAN90 程序中,必不可少的关键字是_____,输出数据使用_____关键字。

4.格式编辑符中,整型编辑符为_____,实型编辑符为 F,逻辑型编辑符为 L,字符型编辑符为_____。

5.下面程序是以简单格式输入任意两个整型数 M、N 并求和,要求输出形式为:M+N=和,如 M=3,N=8,则输出形式为:M+N=⌴11。请填空。

```
    IMPLICIT NONE
    INTEGER::M,N,S
    _____           !<== BLANK1
    _____           !<== BLANK2
    PRINT *,                   !<== BLANK3
    END
```

6.下面程序是求两个整型变量 A、B 的和及差。要求有格式输入 3 位整型数,输出形式为:

A+B=

A-B=

请填空。

```
    IMPLICIT NONE
      INTEGER::A,B,HE,CHA
      READ _____          !<== BLANK1
      HE = A + B
      CHA = _____         !<== BLANK2
      PRINT*, _____       !<== BLANK3
    END
```

四、阅读理解题

1. 写出下列程序运行结果。

```
PROGRAM EX1
    IMPLICIT  NONE
    INTEGER::I,J,K
    I = 56;J = 1274;K = 5126
    PRINT 100,I,J,K
100 FORMAT (1X,I4)
    END
```

屏幕输出结果是_____。

2. 写出下列程序运行结果。

```
PROGRAM EX2
    IMPLICIT NONE
    INTEGER::I,J,K
    I = 56;J = 1274;K = 5126
    PRINT 100,I,J,K
100 FORMAT (1X,2(I5,2X)/)
    END
```

屏幕输出结果是_____。

3. 写出下列程序运行结果。

```
PROGRAM EX3
    IMPLICIT NONE
    INTEGER::I,J,K
    READ'(2X,2I4,1X,I3)',I,J,K
    PRINT'(1X,3I5)',I,J,K
    END
```

当输入 01234578901234567↙时,屏幕输出结果是_____。

4. 写出下列程序运行结果。

```
PROGRM EX4
    IMPLICIT NONE
    INTEGER::A,B,C
    READ'(3I4)',A,B,C
```

PRINT 100,A,B,C,A+B+C
   100 FORMAT(1X,3(I4,2X),´A+B+C=´,I6)
   END

当输入 12,123,1234 ✓ 时,屏幕输出结果是_____。

5.写出下列程序运行结果。

   PROGRM EX5
      IMPLICIT NONE
      INTEGER::I,J
      REAL::A,B,C,D
      I=512;J=612;A=18.34;B=-21.4;C=112.463;D=-2174.573
      PRINT 100,I,J,A,B,C,D
      100 FORMAT (1X,2I5,2X,2(F10.2,2X),F12.1)
   END

屏幕输出结果是_____。

五、编写程序题

1.已知矩形的长和宽分别是 L 和 W,试计算矩形的周长和面积,并输出结果。

2.输入圆柱的半径 R,求圆柱的体积和表面积,并输出结果。

3.编写程序求方程 $2X^2+3X-7=0$ 的根。

第 4 章
选择结构程序设计

考核目标

- 了解:运算符的功能和优先级,表达式值的概念。
- 理解:逻辑 IF 语句功能,简单的块 IF 结构功能,多重条件的 IF 结构功能,CASE 结构功能。
- 掌握:逻辑 IF 语句,简单的块 IF 结构,多重条件的 IF 结构,CASE 结构,选择结构的嵌套,选择结构程序设计方法。
- 应用:能够应用不同选择结构语句解决具体问题。

本章在介绍关系表达式和逻辑表达式的基础上,重点讲解选择结构的程序设计方法,其中包括:如何使用逻辑 IF 结构、块 IF 结构、块 IF 结构的嵌套、多重条件的 IF 结构、CASE 选择结构来编写程序,以及它们各自的适用场合。

顺序结构程序是按照自上而下顺序逐句执行,只适用于解决一些简单问题。求解复杂问题的语句不完全按顺序执行,需要使用选择结构,根据不同的条件判断结果来执行不同的分支语句,得到不同的处理结果。

通过本章的学习,要求掌握 FORTRAN90 中关系表达式与逻辑表达式的表示及应用,熟练掌握 FORTRAN90 的选择结构控制语句,如逻辑 IF 语句、块 IF 结构、CASE 结构等,掌握选择结构的程序分析和程序设计的一般方法。

4.1 关系表达式

关系表达式是利用关系运算符来比较算术表达式或字符表达式值的大小,其一般形式为:

表达式1<关系运算符>表达式2

其中,表达式1和表达式2既可以是算术量,也可以是字符量。算术量可以是数值常量、数值变量、数值函数或与数值计算相关的算术表达式;字符量可以是字符常量、字符变量、字符函数或与字符计算相关的字符表达式。

4.1.1 关系运算符

FORTRAN90 提供了 6 种关系运算符,与代数中的关系运算符对应关系如表 4-1 所示。

表 4-1 FORTRAN90 中 6 种关系运算符的表示及含义

FORTRAN90 中关系运算符	代数中的关系运算符	表示的含义
>	>	大于
>=	$\geq$	大于等于
<	<	小于
<=	$\leq$	小于等于
==	=	等于
/=	$\neq$	不等于

4.1.2 关系表达式

关系表达式对两个算术表达式或字符表达式进行关系比较,为选择结构和第 5 章的循环结构提供判断条件。如下的式子都是合法的关系表达式,左侧的为 FORTRAN90 合法表达式:

'BANANA'>='APPLE',等价于:'BANANA'$\geq$'APPLE'

X+Y<C,等价于:X+Y<C

X−Y>1.0E−6 ,等价于:X−Y>10^{-6}

X**2+Y**2+Z**2/=R**2,等价于:$X^2+Y^2+Z^2 \neq R^2$

(A+B)<=SQRT(B*B- 4.0*A*C),等价于:$A+B \leq \sqrt{B^2-4AC}$

B==(C-D)/LOG(B),等价于:$B=(C-D)/\ln B$

关系表达式的运算顺序是:先计算关系运算符两边的算术表达式或字符表达式的值,然后根据关系运算符对它左右两个值进行比较。关系表达式的比较结果是一个逻辑值,非真即假:满足比较关系时,逻辑值为真(.TRUE.);不满足比较关系时,逻辑值为假(.FALSE.)。

例如:当 A=12.5,B=14.7,C=13.5,D=16 时,关系表达式:

$$A+B<=C+D+1.0$$

的值为真。若其他值不变,但 C 改为-13.5 时,关系表达式的值为假(.FALSE.)。

对关系表达式的进一步说明:

①关系表达式所得到的结果为.TRUE.或.FALSE.。

②在一个关系表达式中可以同时包含算术运算符和关系运算符,它们的运算次序为:先进行算术运算,再进行关系运算。例如,下面的关系表达式:

A*B<C*D 相当于关系表达式:(A*B)<(C*D)

③关系运算符的两边可以是不同类型的操作数。在进行比较运算时应先转化成相同类型,转化的规律是将低级类型向高级类型转化。比如,一个为整型数,另一个为实型数,这样在计算关系表达式的值之前先将整型数转化为实型数,然后再计算关系表达式的值。

④由于实型数据在计算机里存储时是用近似值表示的,所以实数的存储和运算存在一些微小的误差,当用"=="或"/="对两个实型量进行比较运算时,可能会出现理论上相等的量而关系运算结果却不相等的情况。例如,表达式:

$$(1.0/3.0+1.0/3.0+1.0/3.0)==1.0$$

的值理论上应该为真(.TRUE.),但是实际的结果却为假(.FALSE.)。因此,当判断两个实型量 A 和 B 是否相等时,要考虑到可能出现的误差,常用的解决办法是用最小允许误差来判断:

$$ABS(A-B)<1E-5$$

即当 A 与 B 之差的绝对值小于某一个很小的数(例如 10^{-5})时,则认为 A 与 B 相等。

⑤当关系表达式中出现字符串操作数时,将自左向右逐个比较两个字符串中字符的 ASCII 值。例如,关系表达式:'ADD'<='BUS'的值为.TRUE.(因为"A"的 ASCII 值小于"B"的 ASCII 值)。如果进行比较的两个字符串长度不相等,则在较短字符串的右边先补齐空格,直到两个字符串具有一样的长度。比如,关系表达式:'ANNETTE'>'ANN'的值为.TRUE.,因为实际进行比较的两个操作数为:'ANNETTE'>'ANN□□□□'(补了4个空格)。

⑥相等比较时要用双等号"==",如果写成一个等号"=",就变成了赋值运算,判断逻辑就会出现错误的结果。

⑦复数的关系运算只有相等和不相等两种。

4.2 逻辑表达式

逻辑表达式是由逻辑运算符、逻辑操作数和圆括号组成的表达式,结果为逻辑值。

4.2.1 逻辑运算符

FORTRAN90 提供 6 种逻辑运算符,见表 4-2(表中的 A、B 为逻辑变量)。

表 4-2　FORTRAN90 中 6 种逻辑运算符的表示及含义

逻辑运算符	含义	逻辑运算举例	例子的含义
.AND.	逻辑与	A .AND. B	当 A、B 皆为真时,运算结果为真
.OR.	逻辑或	A .OR. B	当 A、B 之一为真时,运算结果为真
.NOT.	逻辑非	.NOT. A	当 A 为真时,运算结果为假
.EQV.	逻辑相等	A .EQV. B	当 A、B 为同一逻辑值时,运算结果为真
.NEQV.	逻辑不等	A .NEQV. B	当 A、B 为同一逻辑值时,运算结果为假
.XOR.	逻辑异或	A .XOR. B	当 A、B 为同一逻辑值时,运算结果为假

逻辑变量 X 和 Y 的值为不同组合时,各种逻辑运算得出的结果见表 4-3。

表 4-3　逻辑运算真值表

X	Y	X .AND. Y	X .OR. Y	.NOT. X	X .EQV. Y	X .NEQV. Y	X .XOR. Y
真	真	真	真	假	真	假	假
真	假	假	真	假	假	真	真
假	真	假	真	真	假	真	真
假	假	假	假	真	真	假	假

4.2.2 逻辑表达式

逻辑表达式的一般形式为:
  LOGICAL_EXP1＜逻辑运算符＞LOGICAL_EXP2

这里,逻辑表达式 LOGICAL_EXP1 和 LOGICAL_EXP2 可以是逻辑常量、逻辑变量、逻辑型数组元素、逻辑型函数、关系表达式或者逻辑表达式。逻辑表达式的运算结果是一个逻辑值。

在逻辑运算符中,除了 .NOT. 是单目运算符外,其他的运算符都是双目运算符。所谓"单目运算",指的是只有一个操作数。单目运算的形式为:
  ＜逻辑运算符＞LOGICAL_EXP1

例如:.NOT.(A+B<=X*X-1)。

当一个逻辑表达式中包含多个逻辑运算符时,应按逻辑运算符优先级的高低依次运算。逻辑运算符的优先级为:

  (高)　①.NOT.→②.AND.→③.OR.→④.EQV./.NEQV./.XOR.　(低)

下面列出了几个逻辑表达式：
　　.TRUE. .OR. .FALSE.
　　A .AND. B .OR. C
　　A>=B .AND. C<A/2
　　(.NOT. .FALSE.) .EQV. (A .AND. B .OR. C)

在上面的逻辑表达式中，既包含算术表达式，也包含关系表达式，还包含逻辑表达式。FORTRAN90 允许算术、关系、逻辑3种运算同时出现在一个表达式中。运算次序为：先算术运算，再关系运算，最后逻辑运算。如果有括号，则先进行括号内的运算。当逻辑表达式比较长，不太容易分辨逻辑关系时，建议增加圆括号使得层次更加清晰。

3种运算符的运算顺序列于表 4-4 中。

表 4-4　3种运算符的运算顺序

乘方	乘/除	加/减	关系运算符	逻辑非	逻辑与	逻辑或	逻辑等/逻辑不等/逻辑异或
**	*,/	+,-	<,<=,>,>=,==,/=	.NOT.	.AND.	.OR.	.EQV. ,.NEQV. ,.XOR.

从表 4-4 中可以看出，算术运算符的优先级高于关系运算符，关系运算符高于逻辑运算符。6个关系运算符处于同一优先级。例如，当 A=1.5, B=2.0, C=1.2, D=7.5, X=3.0, Y=5.0, L1=.TRUE. 时，逻辑表达式：
　　A>3.6*B .AND. X==Y .OR. L1 .AND. .NOT. (3.6-C)*2>=D/2.5
的值为"假"。

下面举出几个例子来说明逻辑运算符的使用方法：

(A<B) .AND. (A>C)	当 A 小于 B 并且 A 大于 C 时，表达式的值为真
(X<0.0) .OR. (X>100.0)	当 X 小于 0 或者 X 大于 100 时，表达式的值为真
.NOT. (X<=10.0)	当 X 小于等于 10.0 时，表达式的值为假
A1 .NEQV. A2	当 A1 与 A2 同为真或同为假时，表达式的值为假；反之为真
(A>=B) .EQV. (C>D)	当 A 大于等于 B 并且 C 大于 D 时，表达式的值为真；当 A 大于等于 B 而 C 小于等于 D 时，表达式的值为假；当 A 小于 B 而 C 小于等于 D 时，表达式的值为真；当 A 小于 B 而 C 大于 D 时，表达式的值为假

对逻辑表达式的说明：

①逻辑运算符两侧的圆点"."不能省略。

②算术运算符的运算对象是数值量，运算结果是数值。关系运算符的运算对象是数值量或字符串，运算结果是逻辑值。逻辑运算符的运算对象是逻辑量，运算结果是逻辑值。

③当逻辑量 L1、L2、L3 同时满足时的条件可用逻辑表达式表示，写成：
　　L1 .AND. L2 .AND. L3
数值型变量 A、B、C 相加的算术表达式可写成以下形式：
　　A+B+C

尤其要注意，关系表达式中不能连续用关系运算符连接运算对象。数学表达式 A<B<C，在 FORTRAN 语言中不能写成 A<B<C，而应写成：(A<B) .AND. (B<C)，即这两个条件都成立时，结果为真。

④在逻辑表达式中,运算符.NOT.可以与其他逻辑运算符相邻,这时.NOT.应跟在其他运算符的后面。例如:

  A .OR. .NOT. B

除了与.NOT.相邻之外,与其他运算符不能相邻。例如,下面的表达式是错误的:

  B .OR. .AND. B

  A.NOT. .OR. B

⑤标准的逻辑运算符只允许有逻辑类型的操作数。但是在FORTRAN90中操作数可以是整型数值,这时逻辑运算是按二进制的位(bit)进行的,且两个整型表达式进行逻辑运算的结果为整型,而不是逻辑型。例如:

```
PROGRAM EX1
    IMPLICIT NONE
    INTEGER::A,B,C
    A = 3 ; B = 5
    C = A.XOR.B
    PRINT * , ´A 与 B 异或的结果为:´, C
END PROGRAM EX1
```

执行程序,在屏幕上的输出结果如图4-1所示。

图 4-1   整型数的逻辑.XOR.运算结果

A、B、C皆为整型变量,程序执行时,A 和 B 进行.XOR.运算时,先要转换为二进制数(分别为 011 和 101),然后进行二进制异或运算,得到 C 的值为二进制数 110,即十进制数 6。

4.2.3   逻辑赋值语句

逻辑赋值语句的功能是将一个确定的逻辑值赋给一个逻辑变量。逻辑赋值语句的一般形式为:

  V=E

其中:V 为逻辑变量,"="为赋值号,E 是一个逻辑表达式。

例如,赋值语句:

  A = 2>3

的作用就是将逻辑表达式 2>3 的结果(.FALSE.)赋值给逻辑变量 A。

注意:在逻辑赋值语句中,同样要求赋值号两边的类型一致,即赋值号左边必须是逻辑型变量,赋值号右边必须是关系表达式或逻辑表达式。

逻辑赋值语句的执行过程为:

①计算赋值号右边关系表达式或逻辑表达式的值(结果为逻辑值)。

②将计算出来的逻辑值赋给赋值号左边的逻辑型变量 V。

例如：
```
LOGICAL::LOG1,LOG2,LOG3,LOG4
REAL::X,Y
X = 3.0
Y = 2.0
LOG1 = X ** 2 + Y ** 2<50.0 .AND. X + Y> = 0.0
LOG2 = X ** 2 + Y ** 2>1.0
LOG3 = LOG1 .EQV. LOG2
LOG4 = TRUE.
```

这里，LOG1、LOG2、LOG3、LOG4 是逻辑型变量，出现在逻辑赋值语句的左边，赋值号的右边是逻辑表达式或关系表达式。此例中，LOG1、LOG2、LOG3、LOG4 的值都是 .TRUE.。设 L1、L2 是逻辑变量，则下面 3 个逻辑赋值语句和上例中第一个逻辑赋值语句的效果相同：

```
L1 = X ** 2 + Y ** 2<50.0
L2 = X + Y> = 0.0
LOG1 = L1 .AND. L2
```

4.3　逻辑 IF 语句

掌握了关系表达式和逻辑表达式的概念及使用后，开始学习选择结构的程序设计。实现选择结构程序设计的常用方法有 3 种，即逻辑 IF 语句、块 IF 结构和 CASE 结构。本节将介绍逻辑 IF 语句。

逻辑 IF 语句也称为"行 IF 语句"，是最简单的选择结构。它的一般形式为：

　　IF(E) S

其中，IF 是关键字，E 为逻辑表达式或关系表达式，S 是一条可执行语句，称为"IF 语句的内嵌语句"。例如，下面语句：

　　IF(X> = Y) PRINT * , X,Y

这个语句的作用是：求出括号内表达式 X> = Y 的值，如果为真，则打印 X 和 Y 的值，如果为假，不进行任何操作，直接执行逻辑 IF 语句下面的可执行语句。可以看出：

①执行逻辑 IF 语句时，当条件 E 为真时才执行语句 S。

②当条件 E 为真时，只能执行一条语句 S 而不能执行多条语句。

逻辑 IF 语句的流程图见图 4-2。

图 4-2　逻辑 IF 结构流程图

【例 4-1】　一货物单价为 10 元，购买 100 个以上九五折，输入购买个数，求货款。

分析：此题可以用逻辑 IF 语句实现。

程序如下：
```
PROGRAM EXAM1
    IMPLICIT NONE
```

```
INTEGER::N
REAL::PRICE,SUM
PRICE = 10.0
READ*,N
IF(N>=100) PRICE = PRICE*0.95
SUM = PRICE*N
PRINT*,SUM
END PROGRAM EXAM1
```

程序运行时,若输入 5 ↙,则结果如图 4-3 所示。

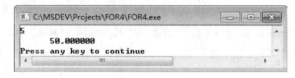

图 4-3 例 4-1 程序的运行结果

由于输入的 5,没有满足 N 大于等于 100 的条件,所以 PRICE = PRICE * 0.95 语句没有执行,PRICE 的值依然为 10,因而输出的 SUM 值为 50。

4.4 块 IF 结构

在逻辑 IF 语句的两个分支中,其中一个为空,而另一分支也只能有一条可执行语句 S,如图 4-2 结构流程图所示。对于多个分支的选择结构,或者尽管是两个分支,但每个分支中要执行多个语句时,用逻辑 IF 语句来实现就非常困难。为了解决这样的困难,并要满足结构化的要求,FORTRAN90 提供了块 IF 结构。

4.4.1 简单的块 IF 结构

块 IF 结构的一般格式为:
```
IF(E) THEN
   BLOCK1
ELSE
   BLOCK2
END IF
```

图 4-4 块 IF 结构流程图

其中:E 是逻辑表达式或关系表达式;IF、THEN、ELSE、END IF 是关键字。BLOCK1 称为"THEN 块",它是一组 FORTRAN90 语句;BLOCK2 称为"ELSE 块",也是一组 FORTRAN90 语句。END IF 是块 IF 结构的结束语句,它提供了块 IF 结构的出口。块 IF 结构的流程图见图 4-4,图中描述了块 IF 结构的执行过程:

①首先计算表达式 E 的值。
②当 E 为真时,执行 THEN 块的 BLOCK1 语句,然后结束块 IF 结构。
③当 E 为假时,执行 ELSE 块的 BLOCK2 语句,然后结束块 IF 结构。
④BLOCK1 和 BLOCK2 其中之一可以为空。当 BLOCK1 为空时,称为"THEN 块的缺

省",当 THEN 块省略时,IF-THEN 语句不可省略。当 BLOCK2 为空时,称为"ELSE 块的缺省",这时,ELSE 语句可以省略。但任何情况下 END IF 语句不可省略。

BLOCK1 和 BLOCK2 其中之一为空时,称为"单分支 IF 结构",运行时根据表达式 E 的真假,来决定执行还是不执行程序块;BLOCK1 和 BLOCK2 都没有省略时,称为"双分支 IF 结构",运行时根据表达式 E 的真假,来决定执行 BLOCK1 还是执行 BLOCK2 程序块。

【例 4-2】 求分段函数 $y = \begin{cases} \sqrt{(x^2+4^2)} & (x<0) \\ 4 & (x \geqslant 0) \end{cases}$,$x$ 由键盘输入。

分析:此题既可以用逻辑 IF 语句来做,也可以用块 IF 语句来做,显然用块 IF 语句来做,结构更清晰,效率也更高。程序流程图见图 4-5,这是一个双分支 IF 结构。程序如下:

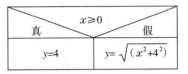

图 4-5 块 IF 结构流程图

```
PROGRAM EXAM2
    IMPLICIT NONE
    REAL::IX,IY
    READ * ,IX
    IF(IX> = 0.0)THEN
       IY = 4.0
    ELSE
       IY = SQRT(4.0 * 4.0 + IX * IX)
    END IF
    PRINT 100, IX, IY
    100 FORMAT(1X,´IX = ´,F6.2,3X,´IY = ´,F6.2)
END PROGRAM EXAM2
```

程序两次运行时,若分别输入 3.2↙和-2.1↙,则两次运行的结果如图 4-6 所示。

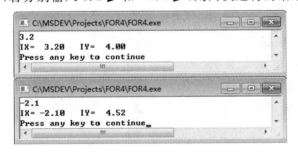

图 4-6 例 4-2 程序的运行结果

【例 4-3】 依次输入两个实数 X 和 Y,输出时还是 X 和 Y,但要求大数在前,小数在后。

分析:此题只需做一次条件判断即可,可以用块 IF 结构的单分支结构来做。当 X<Y 时,交换 X 和 Y 的值并输出;当 X≥Y 时,直接输出 X 和 Y 的值。程序如下:

```
PROGRAM EXAM3
    IMPLICIT NONE
    REAL::X,Y,T
    READ * , X,Y
```

```
    IF(X<Y)THEN
        T = X
        X = Y
        Y = T
    END IF
    PRINT 11, X, Y
11  FORMAT(1X,'X = ', F7.2,3X,'Y = ', F7.2)
END PROGRAM EXAM3
```

程序两次运行时,若分别输入 8.2,5.6↙和 5.6,8.2↙,两次运行的结果相同,如图 4-7 所示。

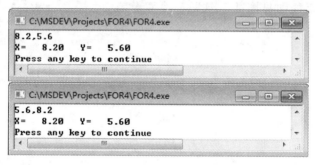

图 4-7 例 4-3 程序的运行结果

此题中,满足 X<Y 的关系时,需要执行 3 条赋值语句(利用了变量 T 交换 X 和 Y 的值),所以无法使用逻辑 IF 结构来编程。本题的块 IF 结构是省略了 BLOCK2 块,称为"ELSE 块的缺省"。

4.4.2 块 IF 结构的嵌套

块 IF 结构的 THEN 块和 ELSE 块中都可以嵌入另一个块 IF 结构,称这种形式为"块 IF 结构的嵌套"。其一般格式为:

(1) THEN 块的嵌套

```
IF (E1) THEN
    IF (E2) THEN
        BLOCK11
    ELSE
        BLOCK12
    END IF
ELSE
    BLOCK2
END IF
```

(2) ELSE 块的嵌套

```
IF (E1) THEN
    BLOCK1
ELSE
```

```
      IF(E2) THEN
          BLOCK21
      ELSE
          BLOCK22
      END IF
  END IF
```

THEN 块和 ELSE 块都有嵌套:上述①和②两种情况的结合。

说明:

①嵌套时,必须把整个块 IF 结构完整的嵌套在 THEN 块或 ELSE 块中,不允许跨越。

②IF 和 END IF 语句必须成对出现,最内层的 IF 语句和其最近的 END IF 匹配,由内到外。

③为便于识别,可采用上面①、②两种格式所示的向右缩进写法。

④对于嵌套的块 IF 结构,理论上可以有无穷多层,实际应用时嵌套层数不宜过多,否则会增加程序的复杂性。

【例 4-4】 求一元二次方程 $ax^2+bx+c=0$ 的根。

分析:a、b、c 的取值不同,一元二次方程的根就会出现多种可能的情况,而简单的块 IF 结构只能表示两种分支,所以本题用嵌套的 IF 结构(ELSE 块的嵌套)来编程。程序如下:

```
PROGRAM EXAM4
    IMPLICIT NONE
    REAL::A,B,C,D,X1,X2
    READ *,A,B,C
    D=B*B-4.0*A*C
    IF(ABS(D)<1E-6)THEN            !判断实数 D 是否为零的做法
      X1=-B/(2.0*A)
      PRINT 11, X1
    ELSE
      IF(D>0.0)THEN
        X1=(-B+SQRT(D))/(2.0*A)
        X2=(-B-SQRT(D))/(2.0*A)
        PRINT 22, X1, X2
      ELSE
        PRINT 33, -B/(2.0*A), SQRT(-D)/(2*A)
        PRINT 44, -B/(2.0*A), SQRT(-D)/(2*A)
      END IF
    END IF
11  FORMAT(1X,´X1=´,F8.2)
22  FORMAT(1X,´X1=´,F8.2,3X,´X2=´,F8.2)
33  FORMAT(1X,´X1=´,F8.2,1X,´+´,F8.2,1X,´I´)
44  FORMAT(1X,´X2=´,F8.2,1X,´-´,F8.2,1X,´I´)
END PROGRAM EXAM4
```

程序 3 次运行时,分别输入 2 6 3 ↙、1.0 3.0 2.25 ↙ 和 1,2,3 ↙,结果如图 4-8 所示。

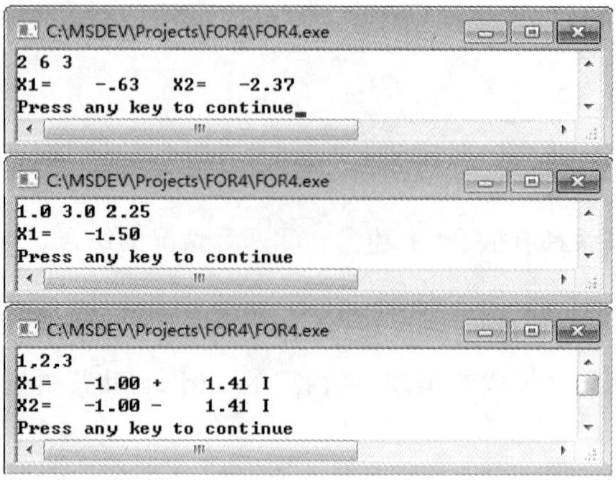

图 4-8　例 4-4 程序的运行结果

通过上例读者可以领会块 IF 结构的嵌套用法。思考:如果把该程序从 ELSE 块的嵌套改为 THEN 块的嵌套,应该如何来编写程序?如果考虑 a、b、c 3 个系数的各种情况(系数可能为零),进而得出不同的处理情况,需要增加哪些部分以完善程序?

4.4.3　块 IF 结构的命名

从上述内容及例子可以看出,当条件复杂时,可以通过块 IF 结构的嵌套来解决。但是如果有过多的嵌套时,会给程序的编写和阅读带来困难。FORTRAN90 允许给块 IF 结构命名,该结构名作为块 IF 结构的标识,可以提高程序的可读性。块 IF 结构命名的一般格式为:

　　[块 IF 结构名:]IF(E) THEN
　　　　BLOCK 1
　　ELSE [块 IF 结构名]
　　　　BLOCK 2
　　END IF [块 IF 结构名]

注意:

① 块 IF 结构取名时,将名字写在 IF-THEN 语句的前面,与 IF-THEN 语句间用冒号分隔。

② END IF 的后面应写上块 IF 结构名,并用空格与 END IF 分开。

③ ELSE 语句后的块 IF 结构名可以省略,如果不省略,ELSE 语句与块 IF 结构名之间用空格分开。

④ IF-THEN 语句、ELSE 语句和 END IF 语句中的块 IF 结构名应一致,且名称应符合 FORTRAN90 的命名规则。

4.4.4　多重条件的 IF 结构

块 IF 结构的嵌套可以方便地处理多重分支问题。但如果嵌套的层次比较多,程序就会冗长。FORTRAN90 提供了 ELSE IF 语句来处理"否则,如果……"的情况,这也称为"多分支块 IF 结构"。满足不同的条件时执行不同的分支,即执行不同的程序块。例如,统计某个班学生的成绩时,大于等于 90 分的为 A,小于 90 分大于等于 80 分的为 B,小于 80 分大于等于 70 分的为 C,小于 70 分大于等于 60 分的为 D,小于 60 分的为 E。用 SCORE 存储某人的分数,GRADE 存储对应的等级,可以这样来编写程序：

```
IF (SCORE>=90) THEN
    GRADE = ´A´
ELSE IF (SCORE>=80) THEN
    GRADE = ´B´
ELSE IF (SCORE>=70) THEN
    GRADE = ´C´
ELSE IF (SCORE>=60) THEN
    GRADE = ´D´
ELSE
    GRADE = ´E´
END IF
```

相应的 N-S 流程图见图 4-9。可以看出,多重条件的 IF 结构相当于把 ELSE 语句与 IF-THEN 语句合并成一个语句。

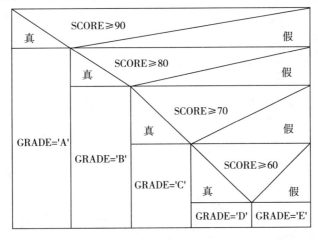

图 4-9　多重条件的 IF 结构流程图

多重 IF 语句的一般形式为：

```
IF(E_1)THEN
    BLOCK_1
ELSE IF(E_2)THEN
    BLOCK_2
    ...
ELSE IF(E_N-1)THEN
    BLOCK_N-1
ELSE
    BLOCK_N
END IF
```

执行过程为:若条件 E_1 成立,执行 BLOCK_1 块,然后转到出口,即 END IF 后的语句;若 E_2 成立,执行 BLOCK_2 块,然后转到出口……若 E_N－1 成立,执行 BLOCK_N－1 块,然后转到出口;若 E_1 到 E_N－1 都不成立,则执行 BLOCK_N 块后的语句,块 IF 结构执行结束。

这是一个从多重条件中选择一个满足条件的语句序列去执行的块 IF 结构。ELSE IF 语句单独一行,且不能分行书写。这种结构中最多只有一个块语句被执行(BLOCK_1～BLOCK_N 中的一个),当省略最后一个 ELSE 部分时,有可能什么也不做。

【例 4-5】 以前面所讲的判断学生成绩等级为例,编写出相应的程序。设学生成绩为整型变量,成绩等级为字符型变量。

分析:此题既可以用多重 IF 结构做,也可以用 IF 嵌套结构做,用多重 IF 结构要简单些。程序如下:

```
PROGRAM EXAM5
    IMPLICIT NONE
    INTEGER::SCORE
    CHARACTER(LEN = 1)::GRADE
    READ * , SCORE
    IF(SCORE> = 90)THEN
        GRADE = 'A'
    ELSE IF(SCORE> = 80)THEN
        GRADE = 'B'
    ELSE IF(SCORE> = 70)THEN
        GRADE = 'C'
    ELSE IF(SCORE> = 60)THEN
        GRADE = 'D'
    ELSE
        GRADE = 'E'
    END IF
    PRINT 99, SCORE, GRADE
 99 FORMAT(1X,'SCORE = ', I4, 2X, 'GRADE = ', A2)
END PROGRAM EXAM5
```

程序运行时,若输入 85↙,则结果如图 4-10 所示。

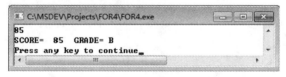

图 4-10 例 4-5 程序的运行结果

由于每一个 ELSE IF 都是对它前面条件的"否定",所以构造 ELSE IF 语句后面括号里的条件时,可以写成简写形式。比如上例中,执行第一个 ELSE IF 语句时,括号里的条件无需写成(SCORE<90. AND. SCORE> = 80),直接写成(SCORE> = 80)即可。其他的 ELSE IF 语句也是同样情况。

【例 4-6】 编写程序，计算分段函数：

$$f(t) = \begin{cases} \text{无定义}, & (t < -10) \\ 0, & (-10 \leqslant t < -5) \\ 2t+10, & (-5 \leqslant t < 0) \\ 10, & (0 \leqslant t < 10) \\ 15-0.5t, & (10 \leqslant t < 20) \\ 25-t, & (20 \leqslant t < 30) \\ \text{无定义}, & (t \geqslant 30) \end{cases}$$

分析：此题既可以用多重 IF 结构做，也可以用 IF 嵌套结构做，由于判断条件多，且 t 取值的分段区间是连续的，所以用多重 IF 结构要简单一些。程序如下：

```
PROGRAM EXAM6
   IMPLICIT NONE
   REAL::FT,T
   READ * ,T
   IF(T< -10.OR.T> =30)THEN
     PRINT 111, T
   ELSE IF(T< -5)THEN
     FT = 0.0
   ELSE IF(T<0)THEN
     FT = 2 * T + 10
   ELSE IF(T<10)THEN
     FT = 10
   ELSE IF(T<20)THEN
     FT = 15 - 0.5 * T
   ELSE
     FT = 25 - T
   END IF
   IF(T> = -10.0.AND.T<30) PRINT 222, T, FT
111 FORMAT(1X,´T =´, F7.2, 2X, ´NO DEFINED!´)
222 FORMAT(1X, ´T =´, F7.2, 2X, ´FT =´, F7.2)
END PROGRAM EXAM6
```

两次运行程序时，若分别输入 50.5↙ 和 20.8↙，则两次运行结果如图 4-11 所示。

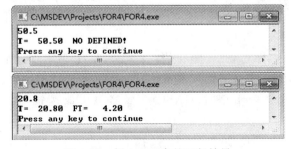

图 4-11 例 4-6 程序的运行结果

通过上面的两个例子,读者可以领会多重条件 IF 语句的适用场合,另外,需要注意它跟块 IF 结构的嵌套在语法形式上的区别。

思考:能否换一种条件表达式的写法。

4.5 CASE 结构

CASE 结构与块 IF 结构的功能相同,也是用来表示多重分支的。在多种条件选择情况下,使用 CASE 结构可使程序显得直观、简洁。根据 CASE 表达式的计算结果,从多个分支中选择一个分支执行。与 IF 结构不同的是,CASE 结构只能把 CASE 表达式的计算结果区分成若干个孤立的离散值或片段(即 CASE 表达式构成的判断条件不能出现区域重叠),按照不同的值或者片段来进行不同的操作。

4.5.1 CASE 结构的格式

CASE 结构的一般形式为:
```
SELECT CASE(CASE 表达式)
   CASE(CASE 选择器 1)
      BLOCK 1
   CASE(CASE 选择器 2)
      BLOCK 2
   ……
   [ CASE DEFAULT
      BLOCK N ]
END SELECT
```

关于 CASE 结构的几点说明:
① SELECT CASE 语句是 CASE 结构的标志,是 CASE 结构的入口语句。
② CASE 表达式可以是整型、逻辑型、字符型表达式,但不能是实型或复型表达式。
③ CASE 选择器的类型应与 CASE 表达式的类型一致。
④ 当 CASE 表达式是整型表达式时,CASE 选择器的表示可以有以下几种形式:
  • 列出单值表示法,如 CASE (3)、CASE (3,5,9) 等。
  • 起始终止值表示法:CASE (起始值:终止值),表示从起始值到终止值之间的所有值(也包括起始值与终止值)。例如,CASE (3:5) 即为 CASE (3,4,5)。
  • 省略终止值表示法,即 CASE (起始值:),表示包括从起始值开始之后的所有值(也包括起始值)。
  • 省略起始值表示法,即 CASE (:终止值),表示包括终止值之前的所有值(也包括终止值)。
  • 上述方法的混合表示法,例如,CASE (3:5,9) 即为 CASE (3,4,5,9)。
⑤ 当 CASE 表达式是逻辑型时,CASE 选择器也应取逻辑值。逻辑值只有两个:真与假。
⑥ 当 CASE 表达式是字符型时,CASE 选择器的值也应是字符型。它们的字符长度可以不同。

⑦各个 CASE 选择器中的表达式在取值范围上不允许有重复。

⑧一个 CASE 结构可以有多个 CASE 语句,每个 CASE 语句后可以跟随语句块,称为 CASE 块,如上面内容中的 BLOCK 1～BLOCK N。CASE 块也可以缺省。

⑨一个 CASE 结构最多只可以包含一个 CASE DEFAULT 语句,这个语句应位于所有 CASE 语句块之后,CASE DEFAULT 语句后可以跟语句块,称为 DEFAULT 块。DEFAULT 块可以缺省。

⑩END SELECT 语句标志 CASE 结构的结束,是 CASE 结构的出口。

4.5.2 CASE 结构的执行过程

CASE 结构的执行过程:

①首先计算 CASE 表达式的值。

②依次比较 CASE 表达式和 CASE 选择器的值是否相等:如果与第 K 个 CASE 选择器的值相等,则执行第 K 个 CASE 语句后的 CASE 块后,转到 END SELECT 语句。如果与所有 CASE 选择器的值都不相等,看是否有 DEFAULT 块,有则执行 DEFAULT 块,然后转到 END SELECT 语句,没有则转到 END SELECT 语句。

CASE 结构的流程图如图 4-12 所示。

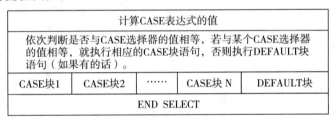

图 4-12 CASE 结构的流程图

【例 4-7】 用 CASE 结构编写程序,打印学生成绩的等级。

分析:此题跟例 4-5 一样,也是判断学生成绩的等级,这里用 CASE 结构来编写,读者可以自己比较一下这两种结构的写法区别。程序如下:

```
PROGRAM EXAM7
    IMPLICIT NONE
    REAL::SCORE
    READ * ,SCORE
    SELECT CASE(INT(SCORE + 0.5))
        CASE(90:100)
            PRINT * ,´优秀´
        CASE(75:89)
            PRINT * ,´良好´
        CASE(60:74)
            PRINT * ,´通过´
        CASE(0:59)
```

```
        PRINT * ,´不及格´
      CASE DEFAULT
        PRINT * ,´输入有错!´
    END SELECT
  END PROGRAM EXAM7
```

程序运行时,若输入 74.5 ↙,则结果如图 4-13 所示。

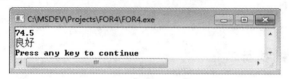

图 4-13 例 4-7 程序的运行结果

程序中定义的变量 SCORE 为实型数,而 CASE 表达式不允许有实型数,所以 CASE 表达式中利用了截断小数的取整函数 INT 将实型数转化为整型数,为了将学生成绩四舍五入处理,函数表示为 INT(SCORE+0.5)。

【例 4-8】 有一批商品降价处理,降价幅度列在表 4-5 中。试编写程序。

表 4-5 商品降价幅度列表

单价(元)	降价幅度(%)
≤50	0.0
51~99	1.0
100~199	1.5
200~349	2.0
350~599	3.0
600~999	5.0
≥1000	8.0

分析:此题既可以用多重 IF 结构、IF 嵌套结构来做,也可以用 CASE 结构来做,这里我们使用 CASE 结构来编写。

程序如下:

```
  PROGRAM EXAM8
    IMPLICIT NONE
    REAL::OLD_PRICE, NEW_PRICE
    PRINT * ,´ INPUT PRIMARY PRICE:´
    READ * ,OLD_PRICE
    SELECT CASE(INT(OLD_PRICE))
      CASE(:50)
        NEW_PRICE = OLD_PRICE
      CASE(51:99)
        NEW_PRICE = OLD_PRICE * (1 - 0.01)
```

```
      CASE(100:199)
        NEW_PRICE = OLD_PRICE * (1 - 0.015)
      CASE(200:349)
        NEW_PRICE = OLD_PRICE * (1 - 0.02)
      CASE(350:599)
        NEW_PRICE = OLD_PRICE * (1 - 0.03)
      CASE (600:999)
        NEW_PRICE = OLD_PRICE * (1 - 0.05)
      CASE DEFAULT
        NEW_PRICE = OLD_PRICE * (1 - 0.08)
      END SELECT
      PRINT 100, NEW_PRICE
  100 FORMAT(1X, ´ THE NEW PRICE IS ´, F7.2)
      END PROGRAM EXAM8
```

程序运行时,若输入 102 ↙,则结果如图 4-14 所示。

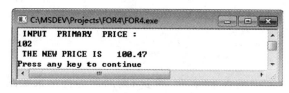

图 4-14　例 4-8 程序的运行结果

使用多重条件的 IF 语句也同样能够实现上面的两个程序,但当判定条件较多时,用 CASE 结构编写的程序结构显得比较清晰,读者可以自己体会一下。

4.5.3　CASE 结构的命名

和块 IF 结构一样,也可以为 CASE 结构命名,使得层次更清晰。
CASE 结构命名方式为:

```
CASE 结构名:SELECT CASE(CASE 表达式)
    CASE (CASE 选择器 1)［ CASE 结构名 ］
      BLOCK 1
      ……
    CASE (CASE 选择器 N-1)［ CASE 结构名 ］
      BLOCK N-1
  ［ CASE DEFAULT［ CASE 结构名 ］
      BLOCK N ］
        END SELECT CASE 结构名
```

对 CASE 结构命名的说明与块 IF 结构的命名相同,不再赘述。

4.6 程序设计举例

【例 4-9】 从键盘输入一个整数,如果该整数能被 7 整除,则输出"YES",否则输出"NO"。

分析:程序设计时,首先设置一个逻辑变量 L,当输入的整数能被 7 整除时,L 置为 .TRUE.,按题意输出"YES",否则输出"NO"。程序如下:

```
PROGRAM EXAM9
    IMPLICIT NONE
    LOGICAL::L
    INTEGER::K
    READ * ,K
    L = MOD(K,7) == 0
    IF(L) THEN
       PRINT * ,´YES´
    ELSE
       PRINT * ,´NO´
    END IF
END PROGRAM EXAM9
```

程序两次运行时,若分别输入 14✓ 和 30✓,则两次运行结果如图 4-15 所示。

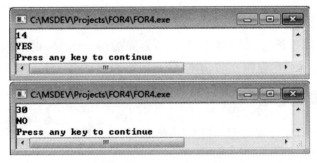

图 4-15　例 4-9 程序的运行结果

该程序采用的是简单块 IF 的双分支结构来实现的。

思考: 条件表达式是否就这一种写法? 另外,如果改用其他 IF 结构,怎么来实现?

【例 4-10】 阅读下列程序。运行时,若从键盘输入字符串:TXYZTABC,试写出结果。

```
PROGRAM EXAM10
    IMPLICIT NONE
    LOGICAL::X,Y
    REAL::P
    READ ´(2L4)´, X,Y
    IF(X.AND.NOT.Y) THEN
       P = 1.0
    ELSE IF(Y) THEN
```

```
      P = 2.0
    ELSE
      P = 3.0
    END IF
    PRINT 100,X,Y, P
100 FORMAT(1X,´X 的值为:´, L2/1X,´ Y 的值为:´,L2/1X,´ P 的值为:´, F6.2)
END PROGRAM EXAM10
```

程序运行时,若输入 TXYZTABC✓,则结果如图 4-16 所示。

本例主要考察多重条件 IF 语句的执行情况。

思考:如果输入 FZZZTYYY,结果又是多少?

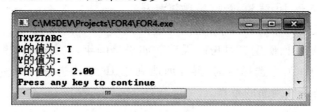

图 4-16 例 4-10 程序的运行结果

【**例 4-11**】 给定 3 个数 A、B、C,请按由小到大的顺序将这 3 个数排序,即 A<B<C。

分析:由数学知识可知,先将 A、B 两个数进行比较,若 A>B,则将 A、B 交换,此时 A 中数据一定是 A、B 中的小数,然后将 A、C 比较,若 A>C,则将 A、C 交换,这时 A 一定是 3 个数中的最小数,最后比较 B、C,若 B>C,则交换 B、C。

程序如下:

```
PROGRAM EXAM11
    IMPLICIT NONE
    INTEGER::A,B,C,T
    PRINT * ,´请输入 3 个任意整数(大小无序):´
    READ * ,A,B,C
    IF(A>B) THEN
      T = A; A = B; B = T
    END IF
    IF(A>C) THEN
      T = A; A = C; C = T
    END IF
    IF(B>C) THEN
      T = B; B = C; C = T
    END IF
    PRINT * ,´从小到大的排序为:´
    PRINT 100, A, B, C
100 FORMAT(1X, I5,2X,´<´, I5,2X,´<´, I5)
END PROGRAM EXAM11
```

程序运行时,若输入 10 876 −99 ↙,则结果如图 4-17 所示。

图 4-17　例 4-11 程序的运行结果

该例为简单块 IF 结构的单分支 IF 结构,3 个 IF 语句结构中的 THEN 块都包含了 3 条赋值语句,借助于中间变量 T 完成两个变量值的交换。

思考:如果使用其他 IF 结构,如何实现该程序?

【**例 4-12**】　键盘输入年份和月份,输出对应的天数。

分析:本题关键是如何确定二月份的天数。如果是闰年,二月份有 29 天,平年则仅有 28 天。使用 CASE 结构作为主选择结构,再合理地利用 IF 结构进行二月份的闰年判断处理。所以如何确定闰年是条件判断的重点。

程序如下:

```
PROGRAM EXAM12
    IMPLICIT NONE
    INTEGER::YEAR,MONTH,DAY
    PRINT *,'输入年份和月份:'
    READ *,YEAR,MONTH
    SELECT CASE(MONTH)
      CASE(1,3,5,7,8,10,12)
        DAY = 31
      CASE(4,6,9,11)
        DAY = 30
      CASE(2)
        IF((MOD(YEAR,4)==0).AND.(MOD(YEAR,100)/=0)&     !& 为续行符
          .OR.(MOD(YEAR,400)==0)) THEN
          DAY = 29
        ELSE
          DAY = 28
        END IF
      CASE DEFAULT
        PRINT *,'输入有错!'
    END SELECT
    PRINT 100, YEAR,MONTH,DAY
    100 FORMAT(1X,'YEAR = ', I4, 3X, 'MONTH = ', I2.2, 3X, 'DAY = ', I2)
END PROGRAM EXAM12
```

两次程序运行时,若分别输入 2015,1 ↙ 以及 2008 2 ↙,则结果如图 4-18 所示。两次输入时,年份和月份之间的分隔符分别用了逗号和空格。

该例为 CASE 结构和双分支 IF 结构的联合使用，CASE 选择器采用了单值表示法，分别列出各个月份的整数值。

图 4-18　例 4-12 程序的运行结果

思考：体会 FORMAT 语句中 I2.2 格式符的作用。

习题 4

一、单项选择题

1. 已知：A＝4.9,B＝5.5,C＝8.0,L＝.FALSE.,则其值为'假'的表达式是_____。
   A. A<B.OR..NOT.B<C
   B. L.OR.A<C.NEQV.L
   C. 13>C.EQV..NOT.L
   D. L.EQV.A<B+C

2. 以下不合法的 FORTRAN90 表达式是_____。
   A. A<B<C
   B. .NOT.(X<0.0)
   C. A>=B.EQV.C>D
   D. A.AND.B.AND.C

3. 以下能表示条件"X、Y 中至少有一个大于 0 且小于等于 10"的逻辑表达式是_____。
   A. (0<X<=10).OR.(0<Y<=10)
   B. (0<X.AND.X<=10).AND.(0<Y.AND.Y<=10)
   C. (0<X.AND.X<=10).OR.(0<Y.AND.Y<=10)
   D. 0<(X.OR.Y)<=10

4. 以下能表示条件"X、Y 中至少有一个大于等于 10 或小于 5"的逻辑表达式是_____。
   A. .NOT.(X>=10.OR.X<5).OR.Y>=10.OR.Y<5
   B. (X>=10.OR.X<5).OR.(Y>=10.OR.Y<5)
   C. (X.OR.Y)>=10.0R.(X.OR.Y)<5
   D. (X>=10.AND.X<5).AND.(Y>=10.AND.Y<5)

5. 以下正确的逻辑表达式是_____。（其中 A,B,C,D,X 均是数值型变量）
   A. (A+B).AND.C<A+D
   B. (A+B)==C<D
   C. A<=B.AND.C>=X
   D. (A+B)>C AND (C+D)<0

6. 要实现"当 X＞Y 时,Z＝X＋Y,否则 Z＝X－Y"。以下能完成该功能的程序段是_____。

    A. IF (X＞Y) Z = X + Y
       ELSE Z = X - Y

    B. IF (X＞Y) THEN Z = X + Y
       Z = X - Y

    C. Z = X - Y
       IF (X＞Y) Z = X + Y

    D. IF (X＞Y)
       Z = X + Y
      ELSE
       Z = X - Y
      END IF

7. 下面程序段中有错误的语句是_____。

    A. IF A＞B THEN
    B. A = B
    C. ELSE
       B = A
    D. END IF

8. 下面程序段中有错误的语句是_____。

```
PROGRAM EX1_8
READ *,X
```

    A. IF (X＜0.0) THEN
       Y = 1.0

    B. ELSE IF(X＜= 10.0)
       Y = 2.0

    C. ELSE
       Y = 3.0

    D. END IF
       PRINT *,Y
      END PROGRAM EX1_8

二、改错题

注意事项：

(1) 标有 !＜==ERROR?的程序行有错,请直接在该行修改。

(2) 请不要将错误行分成多行。

(3) 请不要修改任何注释。

1. 下面程序的功能是从键盘上输入一个数据 X,按下述关系,计算表达式 Y 的值：

    当 X＞10 时,Y＝1

    当 2＜X＜=10 时,Y＝X/2

    当 －1＜X＜=2 时,Y＝X－1

    当 X＜=－1 时,Y＝2X

请改错。

```
PROGRAM EX2_1
  IMPLICIT NONE
  INTEGER::X,Y
  READ *,X
  IF(X＞10)                                    !＜== ERROR1
    Y = 1
```

```
    ELSE IF(X>2) THEN
        Y = X/2
    ELSE IF(X>-1) THEN
        Y = X-1
    ELSE (X<=-1)                                !<== ERROR2
        Y = 2X                                  !<== ERROR3
    END IF
    PRINT *,X,Y
END PROGRAM EX2_1
```

2. 下面程序的功能是从键盘上输入一个数据 X，然后输出 X 的绝对值。请改错。

```
PROGRAM EX2_2
    IMPLICIT NONE
    REAL::X
    INTEGER::L                                  !<== ERROR1
    L = TRUE.
    READ *,X
    IF(X<0.0)                                   !<== ERROR2
        L = .FALSE.
    ELSE
        PRINT *,X
    END IF
    IF(L == .FALSE.)PRINT *,-X                  !<== ERROR3
END PROGRAM EX2_2
```

3. 下面程序的功能是从键盘上输入购买的商品数量 SL，根据商品数量值的范围得出不同的折扣，进而计算并输出总价。请改错。

```
PROGRAM EX2_3
    IMPLICIT NONE
    REAL::SL,ZK
    READ *,SL
    SELECT CASE(SL)                             !<== ERROR1
        CASE(2000:)
            ZK = 0.7
        CASE(1000:2000)                         !<== ERROR2
            ZK = 0.8
        CASE(500:999)
            ZK = 0.85
        CASE(200:499)
            ZK = 0.9
        CASE(0:199)
            ZK = 1.0
```

```
        CASE DEFAULT
            PRINT '(1X,"数量输入有错!")'
        END SELECT
        IF(SL>=0)THENPRINT '(1X,"ZJ=",F7.2)',SL*ZK        !<== ERROR3
    END PROGRAM EX2_3
```

4. 下面程序的功能是从键盘上输入任意一个整数 ZS,如果它能同时被 3 和 7 整除,则输出 "—>3*7";如果它能被 5 整除,则输出"—>5";如果能被 2 或 3 整除,则输出"—>2/3"。请改错。

```
    PROGRAM EX2_4
        IMPLICIT NONE
        INTEGER::ZS
        READ *,ZS
        IF(MOD(ZS,3)=0.OR.MOD(ZS,7)=0)PRINT '(1X,"->3*7")'    !<== ERROR1
        IF(ZS/5==0)PRINT '(1X,"->5")'                          !<== ERROR2
        IF(MOD(ZS,2)==0.OR.MOD(ZS,3)==0)PRINT '("->2/3")'     !<== ERROR3
    END PROGRAM EX2_4
```

三、填空题

注意事项:

(1)请不要将需要填空的行分成多行。

(2)请不要修改任何注释。

1. FORTRAN90 中,逻辑型常量是:.TRUE. 和_____。

2. 下面程序的功能是从键盘上任意输入两个整型数据,输出它们之间的关系。如输入 3 和 6,则输出 3<6,若输入 2 和 −4,则输出 2>−4,若输入 3 和 3,则输出 3=3。请在程序中的下划线处填上合适的内容。

```
    PROGRAM EX3_2
        IMPLICIT NONE
        INTEGER::X,Y
        READ *,X,Y
        IF _____                          !<== BLANK1
            PRINT *,X,'>',Y
        ELSE IF(X<Y) THEN
            PRINT *,X,'<',Y
        ELSE
            PRINT *,_____                  !<== BLANK2
        _____                              !<== BLANK3
    END PROGRAM EX3_2
```

3. 下面程序的功能是输出两个整数 M、N 中的大数,请在程序中的下划线处填上合适的内容。

```
    PROGRAM EX3_3
```

```
    IMPLICIT NONE
    M,N _____                               !<== BLANK1
    READ *, _____                           !<== BLANK2
    IF(_____) THEN                          !<== BLANK3
       PRINT *, N
    ELSE
       PRINT *, M
    END IF
END PROGRAM EX3_3
```

4. 下面程序的功能是求方程 $X^2+BX+C=0$ 的实根,请填空。

```
PROGRAM EX3_4
    IMPLICIT NONE
    REAL::D,B,C,X1,X2
    READ *, B,C
    D=B**2-4*C
    IF(_____) THEN                          !<== BLANK1
       IF(_____) THEN                       !<== BLANK2
          X1=-B/2.0+SQRT(D)/2.0
          X1=-B/2.0-SQRT(D)/2.0
          _____                             !<== BLANK3
       ELSE
          X1=-B/2.0
          X2=X1
          PRINT *,X1,X2
          _____                             !<== BLANK4
    ELSE
       PRINT *,´ERROR´
    END IF
END PROGRAM EX3_4
```

5. 下面程序的功能是求以下函数的函数值,请填空。

$$Y=\begin{cases}3X-ln|X| & (X<0)\\ X**3+6 & (0<=X<=10)\\ 1 & (X>10)\end{cases}$$

```
PROGRAM EX3_5
    IMPLICIT NONE
    REAL::X,Y
    READ *, X
    IF (X<0) THEN
       Y=3*X-_____                          !<== BLANK1
    ELSE IF (_____) THEN                    !<== BLANK2
```

89

```
      Y = X ** 3 + 6
   ELSE
      _____                              !<== BLANK3
   END IF
   PRINT *,Y
END PROGRAM EX3_5
```

6. 下面程序是判断 YEAR 是否为闰年(能被 4 整除且不能被 100 整除,或者能被 100 整除又能被 400 整除),是闰年则输出 YES,否则输出 NO。

```
PROGRAM EX3_6
   IMPLICIT NONE
   INTEGER::YEAR
   CHARACTER(LEN = 3)::RES = _____        !<== BLANK1
   READ *,YEAR
   IF (MOD(YEAR,100) == 0) THEN
      IF (MOD(YEAR,_____) == 0) RES = 'YES'   !<== BLANK2
   ELSE
      IF (MOD(YEAR,4) == 0)RES = _____        !<== BLANK3
   END IF
   PRINT *,RES
END PROGRAM EX3_6
```

四、阅读理解题

1. 阅读下面程序:

```
PROGRAM EX04_1
   IMPLICIT NONE
   INTEGER::M,N,K,J
   M = 3; N = 10; K = 0; J = 0
   IF (MOD(M,N)/ = 0) THEN
      K = N/M
      IF (K>M) THEN
         J = K
         K = M
         M = J
      END IF
   END IF
   PRINT *,M,K
END PROGRAM EX04_1
```

其运行结果是:_____。

2. 阅读下面程序:

```
PROGRAM EX04_2
   IMPLICIT NONE
```

```
    INTEGER::I,J
    I = 2
    J = 0
    IF (I> = 2) J = 1
    IF (J == 1) I = J
    IF (I<2) I = I + 1
    PRINT * ,I,J
  END PROGRAM EX04_2
```
其运行结果是:_____。

3.阅读下面程序：
```
  PROGRAM EX04_3
    IMPLICIT NONE
    INTEGER::I,J,K,M
    I = 10
    J = 20
    K = 30
    M = - 32768
    IF(I>M) M = I
    IF (J>M) M = J
    IF (K>M) M = K
    PRINT * ,M
  END PROGRAM EX04_3
```
其运行结果是:_____。

4.阅读下面程序：
```
  PROGRAM EX04_4
    IMPLICIT NONE
    REAL::X,Y
    READ * , X
    IF (X<0.0) THEN
       Y = 0.0
    ELSE IF (X<10.0) THEN
       Y = 1.0/X
    ELSE
       Y = 10.0
    END IF
    PRINT * ,Y
  END PROGRAM EX04_4
```
若从键盘输入 2.0↙
其运行结果是:_____。

5. 阅读下面程序：
```
PROGRAM EX04_5
  IMPLICIT NONE
  LOGICAL::L1,L2,L3,L4
  L1 = .TRUE.
  L2 = .FALSE.
  L3 = .TRUE.
  L4 = .NOT.L2.OR.L1.AND..NOT.L3
  PRINT * ,L4
END PROGRAM EX04_5
```
其运行结果是：_____。

6. 阅读下面程序：
```
PROGRAM EX04_6
  IMPLICIT NONE
  LOGICAL::A,B,L
  A = .FALSE.
  B = .TRUE.
  L = .NOT.A.AND.B
  PRINT * ,L
END PROGRAM EX04_6
```
其运行结果是：_____。

7. 阅读下面程序：
```
PROGRAM EX04_7
  IMPLICIT NONE
  INTEGER::X = 1,Y = 0,A = 2,B = 2
  SELECT CASE(X)
    CASE(1)
      SELECT CASE(Y)
        CASE(0)
          A = A + 1
        CASE(1)
          B = B + 1
      END SELECT
    CASE(2)
      A = A + 1; B = B - 1
    CASE(3)
      A = A - 1; B = B + 1
  END SELECT
  PRINT * ,´A = ´,A,´B = ´,B
END PROGRAM EX04_7
```
程序运行结果为：_____。

8. 阅读下面程序：
```
PROGRAM EX04_8
  IMPLICIT NONE
  LOGICAL::P,Q
  REAL::X=100.0,Y=200.0
  READ '(2(1X,L4))',P,Q
  IF(P) X=111.0
  IF(Q) Y=222.0
  PRINT*,X,Y
END PROGRAM EX04_8
```
当从键盘输入 FFTTFFTTFFTT ↙，则 X 与 Y 的值为：_____。

9. 阅读下面程序：
```
PROGRAM EX04_9
  IMPLICIT NONE
  INTEGER::A,B,C,X
  READ*,A,B,C
  X=A+2+B+C**2
  SELECT CASE (X)
    CASE (:7)
      PRINT*,"A"
    CASE (8:10)
      PRINT*,"B"
    CASE (11:15)
      PRINT*,"C"
    CASE (16:)
      PRINT*,"N"
  END SELECT
END PROGRAM EX04_9
```
若从键盘输入 0,1,2 ↙

其运行结果为：_____

若从键盘输入 1,2,3 ↙

其运行结果为：_____

若从键盘输入 3,2,1 ↙

其运行结果为：_____

五、编写程序题

1. 由键盘输入 3 个整型数，试编写程序将其按从大到小的顺序输出。

2. 设有分段函数

$$y = \begin{cases} 0 & (x \leqslant -1) \\ x + e^2 & (-1 < x < 1) \\ 1 & (x \geqslant 1) \end{cases}$$

编程计算 y 的值（e 为常数）。

3. 从键盘输入点 Q(X,Y)的坐标,判断并输出 Q 点在哪个象限或哪个坐标上。

4. 由键盘输入职工薪水 XS,根据不同薪水范围,计算并输出应交税款 SK(假设税率为:XS≤3000 元,不交税;3000~5000(含),3000 以上部分交 5%;5000~8000(含),5000 以上部分交 10%;8000~12000(含),8000 以上部分交 15%;12000 以上部分交 20%)。提示:薪水带小数,所交税款为递增累加。例如,如果薪水 6000 元,则所交税款 SK=(6000−5000)*0.1+(5000−3000)*0.05=200 元。

第 5 章 循环结构程序设计

> **考核目标**
> - 了解:循环结构的含义。
> - 理解:不同循环结构的执行方式。
> - 掌握:有循环变量的 DO 结构,重复 DO 循环结构,EXIT 语句,CYCLE 语句,DO-WHILE 循环结构,循环结构嵌套,循环结构程序设计方法。
> - 应用:能够应用不同循环结构语句解决具体问题。

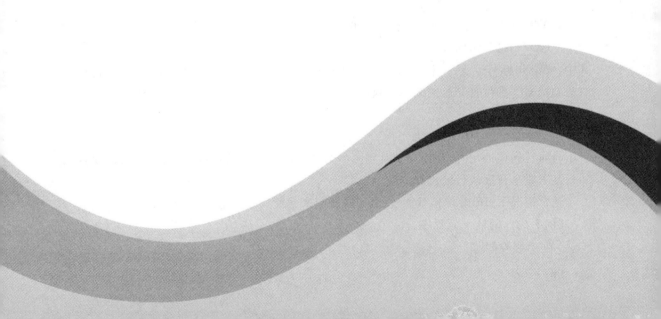

循环结构是结构化程序设计中最重要的一种结构。其特点是：在一定的循环次数里或某个条件成立的情况下，重复执行一些语句。就像在操场上跑 5 圈,当超过 5 圈时就停止不再跑了。FORTRAN90 提供了多种循环语句,可以组成不同形式的循环结构。本章主要介绍了有循环变量的 DO 语句、重复 DO 语句和 DO WHILE 语句,以及 EXIT、CYCLE 两条语句的功能及应用。

通过本章的学习,要求学生理解循环的概念,掌握用 DO 引导的各种循环语句的语句结构、语句功能和语句执行过程,理解循环嵌套的概念,能够正确使用 EXIT 语句和 CYCLE 语句进行程序设计。掌握循环结构程序设计的一般方法。

5.1 概　述

在许多问题中需要用到循环控制。例如,求若干个实型数据的和、求一组数据中的最大值、求一个数列的第 N 项的值等。循环结构是结构化程序设计的基本结构之一,因此熟练掌握循环结构的程序设计是程序设计的最基本要求。

【问题】 计算 $1+2+3+\cdots+10$。

分析:我们知道需要两个变量:一个计数器 I 用来进行计数,它的初始值为 1,每累加一次计数器的值加 1。一个存放累加值 S,在初始值为 0 的前提下,第一次加的数是 1,结果保存在 S 中;第二次加的数是 2,结果也保存在 S 中……第 10 次加的数是 10,结果保存在 S 中。用 FORTRAN90 语句表示:

S=S+I

I=I+1

显然这两条语句需要重复执行 10 次。FORTRAN90 提供了 3 种循环结构:有循环变量的 DO 结构;重复 DO 结构;DO WHILE 结构。下面逐一介绍。

5.2 GOTO 语句

GOTO 语句为无条件转移语句,它的一般形式为:

GOTO<语句标号>

其中:<语句标号>是一个不超过 5 位的正整数。其功能是遇到 GOTO 语句,立刻跳到<语句标号>的位置开始继续往下执行。

例如,语句:

GOTO 200

表示当执行到该语句时,程序立刻跳到标号为 200 的语句开始继续往下执行。很显然,该语句打乱了原来程序执行的流程。

通常情况下,IF 语句和 GOTO 语句联合起来才能实现有意义的循环。

【例 5-1】 阅读下面程序。

PROGRAM EXAM1

```
        IMPLICIT NONE
        INTEGER::S,N
        S=0;N=1
    100 S=S+N
        N=N+1
        IF(N<=5) GOTO 100
        PRINT*,S,N
    END PROGRAM EXAM1
```

分析:程序中当 N 小于等于 5 时,通过 GOTO 语句返回到标号为 100 的语句开始继续往下执行,这样就实现了循环,直到 IF 语句中条件不成立,才执行 PRINT 语句,此时循环结束。程序的运行结果如图 5-1 所示。

图 5-1　例 5-1 程序的运行结果

由于 GOTO 语句破坏了原有程序执行的语句顺序,导致程序流程混乱,可读性差,不符合结构化程序设计的原则,因此一般不提倡使用。

5.3　有循环变量的 DO 循环结构

5.3.1　有循环变量的 DO 循环结构的语法格式

当循环的次数可以计算出来时,通常用有循环变量的 DO 语句结构。所谓的"循环变量",就是用来控制循环执行次数的。

有循环变量的 DO 语句结构的语法格式为:

　　[DO 结构名:] DO X=E1,E2,E3
　　　　＜语句＞
　　END DO [DO 结构名]

其中,X 是循环变量。E1、E2、E3 是整型或实型常量或表达式,分别称为"循环的初值"、"循环的终值"、"循环的步长值"。＜语句＞部分是要重复执行的,通常称为循环体。与 IF 语句一样,也可以给 DO 结构命名,其命名规则与变量名的命名规则相同,此时 END DO 语句后面一定要有结构名。

下面是正确的 DO 结构:设 I, J, K 是整型变量。

　　DO I=1,20,2　　　　!I 是循环变量,循环初值为 1,循环终值为 20,循环步长值为 2
　　　PRINT*,I
　　END DO
　　DO J=10,2,-3　　　!J 是循环变量,循环初值为 10,循环终值为 2,循环步长值为-3

```
     PRINT * ,J
   END DO
LP:DO K=1,10,4          !LP 是 DO 循环的名字,LP 与 DO 之间用":"分隔
     PRINT * ,K
   END DO LP            !DO 循环结构的名字 LP 必须要有,不能省略
```

说明:

①DO 是循环语句的关键字,表示循环语句的入口。

②循环的初值、终值、步长值的类型与循环变量的类型应该一致。当不一致时,系统会自动转化为与循环变量的类型一致。

③当循环的步长值为 1 时,可以省略不写。即:DO I=1,5,1 与 DO I=1,5 等价。

5.3.2 有循环变量的 DO 循环结构的执行过程

DO 循环结构的执行过程为:

①先计算 E1、E2、E3 的值,然后转换为与循环控制变量相同的类型。

②将循环初值赋给循环控制变量 X=E1。

③计算循环次数,计算公式为:

$$R=MAX(INT((E2-E1)/E3)+1,0)$$

例如,语句:DO K=1,12,2,其循环次数为:R=MAX(INT((12-1)/2)+1,0)=6。

④检查循环次数,当 R>0 时,执行循环体;当 R≤0 时,跳过循环体,执行 END DO 语句的下一语句,循环结构执行结束。

⑤当执行到 END DO 语句时,自动做两件事:

- 循环变量按步长增值,循环变量 X=循环变量 X+E3。
- 循环次数减 1:R=R-1。

然后返回④继续执行。

图 5-2 给出了 DO 结构的执行流程。

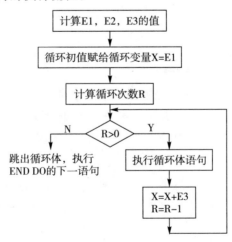

图 5-2 有循环变量的 DO 结构执行过程

【例 5-2】 写出下面程序的运行结果。
```
PROGRAM EXAM2
    IMPLICIT NONE
    INTEGER::I,S = 0
    DO I = 1,10,3
        S = S + I
    END DO
    PRINT * ,S
END PROGRAM EXAM2
```
分析：根据 DO 结构的执行流程，首先将循环初值 1 赋给变量 I，其次计算循环次数 $R = MAX(INT((10-1)/3)+1,0) = 4$，然后进行循环判断。具体循环过程如表 5-1 所示。

表 5-1 例 5-2 循环执行情况

循环次数	循环变量 I 的值	变量 S 的值	遇到 END DO 语句后 I 的值	R 的值	是否继续循环
1	1	1	4	3	R>0,继续循环
2	4	1+4	7	2	R>0,继续循环
3	7	1+4+7	10	1	R>0,继续循环
4	10	1+4+7+10	13	0	R=0,循环结束

该程序的运行结果如图 5-3 所示。

图 5-3 例 5-2 程序的运行结果

从上例可以看出：当循环结束时，循环控制变量 I 的值等于 13，而不是 10，这一点请读者注意。

说明：

① 当 INT((E2−E1)/E3)+1 的值小于 0 时，R 的值取 0，表示循环一次也不执行。考察语句 DO K=2,10,−2，INT((10−2)/(−2))+1=−3，则 R=MAX(−3,0)=0。

② E1、E2、E3 的类型应与循环变量相同。当 E1、E2、E3 的类型与循环变量不相同时，在循环执行时，系统将 E1、E2、E3 转换成循环变量的类型。例如，假设变量 A 是整型变量，则语句 DO A=1.6,3.6,1.6 的执行过程是先将循环初值、终值和步长值转化为整型（与循环变量的类型一致），即等价执行语句 DO A=1,3,1，因此循环次数是 3 次而不是 2 次。

③ 循环变量在循环体中可以被引用，但不能被重新赋值。下面的用法是错误的：
```
INTEGER::N
DO N = 1,3
    N = N + 1              !这条语句是错误的
END DO
```
由于 N 是循环变量，因此在循环体里不允许被重新赋值。

④ E1、E2、E3 的值在循环体中被改变后，不影响循环次数。

【例 5-3】 写出下面程序的运行结果。

```
PROGRAM EXAM3
  IMPLICIT NONE
  INTEGER::A,B = 10
  DO A = 1,B,4
    PRINT * ,A
    B = 20
  END DO
END PROGRAM EXAM3
```

分析：由 DO 循环的执行过程可知，当遇到 DO 语句时自动做两件事：一是将循环的初值赋给循环变量 N，二是计算循环次数 R=3，因此当在循环体里改变 B 的值时，不会改变循环的次数。该程序的运行结果如图 5-4 所示。

图 5-4　例 5-3 程序的运行结果

⑤可以不经过 END DO 语句退出循环，即通过 GOTO 语句将执行控制从循环体内转移到循环体外。也可在循环体内转移，但不允许从循环体外转移到循环体内。例如：

```
DO K = 1,10
  ...
  IF (K> = 5) GOTO 100    !从循环体内转到循环体外,正确
  ...
END DO
100...
```

这种利用 GOTO 语句以及后面所学的 EXIT 语句和 CYCLE 语句等在未执行完全部循环次数而脱离循环的，称为循环的"非正常出口"；而执行完全部循环次数从 END DO 退出循环的，称为循环的"正常出口"。下面的 DO 结构则是非法的：

```
...
GOTO 200                  !从循环体外转到循环体内,错误
DO N = 1,20,4
  200 S = S + N
END DO
```

⑥DO 循环和其他结构（如块 IF 结构、CASE 结构）可以相互嵌套使用，但结构的嵌套必须是完整嵌套，不允许结构的交叉。

5.3.3　有循环变量的 DO 循环结构的程序举例

【例 5-4】 从键盘输入任意 10 个整型数，编程求这 10 个数据的和。

分析：根据数学知识知道：要求 10 个数据的和，需要一个存放和的变量 S，一个存放数据的变量 X，利用循环控制变量 K 作为计数器。让 K 从 1 开始，以步长 1 叠加，到达终值 10，

这样循环体执行 10 次。每次都从键盘读入一个数据 X，然后累加 S=S+X。

注意此时变量 S 要赋初值 0。程序如下：

```
PROGRAM EXAM4
    IMPLICIT NONE
    INTEGER::K,X,S
    S = 0                          !累加和变量 S 赋初值
    DO K = 1,10
        READ * ,X                  !输入数据
        S = S + X                  !实现数据的累加
    END DO
    PRINT '(1X,"S = ",I6)',S
END PROGRAM EXAM4
```

程序运行结果如图 5-5 所示。

图 5-5　例 5-4 程序的运行结果

思考：

①累加和变量 S 为什么要赋初值 0？有没有其他的赋初值方法？若有，则该程序应该如何修改？

②循环控制变量 K 的初值、终值和步长值能否改变？

【**例 5-5**】　编程，求 10! 的值。

分析：从数学知识可知 10!=1×2×3×…×10。显然这是一个连乘积的问题。假设用 T 存放每次乘积的值，其初值为 1；用 K 作为循环控制变量，K 的初值为 1，终值为 10，步长值为 1；循环体里只有一条语句：T=T×K。当 K=1 时，T=T×K=1×1=1；当 K=2 时，T=T×K=1×2=2；当 K=3 时，T=T×K=2×3=6……很显然，当脱离循环时，T 的值就是 10! 的值。程序如下：

```
PROGRAM EXAM5
    IMPLICIT NONE
    INTEGER::T,K
    T = 1                          !赋初值
    DO K = 1,10
        T = T * K
    END DO
    PRINT '(1X,"10! = ",I8)',T
```

END PROGRAM EXAM5

程序运行结果如图 5-6 所示。

图 5-6 例 5-5 程序的运行结果

思考：

① T 的初值为什么等于 1？

② 循环控制变量 K 的初值、终值和步长值能否改变？

【例 5-6】 求 $\sum_{K=1}^{N} K!$

分析：由数学知识可以知道 N!＝N×(N－1)!，因此可以先计算 1!＝1×1，然后计算 2!＝2×1!，3!＝3×2!，…，N!＝N×(N－1)!。该题是求 1!＋2!＋3!＋…＋N!，用 T 存放阶乘，其初值为 1，用 S 存放累加和，其初值为 0，用 K 作为循环控制变量，其取值范围从 1 到 N，N 的值通过输入语句给定。程序如下：

```
PROGRAM EXAM6
    IMPLICIT NONE
    INTEGER::N,K,S=0,T=1
    READ *,N              !通过键盘输入 N
    DO K=1,N
      T=T*K               !T 中存放的是 K!
      S=S+T               !累加
    END DO
    PRINT '(1X,"S=",I10)',S
END PROGRAM EXAM6
```

该程序运行时，若从键盘输入 4↵，则运行结果如图 5-7 所示。

图 5-7 例 5-6 程序的运行结果

【例 5-7】 从键盘输入 10 个整型数据，编程，求其中的最大数。

分析：假设 M 中存放的是最大数，将第一个数放入 M 中（假设它就是最大数），然后读第 2 个数放入 X 中，比较 M 与 X 的大小：若 M＜X，则将 X 的值放入 M 中，否则什么都不做。然后重复上述过程：读第 3 个数放入 X 中，比较 M 与 X 的大小：若 M＜X 则将 X 的值放入 M 中，否则什么都不做……直到读第 10 个数放入 X 中，比较 M 与 X 的大小：若 M＜X 则将 X 的值放入 M 中，否则什么都不做。当 10 个数据全部操作完毕，则最大数一定在 M 中。程序如下：

```
PROGRAM EXAM7
    IMPLICIT NONE
    INTEGER::M,X,K
```

```
      READ * ,M
      DO K = 2,10
        READ * ,X
        IF(M<X) M = X
      END DO
      PRINT ´(1X,"最大数是:",I5)´,M
   END PROGRAM EXAM7
```
程序运行结果如图 5-8 所示。

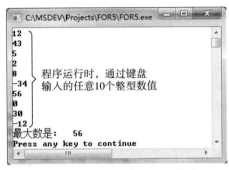

图 5-8　例 5-7 程序的运行结果

思考：

①循环次数为什么是 9 次而不是 10 次？

②程序中，第一个 READ 语句的作用是什么？能否不要？

【**例 5-8**】 求 FIBONACCI 数列的前 20 个数。这个数列有如下特点：第 1、2 两个数都为 1，从第 3 个数开始，每个数都是其前面两个数之和。即：

$$\begin{cases} F_1 = 1 & (n = 1) \\ F_2 = 1 & (n = 2) \\ F_n = F_{n-1} + F_{n-2} & (n \geqslant 3) \end{cases}$$

分析：用 F_1、F_2 分别表示数列的第一项和第二项，则 $F = F_1 + F_2$，求出第三项，然后将 $F_2 \Rightarrow F_1$，$F \Rightarrow F_2$，再用 $F = F_1 + F_2$ 求出第四项……重复 18 次，即可求出该数列的前 20 个数。程序如下：

```
   PROGRAM EXAM8
      IMPLICIT NONE
      INTEGER::F1 = 1,F2 = 1,F,K
      PRINT * ,F1,F2
      DO K = 3,20
        F = F1 + F2
        PRINT * ,F
        F1 = F2;F2 = F
      END DO
   END PROGRAM EXAM8
```

在上面的程序中读者可以看到：每当产生一个新数 F 后，F_1 所表示的数就没有用了，因此可以直接将 $F_1 + F_2 \Rightarrow F_1$ 中。当再做 $F_1 + F_2$ 时，由于 F_1 是新数，而 F_2 还是老数，因此应

该将 $F_1+F_2 \Rightarrow F_2$ 中。这种方法称为"辗转赋值"。由于循环一次,产生两个新数(F_1 和 F_2),因此只要循环9次即可。程序如下:

```
PROGRAM EXAM8
   IMPLICIT NONE
   INTEGER::F1 = 1,F2 = 1,K
   PRINT *,F1,F2
   DO K = 1,9
      F1 = F1 + F2;F2 = F2 + F1;
      PRINT *,F1,F2
   END DO
END PROGRAM EXAM8
```

程序运行结果如图5-9所示。

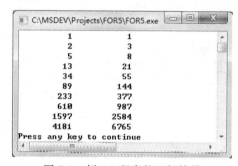

图 5-9 例 5-8 程序的运行结果

【例 5-9】 从键盘输入一正整数 N,编程判断 N 是否是素数,输出相应的信息。

分析:素数是除了1和它本身以外没有其他因子的数。换句话说,只要有因子(除了1和它本身之外),则该数一定不是素数。那么如何求因子呢?我们知道,若 MOD(N,K) 的值等于0,则说明 N 能够被 K 整除,那么 K 就是 N 的一个因子。因此判断数 N 是否为素数就是将其被 2~(N-1) 中的所有整数整除,如果都不能整除,说明 N 没有因子,则 N 为素数。实际上根据数论知识,判断 N 是否为素数,不必将 N 被 2~(N-1) 整除,只要被 2~N/2 或 2~$\sqrt{N}$ 整除即可。本程序用 K 作为循环控制变量,用 F 作为标志变量,其值为1,一旦 N 有因子,立即将标志变量 F 改值为0。然后通过判断 F 的值即可知道 N 有没有因子,从而判断出 N 是不是素数。程序如下:

```
PROGRAM EXAM9
   IMPLICIT NONE
   INTEGER::N,K,F = 1
   READ *,N
   IF(N<1) THEN
      PRINT *,´数据输入不正确!´
   ELSE
      DO K = 2,N/2
         IF(MOD(N,K) == 0) F = 0          !若N有因子,标志变量F改值
      END DO
```

```
        IF(F == 0) THEN                              !判断 F 的值
            PRINT '(1X,I5,"不是素数!")',N
        ELSE
            PRINT '(1X,I5,"是素数!")',N
        END IF
    END IF
END PROGRAM EXAM9
```

程序运行结果如图 5-10 所示。

图 5-10　例 5-9 程序的运行结果

5.4　重复 DO 循环结构

有时候,循环的次数事先是不知道的。如:求 1+2+3+…+N≥1234 的最小值 N,求一批正整数的和直到输入−1 时结束等。这些问题仍属于循环,但与前面不同的是不知道要循环多少次,因此只能用重复 DO 循环结构来解决此类问题。

5.4.1　重复 DO 循环结构的语法格式

重复 DO 循环结构的语法格式为:

　　　[DO 结构名:] DO
　　　　　　循环体
　　　　　END DO [DO 结构名]

方括号内的 DO 结构名是可选项,功能是给 DO 结构命名。

执行过程是:从循环体的第 1 个语句开始,依次执行到循环体的最后一个语句,然后返回到循环体的第 1 个语句,再重复执行循环体。如图 5-11 所示。

图 5-11　重复 DO 结构执行过程

例如,下面程序段:

```
DO
    READ * , K
    SUM = SUM + K
    PRINT * , SUM
END DO
```

该程序每循环一次读入一个数,便将它加到累加变量 SUM 中,然后输出 SUM 值,接着再重复执行循环体,一直这样进行下去。显然这个循环将永远执行下去。

由此可见,重复DO结构是一个无休止的死循环。尽管在语法上没有错误,但程序却不能正常结束。因此,必须在循环体中加入能在满足某种条件时停止循环的语句。

5.4.2　EXIT语句

EXIT语句的功能是终止正在执行的循环,使程序从END DO的下一条语句开始继续往下执行。

EXIT语句的一般形式为:

EXIT［DO循环结构名］

说明:

①EXIT语句只能终止由DO构成的循环,不能终止由GOTO语句构成的循环。

②EXIT语句的执行将无条件终止循环,接着执行指定的DO循环结构出口之后的语句。

③EXIT语句通常是作为逻辑IF语句的内嵌语句来使用,其作用是有条件的中断。其一般形式为:

IF(逻辑表达式) EXIT［DO循环结构名］

执行过程:当逻辑表达式为真时,终止正在执行的循环,将控制转到EXIT语句指定的结构之后;当逻辑表达式为假时,继续执行的循环,不进行任何转移。

④当EXIT语句中没有指定结构名时,表示跳出当前循环结构。

⑤结构化程序设计方法不提倡使用EXIT语句,但在某些情况,使用EXIT语句可简化程序。

【例5-10】　阅读下面程序,写出程序运行结果。

```
PROGRAM EXAM10
  IMPLICIT NONE
  INTEGER::K,N=1
  DO
    K=N*N
    IF(K>10) EXIT
    N=N+1
  END DO
  PRINT *,N,K
END PROGRAM EXAM10
```

分析:该程序采用重复DO结构,终止循环的条件是K>10。显然,当N=4时,K=N×N=16,循环体中逻辑IF语句条件成立,执行后面的EXIT语句,这样就终止了循环,执行END DO的下一条语句PRINT语句,输出N和K的值。程序运行结果如图5-12所示。

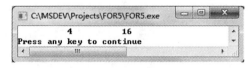

图5-12　例5-10程序的运行结果

【例 5-11】 求 1+2+3+…+N≥1234 的最小项 N。

分析：用 S 存放累加和，N 表示项数，其初始值为 1。在循环体里，每进行一次累加（S=S+N）后，都要判断 S≥1234 是否成立。若成立，则终止循环，否则使 N 增 1，继续进行循环。程序流程图如图 5-13 所示。

程序如下：

```
PROGRAM EXAM11
    IMPLICIT NONE
    INTEGER::S,N
    S = 0;N = 1
    DO
      S = S + N
      IF(S>=1234) EXIT       !当 S≥1234 时终止循环
      N = N + 1               !项数加 1
    END DO
    PRINT ´(1X,"满足条件的最小项 N 是",I4)´,N
END PROGRAM EXAM11
```

程序运行结果如图 5-14 所示。

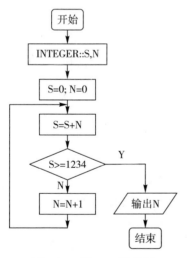

图 5-13 例 5-11 流程图

图 5-14 例 5-11 程序的运行结果

注意：程序中 N=N+1 语句很重要，若没有这个语句，N 的值就不能改变，输出的 N 就不是最小项。

5.4.3 CYCLE 语句

CYCLE 语句的功能是结束本次循环，即跳过循环体中 CYCLE 语句后面尚未执行的语句，重新执行下一轮循环。

CYCLE 语句的一般形式为：

CYCLE [DO 循环结构名]

说明:

①CYCLE 语句只能在 DO 和 DO WHILE 循环语句内使用。

②CYCLE 语句的执行将终止本次循环的执行,而不是终止整个循环的执行。

③在有循环变量的 DO 结构里,当执行 CYCLE 语句后,在重新下一轮循环时,循环变量应增加一个步长。

④CYCLE 语句通常是作为逻辑 IF 语句的内嵌语句来使用,其作用是有条件转移,其一般形式为:

  IF(逻辑表达式)CYCLE [DO 循环结构名]

执行过程:当逻辑表达式为真时,终止正在执行的循环体的剩余语句,将控制转到该循环体的 END DO 语句并开始进行下一轮循环;当逻辑表达式为假时,继续执行循环,不进行任何转移。

【例 5-12】 阅读下面程序,写出程序运行结果。

```
PROGRAM EXAM12
    IMPLICIT NONE
    INTEGER::N,S=0
    DO N=1,10
        IF(MOD(N,3)/=0) CYCLE
        S=S+N
    END DO
    PRINT ´(1X,"S=",I3)´,S
END PROGRAM EXAM12
```

分析:该程序的执行过程如图 5-15 所示。循环体里的 IF 语句是判断 N 是否是 3 的倍数,若是则累加。程序运行结果如图 5-16 所示。

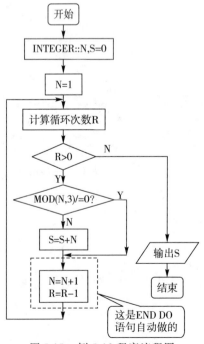

图 5-15 例 5-12 程序流程图

图 5-16 例 5-12 程序的运行结果

【例 5-13】 编程,求两个正整数 M 和 N 的最大公约数及最小公倍数。

分析:可以用辗转相除法来求最大公约数。其算法步骤为:

①求余数:R=MOD(M,N)。

②判断 R 是否为 0:若 R 等于 0,则终止循环,此时最大公约数就是 N;若 R 不等于 0,则执行③。

③改变 M、N 的值:N ⇒ M;R ⇒ N;然后跳到①继续执行。

例如,假设 M=18,N=12,则第一次 R=6。显然 R 不等于 0,然后将 N 的值 12 赋给 M,R 的值 6 赋给 N,再循环求 R 的值,此时 R=0,终止循环。M 和 N 的最大公约数就是 N 的值 6。

最小公倍数则等于 M 乘以 N,再除以最大公约数。

程序如下:

```
PROGRAM EXAM13
    IMPLICIT NONE
    INTEGER::M,N,R,Y,B
    READ *,M,N
    B = M * N
    DO
      R = MOD(M,N)
      IF(R == 0) EXIT
      M = N;N = R
    END DO
    Y = N
    B = B/Y
    PRINT '(1X,"最大公约数是:",I6)',Y
    PRINT '(1X,"最小公倍数是:",I6)',B
END PROGRAM EXAM13
```

程序运行时,若输入 36,8✓,则运行结果如图 5-17 所示。

图 5-17 例 5-13 程序的运行结果

5.5 DO-WHILE 循环结构

DO-WHILE 循环结构属于"当型"循环,语句中包含一个逻辑表达式,可以由这个表达式来判断循环是否进行。

5.5.1 DO-WHILE 循环结构的语法格式

DO-WHILE 结构的语法格式为：

[结构名:] DO WHILE（逻辑表达式）
　　　　循环体
　　　END DO [结构名]

其中：结构名是为 DO-WHILE 结构进行命名的名称，用法同前面对块 IF、CASE 等结构的命名类似，可以缺省，结构名与关键字 DO 之间用冒号(:)分隔。关键字 DO WHILE 称为"DO WHILE 语句"，是循环的入口。关键字 END DO 称为"END DO 语句"，是循环的出口。DO WHILE 中的逻辑表达式是判断循环体是否被执行的条件，书写时应放在圆括号里。

5.5.2 DO-WHILE 循环结构的执行过程

DO-WHILE 循环结构的执行过程为：

① 计算逻辑表达式的值。

② 当逻辑表达式的值为"真"时，执行循环体语句，当遇到 END DO 语句后返回到 ① 继续。当逻辑表达式的值为"假"时，终止循环，程序流程执行 END DO 的下一语句。如图 5-18 所示。

显然，DO WHILE 结构的循环体是否被执行完全由逻辑表达式控制。

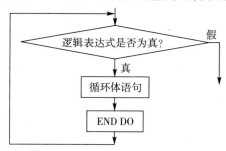

图 5-18　DO-WHILE 结构执行过程

【例 5-14】 阅读下面程序，写出程序运行结果。

```
PROGRAM EXAM14
　IMPLICIT NONE
　INTEGER::S=0,N=1
　DO WHILE(N<5)
　　S=S+N
　　N=N+1
　END DO
　PRINT '(1X,"S=",I4," N=",I3)',S,N
END PROGRAM EXAM14
```

分析：该程序用的是 DO-WHILE 循环，循环体语句是 S=S+N 和 N=N+1。在进入循环之前，首先判断 N 是否小于 5。若条件成立，则执行循环体语句。当遇到 END DO 语句，程序就跳到 DO WHILE 语句中的条件继续判断。若条件不成立，则终止循环，程序接着执行 END DO 的下一语句。因此当执行 PRINT 语句时,循环已经结束,此时 S 的值是 1+2+3+4=10,而 N 的值为 5。程序运行结果如图 5-19 所示。

图 5-19 例 5-14 程序的运行结果

5.5.3 DO-WHILE 循环结构的程序举例

从 DO WHILE 语句的执行过程可知,DO WHILE 循环语句既可以用来实现循环次数不确定的循环,也可以用来实现循环次数已知的循环,因此该语句有良好的通用性。读者通过下面的例子,体会 DO WHILE 语句的功能。

【例 5-15】 输入一批正整数,当输入-1时表示数据输入完毕。编程,统计所输入的数据个数,并求这些数据的平均值(保留2位小数)。

分析:显然这是一个循环次数未知的题目。首先输入一个数据(用 X 表示),判断是否等于-1。若等于-1,则终止循环,否则计数器(用 N 表示)加 1,累加器(用 S 表示)加上 X,然后再读一个数据,重复判断,直到输入-1为止。程序如下:

```
PROGRAM EXAM15
    IMPLICIT NONE
    INTEGER::N=0,X
    REAL::S=0.0
    READ *,X
    DO WHILE(X/=-1)
        N=N+1
        S=S+X
        READ *,X
    END DO
    S=S/N
    PRINT '(1X,"数据个数为:",I3)',N
    PRINT '(1X,"平均值为:",F10.2)',S    !平均值保留2位小数
END PROGRAM EXAM15
```

该程序运行结果如图 5-20 所示。

图 5-20 例 5-15 程序的运行结果

【例 5-16】 编程,求两个正整数 M 和 N 的最大公约数及最小公倍数。

· 111 ·

分析：此题前面用重复 DO 结构已经做过，现在用 DO WHILE 结构来编写，其算法思路是一样的，请读者注意体会重复 DO 结构与 DO WHILE 结构的异同点。程序如下：

```
PROGRAM EXAM16
    IMPLICIT NONE
    INTEGER::M,N,R,A
    READ *,M,N
    A = M * N
    R = MOD(M,N)
    DO WHILE(R/=0)
        M = N;N = R;R = MOD(M,N)
    END DO
    PRINT '(1X,"最大公约数是",I3)',N
    PRINT '(1X,"最小公倍数是",I4)',A/N
END PROGRAM EXAM16
```

程序运行时，若输入 12,18 ↙，结果如图 5-21 所示。

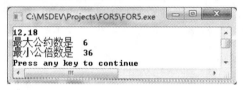

图 5-21　例 5-16 程序的运行结果

【例 5-17】 利用下面公式计算 π 的近似值，要求计算到某项绝对值小于 10^{-6} 为止。

$$\frac{\pi}{4} = 1 - \frac{1}{3} + \frac{1}{5} - \frac{1}{7} + \frac{1}{9} - \frac{1}{11} + \cdots$$

分析：本题是一个累加问题，但第 1、3、5……项是正的，第 2、4、6……项是负的，因此需要一个表示符号的变量（设为 F），其初值为 1。在循环体里做 F＝F×(－1)，这样 F 的值就在 1 和 －1 之间变化。由于不知道要循环多少次，因此只能用重复 DO 或 DO WHILE 结构做。程序如下：

```
PROGRAM EXAM17
    IMPLICIT NONE
    INTEGER::N = 1,F = 1
    REAL::T,PI = 0
    T = 1
    DO WHILE(T>=1E-6)
        PI = PI + F * T
        F = (-1) * F              !变符号
        N = N + 2
        T = 1.0/N
    END DO
    PRINT *,4 * PI
END PROGRAM EXAM17
```

程序运行结果如图 5-22 所示。

图 5-22　例 5-17 程序的运行结果

思考：循环体中计算每项值 T=1.0/N 能不能改为 T=1/N？为什么？

【**例 5-18**】　从键盘输入一正整数 N，编程，判断数 N 中是否有数字 M。若有，输出"YES"，否则输出"NO"。

分析：先求出 N 的个位数字：MOD(N,10)，判断其是不是等于 M，若等于 M，则终止循环，输出"YES"，否则将 N 的值缩小到原来的 1/10：N=N/10，然后再求 N 的个位数字（实际上该数是原来数的十位数字），直到 N 的值为 0 为止。

```
PROGRAM EXAM18
   IMPLICIT NONE
   INTEGER::N,M
   PRINT *,"请输入数 N:"
   READ *,N                        !输入任意正整数
   PRINT *,"请输入数 M:"
   READ *,M                        !输入要查找的数字,只能是 0～9 之间的数
   DO WHILE(N>0)
      IF(MOD(N,10)==M) EXIT
      N=N/10                       !N 缩小到原来的 1/10
   END DO
   IF(N>0) THEN
      PRINT *,"YES"
   ELSE
      PRINT *,"NO"
   END IF
END PROGRAM EXAM18
```

程序运行结果如图 5-23 所示。

图 5-23　例 5-18 程序的运行结果

5.6　循环的嵌套

5.6.1　循环嵌套的概念

在一个 DO 循环体中又完整地包含另一个 DO 循环结构，称为"DO 循环的嵌套"，又称

"多重循环"。例如,下面程序段就是一个双重循环结构。
```
    INTEGER::I,J
    ......
    DO I = 1,5,2
      DO J = 1,2
        PRINT * ,I,J
      END DO
    END DO
    ......
```
从例子中可以看出有循环变量的 DO 循环结构嵌套的一般形式为:

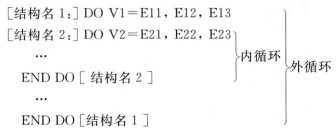

其中,每一层循环都可以有自己的结构名。

上面给出的是双重循环嵌套,还可以有更多重循环的嵌套。既可以是重复 DO 结构的嵌套,或者是 DO WHILE 结构的嵌套,这里不再一一列举。

有循环变量的 DO 结构双重循环的执行过程如图 5-24 所示。

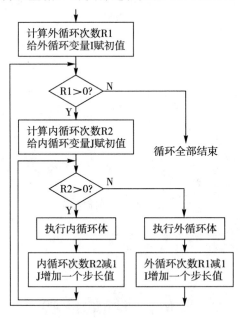

图 5-24 双重循环执行过程

① 进入外循环,先计算出外层循环次数 R1,给外层循环变量 I 赋初值。

② 若 R1>0,执行外层 DO 循环体;若 R1≤0,则结束外循环的执行,循环结束。

③当执行外循环体时,遇到内层 DO 循环语句,此时计算内层循环次数 R2,给内层循环变量 J 赋初值。

④若 R2>0,执行内层循环体。当遇到内层 END DO 语句时,内层循环变量 J 增加一个步长,内层循环次数 R2 减 1。当 R2=0 时,退出内层循环。

⑤继续执行内层循环结构后面的外循环体的语句。

⑥当遇到外层 END DO 语句时,外层循环变量 I 增加一个步长,外层循环次数 R1 减 1。返回②继续执行。

【例 5-19】 阅读下面程序,写出程序运行结果。

```
PROGRAM EXAM19
  IMPLICIT NONE
  INTEGER::I,J
  DO I=1,3
    DO J=1,I
      PRINT '(1X,2I2)',I,J
    END DO
  END DO
END PROGRAM EXAM19
```

分析:外循环 3 次。当 I=1 时,内循环 J 从 1 变到 1,PRINT 语句执行 1 次;当 I=2 时,内循环重新开始,J 从 1 变到 2,PRINT 语句执行 2 次;当 I=3 时,内循环又重新开始,J 从 1 变到 3,PRINT 语句执行 3 次。程序运行结果图 5-25 所示。

图 5-25 例 5-19 程序的运行结果

从上面的例子可以看出:外循环变量变化 1 次,内循环变量变化 1 周。

5.6.2 嵌套 DO 循环的说明

在 DO 循环嵌套时应注意:

①3 种 DO 循环结构都可以相互嵌套。但在嵌套时,内循环必须完整地包含在外循环体中,不得交叉,即遵循"完全包含"原则。如:

```
DO WHILE (A>=0)
  DO K=1,10
    ……
  END DO
END DO
```
内循环 外循环

②循环嵌套时,内、外循环不能使用相同的循环变量名。

③在执行循环嵌套时,可以将执行控制从循环体内转到本循环体内任意位置,或 DO 结

构体外,但不能从 DO 结构外任意位置转到循环体内,也不能从外循环体转到内循环体。如图 5-26 所示。

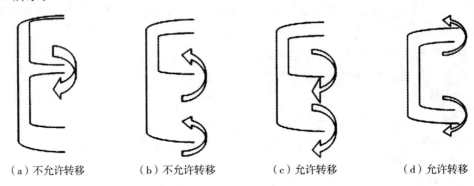

（a）不允许转移　　　（b）不允许转移　　　（c）允许转移　　　（d）允许转移

图 5-26　双重循环嵌套的转移方式

④DO 循环结构可以与块 IF 结构和 CASE 块互相嵌套,但无论何种嵌套,都必须是完整嵌套。即当块 IF 结构中嵌套 DO 结构时,DO 结构应完整地嵌套在 THEN 块、ELSE 块或 ELSE IF 块中。当 CASE 结构中嵌套 DO 循环时,DO 结构也应完整地嵌套在某个 CASE 块中。

5.6.3　循环嵌套程序举例

【例 5-20】　阅读下面程序,写出程序运行结果。

```
PROGRAM EXAM20
    IMPLICIT NONE
    INTEGER::S=0,I,J,T
    DO I=1,10,3
      IF(MOD(I,2)==0) THEN
        T=0
        DO J=1,I
          T=T+J
        END DO
        S=S+T
      END IF
    END DO
    PRINT '(1X,"S=",I4)',S
END PROGRAM EXAM20
```

分析:该程序在外循环体的块 IF 中嵌套了一个内循环。内循环的功能是求 $1+2+\cdots+I$ 的和,而块 IF 的条件是当 I 为偶数时才执行内循环。程序运行结果如图 5-27 所示。

图 5-27　例 5-20 程序的运行结果

【例5-21】 计算 $\sum_{K=1}^{10} K! = 1! + 2! + \cdots + 10!$

分析:此题在例5-6中,是用单循环实现的,这里,采用双重循环来实现,外循环进行累加,内循环求阶乘。程序如下:

```
PROGRAM EXAM21
    IMPLICIT NONE
    INTEGER::S = 0,T,K,J
    DO K = 1,10
        T = 1                              !阶乘T初始化
        DO J = 1,K
            T = T * J
        END DO
        S = S + T                          !累加和
    END DO
    PRINT ´(1X,"S = ",I10)´,S
END PROGRAM EXAM21
```

程序运行结果如图5-28所示。

图 5-28 例 5-21 程序的运行结果

思考:将T=1语句放到外循环体外面可不可以?为什么?

【例5-22】 编程,输出所有的"水仙花数"。所谓"水仙花数"是指一个3位数,其各位数字的立方和等于该数本身。例如,$153 = 1^3 + 5^3 + 3^3$,153是水仙花数。

分析:采用"穷举"的算法。设B代表百位数字,其取值范围1~9,S代表十位数字,其取值范围0~9,G代表个位数字,其取值范围0~9。对每一个3位数都进行判断是否满足条件,若满足则是"水仙花数"。程序如下:

```
PROGRAM EXAM22
    IMPLICIT NONE
    INTEGER::B,S,G,X,Y
    DO B = 1,9
        DO S = 0,9
            DO G = 0,9
                X = B * 100 + S * 10 + G
                Y = B * B * B + S * S * S + G * G * G
                IF(X == Y) PRINT * ,X
            END DO
        END DO
    END DO
END PROGRAM EXAM22
```

程序运行结果如图 5-29 所示。

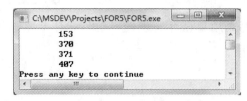

图 5-29　例 5-22 程序的运行结果

此题也可用单循环结构来做:将 100～999 之间的 3 位数的各位数字求出,然后再判断各位数字的立方和是否等于它本身。请读者考虑如何编写程序。

5.7　循环结构程序设计举例

【例 5-23】　输入 10 个学生 3 门课的考试成绩(假设为整型),编程计算每个学生的平均成绩,并把平均分大于等于 85 分的 3 门课成绩及平均分打印出来。

分析:采用单循环结构,循环控制变量 I 控制学生个数,循环体里每次读一个学生的 3 门课考试成绩,然后求平均成绩,对所求的平均成绩再进行判断,若≥85 分,则输出该学生 3 门课的成绩及平均成绩。程序如下:

```
PROGRAM EXAM23
   IMPLICIT NONE
   INTEGER::S,S1,S2,S3,I
   DO I = 1,10
      READ * ,S1,S2,S3
      S = (S1 + S2 + S3)/3
      IF(S> = 85) PRINT * ,S1,S2,S3,S
   END DO
END PROGRAM EXAM23
```

程序运行结果略。

【例 5-24】　编程,统计 1000 以内素数的个数。

分析:显然这是一个双重循环。外循环控制变量 I 从 2 变到 1000,内循环用来判断数 I 是不是素数。前面例 5-9 是通过标志变量来判断素数的,本题是用 EXIT 语句来做的,请读者注意。程序如下:

```
PROGRAM EXAM24
   IMPLICIT NONE
   INTEGER::I,J,N = 0                  !N 是素数的计数器
   DO I = 2,1000
      DO J = 2,I/2
         IF(MOD(I,J) == 0) EXIT        !I 有因子 J 时终止循环
      END DO
      IF(J>I/2) N = N + 1              !正常脱离循环说明 I 是素数
```

```
    END DO
    PRINT '(1X,"素数的个数为:",I3)',N
END PROGRAM EXAM24
```

程序运行结果如图 5-30 所示。

图 5-30　例 5-24 程序的运行结果

【例 5-25】　编程,求定积分 $\int_1^5 (x^3 + x^2 + 3)dx$ 的值。

分析:用"梯形法"来求定积分的值,如图 5-31 所示。

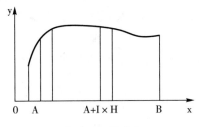

图 5-31　梯形法

先将积分区间 [A,B] N 等分,每个小区间的长度为 H=(B−A)/N。第一个小梯形的上底为 $F_0 = f(A)$,下底为 $F_1 = f(A+H)$;第 I 个小梯形的上底为 $F_0 = f(A+(I-1)\times H)$,下底为 $F_1 = f(A+I\times H)$。每个小区间的面积为 $\frac{1}{2}(F_0 + F_1)\times H$,所有这些小区间面积和就是定积分的值。程序如下:

```
PROGRAM EXAM25
    IMPLICIT NONE
    REAL::A=1,B=5,F0,F1,H,S,X,S1
    INTEGER::N,I
    S=0.0
    PRINT*,"输入区间 N 的值:"
    READ*,N
    H=(B-A)/N
    X=A;F0=X*X*X+X*X+3
    DO I=1,N
        X=X+H
        F1=X*X*X+X*X+3
        S1=(F0+F1)*H/2
        S=S+S1
        F0=F1
    END DO
```

```
    PRINT '(1X,"定积分值为:",F12.6)',S
END PROGRAM EXAM25
```

程序运行时,若输入 20↵,结果如图 5-32 所示。

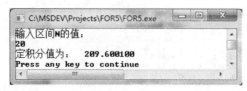

图 5-32 例 5-25 程序的运行结果

【例 5-26】 编程,输出 1000 以内的所有同构数。所谓"同构数"是指一个数位于它的平方数的最右端。如 5 的平方是 25,6 的平方是 36,25 的平方是 625,所以 5、6、25 都是同构数。

分析:此题的关键是求平方数右端几位。从同构数定义可知,若是一位数的平方,则求其平方数右端一位;若是两位数的平方,则求其平方数右端两位;若是三位数的平方,则求其平方数右端三位。那么,如何求平方数右端数呢?利用 MOD 函数,考虑 MOD(A,10)、MOD(A,100)、MOD(A,1000)是不是分别求出 A 的右端一位、右端两位、右端三位?程序如下:

```
PROGRAM EXAM26
    IMPLICIT NONE
    INTEGER::I,A,B
    DO I = 1,1000
        A = I * I                       !I 的平方
        IF(I<10) THEN
            B = MOD(A,10)               !求 A 右端一位
        ELSE IF(I<100) THEN
            B = MOD(A,100)              !求 A 右端两位
        ELSE
            B = MOD(A,1000)             !求 A 右端三位
        END IF
        IF(I == B) PRINT * ,I
    END DO
END PROGRAM EXAM26
```

程序运行结果如图 5-33 所示。

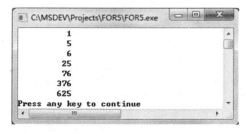

图 5-33 例 5-26 程序的运行结果

【例 5-27】 阅读下面程序,写出程序运行结果。
```
PROGRAM EXAM27
    IMPLICIT NONE
    INTEGER::I
    CHARACTER(LEN=5)::LINE
    LINE="*****"
    DO I=1,5
        PRINT *,LINE(1:I)
    END DO
END PROGRAM EXAM27
```
分析:这是利用字符子串输出图形的题目,循环体执行 5 次,每次输出字符子串 LINE(1:I)。运行结果如图 5-34 所示。

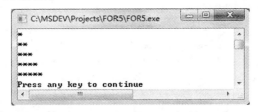

图 5-34 例 5-27 程序的运行结果

【例 5-28】 编程,输出图 5-35 所示的图形。

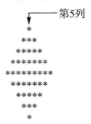

图 5-35 例 5-28 图

分析:从图形上可以看出该字符串的长度至少是 9,前 5 行每行的星号个数是逐渐增加,第一次循环是第 5 列上有一个"*",第二次循环在第 4 列和第 6 列上置"*",加上第 5 列上原有的"*",这时有 3 个"*",依次类推,第 I 次循环在第 6-I 列和第 4+I 列上置"*",加上原有的"*",共有 2*I-1 个"*"。后 4 行每行星号个数逐渐减少,即将第 I 列和 10-I 列上的"*"置为空格。程序如下:
```
PROGRAM EXAM28
    IMPLICIT NONE
    INTEGER::I
    CHARACTER(LEN=9)::A
    A=' '
    DO I=1,5
        A(6-I:6-I)="*"
        A(4+I:4+I)="*"
        PRINT *,A
```

```
    END DO
    DO I = 1,4
      A(I:I) = " "
      A(10 - I:10 - I) = " "
      PRINT *,A
    END DO
END PROGRAM EXAM28
```

程序结果如图 5-36 所示。

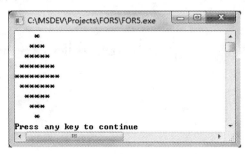

图 5-36　例 5-28 程序的运行结果

【例 5-29】　编程，计算 $e^x = 1 + x + \dfrac{x^2}{2!} + \dfrac{x^3}{3!} + \dfrac{x^4}{4!} + \cdots$ 的值。要求计算到某项值小于 10^{-6} 为止。

分析：从所给的计算式子可以看出，从第二项开始，每项等于前一项乘以 x/N，因此可以用单循环结构。程序如下：

```
PROGRAM EXAM29
    IMPLICIT NONE
    REAL::S,X,T
    INTEGER::N
    S = 1.0;N = 1
    READ *,X
    T = X
    DO WHILE(T> = 1E - 6)
      S = S + T
      N = N + 1
      T = T * X/N
    END DO
    PRINT *,S
END PROGRAM EXAM29
```

程序运行时，若输入 2 ↙，则结果如图 5-37 所示。

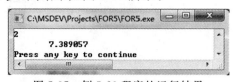

图 5-37　例 5-29 程序的运行结果

此题也可以用双重循环来做,内循环用来计算 x^N 和 $N!$,程序如下:

```
PROGRAM EXAM29
    IMPLICIT NONE
    REAL::S,T,X,P,T1
    INTEGER::I,N
    S=1.0;N=1;T=1.0
    READ*,X
    DO WHILE(T>=1E-6)
      T1=1.0;P=1.0
      DO I=1,N
        P=P*X;T1=T1*I
      END DO
      T=P/T1
      S=S+T
      N=N+1
    END DO
    PRINT*,S
END PROGRAM EXAM29
```

程序运行结果如图 5-37 所示。

习 题 5

一、选择题

1. 设有说明:INTEGER::N,则语句 DO N=1.5,3.5,1.5 的循环次数是_____。
   A. 1 次　　　　B. 2 次　　　　C. 3 次　　　　D. 4 次

2. 设有说明:INTEGER::A,则循环语句 DO A=1,10,3 正常结束后,变量 A 的值是_____。
   A. 9　　　　　B. 10　　　　　C. 12　　　　　D. 13

3. 执行下列程序段:
```
    INTEGER::I,J,K
    DO I=1,5,2
      DO J=2,6,3
        K=I+J
      END DO
    END DO
    PRINT*,K
    END
```
   屏幕输出结果为_____。
   A. 11　　　　　B. 10　　　　　C. 12　　　　　D. 30

4. 执行下列程序段：
```
    INTEGER::N,K
    REAL::S,T
    READ *, N
    S = 0.0
    K = 1
    IF (N >= 5) THEN
      S = S + 32
      T = 1
      DO WHILE (K<N)
        T = T * 2
        S = S + T
        K = K + 1
        PRINT *, S
      END DO
    END IF
    PRINT *, S
    END
```
若从键盘输入：6↙，则屏幕输出结果为_____。
A. 64.0　　　　B. 32.0　　　　C. 94.0　　　　D. 96.0

二、改错题

注意事项：

(1)标有!<==ERROR?的程序行有错，请直接在该行修改。

(2)请不要将错误行分成多行。

(3)请不要修改任何注释。

1. 下面程序的功能是输入一组正整数，以数字-1为结束标志，计算并输出所有数据之和。请改错。

```
PROGRAM EX
  IMPLICIT NONE
    INTEGER::A,SUM                         !SUM存放累加和
    SUM = A                                !<== ERROR1
    DO
      READ *,A
      IF(A=-1) EXIT                        !<== ERROR2
      A = A + SUM                          !<== ERROR3
    END DO
    PRINT *,SUM
END PROGRAM EX
```

2. 下面程序的功能是统计正整数10至700之间所有能被9整除的数的个数。请改错。
```
PROGRAM EX
```

```
    IMPLICIT NONE
    INTEGER::I,J,N                              !N 是计数器
    N = 1                                       !<== ERROR1
    DO I = 10,700
        J = MOD(I/9)                            !<== ERROR2
        IF(J = 0) THEN N = N + 1                !<== ERROR3
    END DO
    PRINT *,N
END PROGRAM EX
```

三、填空题

1. 下面程序的功能是：从键盘输入 5 组数，每组有 5 个数，求出各组中元素绝对值之和的最大者和最小者。请填空。

```
    IMPLICIT NONE
    INTEGER::I,J,SUM,MAX1,MAX2
    MAX1 = 0; MIN1 = 0
    DO I = 1,5
        SUM = 0
        DO J = 1,5
            _____                            !<== BLANK1
            SUM = SUM + ABS(X)
        END DO
        IF (SUM>MAX1) _____                  !<== BLANK2
        IF (I == 1 _____ SUM<MIN1) MIN1 = SUM    !<== BLANK3
    END DO
    PRINT *, MAX1, MIN1
END
```

2. 下面程序的功能是判断数字 N 是否在正整数 M 中，若在则输出 YES，否则输出 NO。请填空。

```
PROGRAM EX
    IMPLICIT NONE
    INTEGER::I,N,M,K
    LOGICAL::F
    READ *,M,N
    I = M
    F = .FALSE.
    DO WHILE (I>0)
        K = MOD(I,10)
        IF _____                             !<== BLANK1
            F = .TRUE.
            EXIT
        END IF
```

```
           I = _____                            !<== BLANK2
        END DO
        IF _____                                !<== BLANK3
           PRINT *,'YES'
        ELSE
           PRINT *,'NO'
        END IF
     END PROGRAM EX
```

四、阅读理解题

1. 写出下列程序运行结果。

```
IMPLICIT NONE
INTEGER::M,I,J
M = 0
DO I = 1,5,4
   DO J = 4,19,4
      M = M + 1
   END DO
END DO
PRINT *,M
END
```

程序执行后 M 的值是_____。

2. 写出下列程序运行结果。

```
IMPLICIT NONE
INTEGER::K,J
REAL::S
DO K = 2,5,2
   S = 1.0
   DO J = K,5
      S = S + J
   END DO
END DO
PRINT *,S
END
```

程序执行后 S 的值是_____。

五、编写程序题

1. 求 $S = 1 + 1/(1*2) + 1/(2*3) + \cdots + 1/(N*(N+1))$。

2. 一个数列,它的头 3 个数是 0、0、1,第 4 个数是前 3 个数之和,以后每个数都分别是前 3 个数之和。请编程序输出该数列,直到第 30 个数为止。

3. 编程求 100~200 之间有多少个各位数字之和等于 10 的整数。

4. 求 $Y=1^1+2^2+3^3+\cdots+N^N>1000$ 的最小项数 N。

5. 试编写一个程序,在 1~500 中,找出能同时满足用 3 除余 2,用 5 除余 3,用 7 除余 2 的所有整数。

6. 当 X=3 时,用下列公式计算 SIN(X)的值。(N 的值从键盘输入)

$$\sin X=X-X^3/3!+X^5/5!-\cdots+X^{2N-1}/(2N-1)!$$

7. 有一个 4 位数 ABCD 与一个 3 位数 CDC 的差等于 3 位数 ABC。试编写一个程序打印出 ABCD 这个数。

8. 输出 3~100 内的全部素数,并统计个数。

9. 找出 1~1000 之间的全部"同构数"。所谓"同构数"是指它出现在它的平方数的右侧。例如,5 的平方数是 25,且 5 出现在 25 的右侧,则 5 是同构数。

10. 输出 1000 以内的"完数"。所谓"完数"是指一个数除自身外的所有因子之和恰好等于这个数。如 28 除自身外的因子有 1、2、4、7、14,显然 28=1+2+4+7+14。因此 28 是一个完数。

第6章 子程序

考核目标

- 了解:程序中各程序单元之间的逻辑关系。
- 理解:函数子程序和子例行子程序的功能及作用。
- 掌握:函数子程序和子例行子程序的定义和调用,虚参数和实参数之间的传递。
- 应用:正确运用函数子程序和子例行子程序解决问题。

子程序是能够实现一定功能的程序单元,几乎所有的高级语言都有子程序概念,FORTRAN90提供了两种类型的子程序,本章主要介绍这两种子程序的定义、调用,通过例题分析,说明虚参与实参之间的数据传递方式。

通过本章的学习,要求学生理解子程序的概念,掌握函数子程序、子例行子程序的定义和调用;理解内部子程序和外部子程序的概念,知道它们在定义和调用方面的异同点;理解虚参与实参之间数据传递的实质,掌握模块化程序设计的一般方法。

6.1 概 述

在程序开发中,常将一些常用的功能写成子程序,放在模块中供大家选用。程序设计人员要善于利用子程序,以减少编写程序段的工作量。

下面首先分析一个包含子程序的FORTRAN90程序。

```
PROGRAM MAIN
   IMPLICIT NONE
   CALL DISPLAY
   CALL WELCOME
   CALL DISPLAY
END PROGRAM MAIN
SUBROUTINE DISPLAY
   IMPLICIT NONE
   PRINT * ,´****************´
END SUBROUTINE DISPLAY
SUBROUTINE WELCOME
   IMPLICIT NONE
   PRINT * ,´HELLO FORTRAN90´
END SUBROUTINE WELCOME
```

分析:DISPLAY和WELCOME都是用户自定义的子程序,分别用来输出一排"*"和一行信息。在主程序中对DISPLAY进行了2次调用,对WELCOME进行了1次调用,就得到如图6-1的结果。

图6-1 子程序运行结果

说明:

①一个FORTRAN90程序往往是由一个主程序、若干个子程序、若干个模块组成的。FORTRAN90程序中可以只有主程序而没有子程序或模块,但是不能没有主程序而只有子程序或模块。前面章节中给出的所有FORTRAN90程序都只有主程序。

②FORTRAN90 程序在运行时,总是从主程序开始的。

③子程序也可称为"过程",可在程序中任何需要的地方调用。

④按照子程序的定义形式和调用方式的不同,可分为函数子程序和子例行子程序。

⑤按照子程序在程序中所处的位置不同,又可分为内部子程序和外部子程序。

⑥主程序、模块、外部子程序可以作为一个独立的程序单元存在,而内部子程序则只能包含在某个程序单元内。

⑦主程序可以调用子程序,一个子程序也可以调用另一个子程序。当一个子程序被调用时,该子程序称为"被调子程序",调用它的主程序或子程序称为"主调程序"。注意:子程序是不能独立运行的,只能被其他程序单元调用。

⑧ 一个子程序还可以直接或间接地调用自身,称为"递归调用"。递归调用的内容将在第 11 章介绍。

⑨模块是 FORTRAN90 新增加的程序单元。它的功能是提供一种类型定义和子程序定义的共享途径。模块的内容将在第 10 章介绍。

6.2 函数子程序

在 FORTRAN90 中,函数子程序分为外部函数子程序和内部函数子程序两种。

6.2.1 外部函数子程序的定义

外部函数子程序是独立的程序单元,可以被任何程序单元所调用。外部函数子程序以 FUNCTION 语句开头,以 END FUNCTION 语句结束。外部函数子程序定义的一般形式为:

FUNCTION 函数名(虚参数表) RESULT(结果变量)
  函数子程序体
END[FUNCTION [函数名]]

说明:

①函数子程序定义的第 1 句称为 FUNCTION 语句,FUNCTION 为关键词,它是函数子程序的标志,表明该子程序被定义成一个函数子程序。

②函数名是该函数子程序的名字,其命名方式与变量相同。

③虚参数表中可以包含变量名、子程序名、数组名和指针等(数组与指针将在后面的章节中介绍)。当虚参数的个数多于一个时,各虚参数之间用逗号隔开。虚参数须在函数子程序体中进行类型说明。没有虚参数时,一对括号不能省略。

④RESULT 是一个关键词,用来引导结果变量。结果变量就是用于存放函数执行结果的变量,它必须在子程序体的说明语句中进行类型说明,并且应在子程序体中至少被赋值一次,作为函数的执行结果。

⑤函数子程序体由说明语句和可执行语句组成。说明语句应对子程序体中用到的所有变量或数组等进行说明。

⑥关键词 END 是函数子程序的结束语句,它后面可以带有函数名,也可以省略函数名,

但是有函数名时,关键词 FUNCTION 一定不能省略。

【例 6-1】 编写一个求实数绝对值的外部函数子程序。

分析:在 FORTRAN90 的固有函数库中有求绝对值的函数 ABS。作为练习,这里自定义一个外部函数 MYABS,用它来求实型变量的绝对值。将待求绝对值的变量作为虚参数,求出的绝对值放在结果变量 MYABS_RESULT 中。

```
FUNCTION MYABS(X) RESULT(MYABS_RESULT)
    IMPLICIT NONE
    REAL::X,MYABS_RESULT
    IF(X<0)THEN
        MYABS_RESULT = -X
    ELSE
        MYABS_RESULT = X
    END IF
END FUNCTION MYABS
```

6.2.2　外部函数子程序的调用

外部函数子程序的调用与固有函数的调用形式完全相同。外部函数子程序调用的一般形式:

函数名(实参数表)

由于函数子程序通过结果变量,将计算的值带回到调用处,因此可以在程序的任何表达式中调用函数子程序,也只能在表达式中对函数子程序进行调用。外部函数的调用过程如图 6-2 所示。

在主程序中计算各实参数的值
将实参数的值传递给与之对应的虚参数(虚实结合)
转到函数子程序继续执行
遇到END FUNCTION 返回主调程序,并带回函数的值

图 6-2　函数子程序的调用过程

在调用外部函数子程序时应注意:

①在主调程序中必须说明外部函数子程序的类型,且该函数类型应与被调函数结果变量的类型相同。

②函数的实参数与虚参数的名字可以不同,但在个数、类型、顺序三个方面应满足规定,这些规定将在本章的后面几节和模块一章中详细介绍。

【例 6-2】 输入一个实数 x,调用例 6-1 中的函数子程序 MYABS,求表达式 $x^3 - \ln|x| + \sin x$ 的绝对值。

分析:表达式中有两个地方需要求绝对值,因此本程序在第 5 句中两次调用外部函数过程 MYABS。程序如下:

```
PROGRAM EXAM2
    IMPLICIT NONE
```

```
    REAL::X,FUNC,MYABS
    READ *,X
    FUNC = MYABS(X ** 3 - LOG(MYABS(X)) + SIN(X))
    PRINT *,FUNC
END PROGRAM EXAM2
FUNCTION MYABS(X) RESULT(MYABS_RESULT)
    IMPLICIT NONE
    REAL,INTENT(IN)::X
    REAL::MYABS_RESULT
    IF(X<0)THEN
        MYABS_RESULT = - X
    ELSE
        MYABS_RESULT = X
    END IF
END FUNCTION MYABS
```

程序运行时,若输入 10.0 ↙,程序运行结果如图 6-3 所示。

图 6-3 例 6-2 程序运行结果

6.2.3 内部函数子程序

内部函数子程序只能在某个程序单元内进行定义且只能被本程序单元调用,它不是一个独立的程序单元。内部函数子程序定义的一般形式为:

CONTAINS
    FUNCTION 函数名(虚参数表) RESULT（结果变量）
        函数子程序体
    END FUNCTION [函数名]

其中,CONTAINS 是关键词,称为"CONTAINS 语句"。它作为内部子程序的引导语句,表示其后跟的是内部子程序。一个程序单元内可以包含多个内部子程序,它们都必须放置在 CONTAINS 语句之后,程序单元结束语句(END 语句)之前。

包含内部子程序的程序单元称为"宿主",主程序、外部子程序和模块都可以作为宿主。

从上面的定义方式可以看出,除了 CONTAINS 语句以及函数结束语句 END FUNCTION 外,内部函数子程序与外部函数子程序的格式几乎相同,在介绍外部函数子程序时给出的几点说明同样适合于内部函数子程序。下面以一个例子来说明内部函数子程序的应用。

【例 6-3】 编写一个程序,从键盘上输入 A、B、C,求 $F_1 = (F(A) + F(B) + F(C))/3$ 的值。其中:

$$F(x) = \begin{cases} x^2 + \sqrt{1+x^2} & |x| < 1 \\ x^2 & |x| \geq 1 \end{cases}$$

分析：把函数 $F(x)$ 编写成一个内部函数子程序，从键盘输入变量 A、B、C 的值，然后分别以 A、B、C 为实参数，在宿主程序（这里是主程序）里调用 3 次函数子程序，分别求出 $F(A)$、$F(B)$、$F(C)$ 的值后再进行计算。程序如下：

```
PROGRAM EXAM3
    IMPLICIT NONE
    REAL::A,B,C,F1
    READ * ,A,B,C
    F1 = (FUNC(A) + FUNC(B) + FUNC(C))/3.0    !内部函数子程序的调用
    PRINT * ,´F1 = ´,F1
    CONTAINS                                   !CONTAINS 语句
      FUNCTION FUNC(X) RESULT(FUNC_RE)         !内部函数子程序的定义
        REAL::X,FUNC_RE
        IF(ABS(X)<1.0)THEN
          FUNC_RE = X * X + SQRT(1.0 - X * X)
        ELSE
          FUNC_RE = X * X
        END IF
      END FUNCTION FUNC
END PROGRAM EXAM3
```

程序运行时，若输入 2,3,1 ↙，则程序执行结果如图 6-4 所示。

图 6-4　例 6-3 程序运行结果

使用内部函数子程序时，应注意：

①内部函数子程序必须放在 CONTAINS 语句和宿主的 END 语句之间。

②内部函数子程序的内部不能再包含内部子程序，所以在内部函数子程序的内部不能再出现 CONTAINS 语句。

③宿主中的说明语句对内部子程序同样有效。例如，在宿主中使用了语句：

```
REAL::A,B,C
```

那么在内部函数子程序中就不必对 A、B、C 再重新说明。反之，在内部子程序中说明的变量 X 却不能在宿主中使用。

④宿主中变量的值可以直接带入内部函数子程序中使用。在内部函数子程序中对主程序中的变量进行赋值后，这些变量的值也可以传回宿主。

⑤从例 6-3 可以看出，内部函数子程序的调用与 FORTRAN90 固有函数、外部函数的调用方式相同。

⑥与外部函数子程序不同,在宿主程序中不需要对内部函数名进行类型说明。

【例6-4】 编写一个求N阶乘的内部函数子程序FAC,主程序调用该函数FAC,求10!+20!+30!的值。

分析:编写一个内部函数子程序FAC,该子程序的功能是求N!。主程序中分别用10、20、30作为实参进行调用。程序如下:

```
PROGRAM EXAM4
   IMPLICIT NONE
   REAL::L
   L = FAC(10) + FAC(20) + FAC(30)
   PRINT *,´L=´,L
   CONTAINS
      FUNCTION FAC(N) RESULT(REM)
         INTEGER::N,I
         REAL::REM
         REM = 1
         IF(N>1)THEN
           DO I = 2,N
              REM = REM * I
           END DO
         END IF
      END FUNCTION FAC
END PROGRAM EXAM4
```

程序运行结果如图6-5所示。

图6-5 例6-4程序运行结果

注意: 在主程序的第4行,3次调用了内部函数子程序FAC,分别计算10!、20!、30!,在主程序中并没对函数子程序FAC进行类型说明,这一点与外部函数子程序的调用不同。

6.3 子例行子程序

子例行子程序是FORTRAN90的另一种子程序。与函数子程序一样,子例行子程序可分为两种,即外部子例行子程序和内部子例行子程序。

6.3.1 外部子例行子程序

外部子例行子程序是一个独立的程序单元,可以被任何程序单元所调用。外部子例行子程序以"SUBROUTINE"语句开头,以"END SUBROUTINE"结束。外部子例行子程序定义的一般形式为:

SUBROUTINE 子例行子程序名[(虚参数表)]
　子例行子程序体
END[SUBROUTINE [子例行子程序名]]

说明：

①子例行子程序定义的第 1 句称为"SUBROUTINE 语句"，SUBROUTINE 为关键词，它是子例行子程序的标志，表明该子程序被定义成一个子例行子程序。

②子例行子程序名是该子程序的名字，其命名方式与变量相同。

③虚参数表中可以是变量名、子程序名、数组名和指针等。当虚参数的个数多于一个时，虚参数之间用逗号隔开。虚参数须在子程序体中进行类型说明。没有虚参数时，一对括号应该省略。

④子例行子程序体由说明语句和可执行语句组成。说明语句需对子程序体中用到的所有变量或数组等进行类型说明。在对虚参数进行类型说明时，可同时说明虚参数的 INTENT 属性（见 6.2 节中介绍的 INTENT 属性）。

⑤关键词 END 是子例行子程序的结束语句，它后面可以带有子例行子程序名，也可以省略子例行子程序名，但是有子例行子程序名时，关键词 SUBROUTINE 一定不能省略。

【例 6-5】 编写一个子例行子程序 AREA，其功能是计算三角形的面积。设三角形的三条边长分别为 L_1、L_2、L_3，三角形的面积公式为：

$$a = (L_1 + L_2 + L_3)/2$$
$$s = \sqrt{a(a-L_1)(a-L_2)(a-L_3)}$$

分析：子例行子程序 AREA 需要 4 个虚参数，3 个参数是用来传递三角形 3 条边的，还有一个参数是用来将计算出来的三角形面积的值传递给主调程序。子程序如下：

```
　SUBROUTINEAREA(L1,L2,L3,S)          !AREA 是子例行子程序名
　　REAL::L1,L2,L3                    !L1,L2,L3 表示三角形 3 条边
　　REAL::S                           !S 表示三角形面积
　　REAL::A
　　IF(L1>0.0 .AND. L2>0.0 .AND. L3>0.0) THEN
　　　A = (L1 + L2 + L3)/2
　　　S = SQRT(A*(A-L1)*(A-L2)*(A-L3))
　　END IF
　END SUBROUTINEAREA
```

6.3.2　外部子例行子程序的调用

外部子例行子程序的调用由 CALL 语句来完成。CALL 语句的一般形式为：

　CALL 子例行子程序名[(实参数表)]

当外部子例行子程序没有虚参数，调用子例行子程序时实参数表连同括号一起省略。

调用外部子例行子程序时应注意：

①可以在任何能够出现可执行语句的程序里调用外部子例行子程序。

②实参数与虚参数的名字可以不同，但在个数、类型、顺序三方面应满足规定，这些规定将在本章第 4 节中详细介绍。

外部子例行子程序的调用过程为：

①在主调程序中，当执行到 CALL 语句时，将实参数与子例行子程序中的虚参数一一结合。

②然后将执行控制转移到子例行子程序，开始执行子例行子程序体内的语句。

③当执行到"END SUBROUTINE"语句之后，再将控制返回到主调程序中 CALL 语句的下一条语句继续执行。

【例 6-6】 输入 3 个数 A、B、C 作为三角形的 3 条边，调用例 6-5 子例行子程序，计算该三角形的面积。

分析：主调程序通过键盘输入 3 个数，然后判断是否能够构成三角形，若能够构成三角形，则用 CALL 语句调用 AREA 子程序。程序如下：

```
PROGRAM EXAM6
   IMPLICIT NONE
   REAL::A,B,C,S
   PRINT*,"请输入三角形的三条边："
   READ*,A,B,C
   IF(A+B<C.OR.A+C<B.OR.B+C<A) THEN
      PRINT*,"不能构成三角形"
      STOP
   ELSE
      CALL AREA(A,B,C,S)
      PRINT*,"三角形面积为:",S
   END IF
END PROGRAM EXAM6
SUBROUTINE AREA(L1,L2,L3,S)
   REAL,INTENT(IN)::L1,L2,L3
   REAL,INTENT(OUT)::S
   REAL::A
   IF(L1>0.0.AND.L2>0.0.AND.L3>0.0) THEN
      A=(L1+L2+L3)/2
      S=SQRT(A*(A-L1)*(A-L2)*(A-L3))
   END IF
END SUBROUTINE AREA
```

程序运行时，若输入 3，4，5 ↙，则运行结果如图 6-6 所示。

图 6-6　例 6-6 程序运行结果

注意：子例行子程序名 AREA 并没有在主调程序中说明，这是与外部函数子程序不一样的地方。

6.3.3 内部子例行子程序

内部子例行子程序是一种内部子程序,只能在某个程序单元内部定义,且只能被本程序单元调用,它不是一个独立的程序单元。内部子例行子程序定义的一般形式为:

CONTAINS
  SUBROUTINE 子例行程序名[(虚参数表)]
   子例行子程序体
  END SUBROUTINE [子例行程序名]

从上面的定义方式可以看出,除了 CONTAINS 语句以及子例行子程序结束语句 END SUBROUTINE 外,内部子例行子程序与外部子例行子程序的格式几乎相同,在介绍外部子例行子程序时给出的几点说明同样适合于内部子例行子程序。

注意:

① 一个程序中可以有多个内部子程序(函数子程序与子例行子程序)。它们都必须放在 CONTAINS 语句和宿主的 END 语句之间,同样内部子例行子程序的内部不能再包含内部子程序。

② 宿主程序中的说明语句对内部子例行子程序同样有效。例如,在宿主程序中使用了语句:

  INTEGER::A,B

那么在内部子例行子程序中可以直接使用变量 A、B,而无须再定义,但是,在内部子例行程序中说明的变量却不能在宿主中使用。

③ 宿主程序中的变量、数组元素、指针等的值可以直接带入内部子例行子程序中使用。在内部子例行子程序中对主程序里的变量进行赋值后,这些变量的值也可以传回给宿主。

④ 内部子例行子程序的调用与外部子例行子程序的调用方式一样,也是通过 CALL 语句进行调用。

【例 6-7】 编写一个内部子例行子程序 ABC,其功能是求一元二次方程 $ax^2+bx+c=0$ 的两个实数根。

分析:内部子例行子程序 ABC 应该有 5 个虚参数,3 个虚参数是方程的系数,2 个虚参数是将方程的根传给宿主。程序如下:

```
PROGRAM EXAM7
   IMPLICIT NONE
   REAL::A,B,C,D,X1,X2
   PRINT *,"请输入方程的系数 A,B,C:"
   READ *,A,B,C
   D=B*B-4*A*C
   IF(D<0) THEN
      PRINT *,"方程实数无解"
   ELSE
      CALL ABC(A,B,C,X1,X2)
      PRINT '(1X,"X1 = ",F12.4,2X,"X2 = ",F12.4)',X1,X2
```

```
    END IF
    CONTAINS
      SUBROUTINE ABC(AA,BB,CC,X,Y)
        REAL::AA,BB,CC,X,Y,Z
        Z = BB * BB - 4 * AA * CC
        X = ( - BB + SQRT(Z))/(2 * AA)
        Y = ( - BB - SQRT(Z))/(2 * AA)
      END SUBROUTINE ABC
END PROGRAM EXAM7
```

程序运行时,若输入 3,5,2↙,则程序运行结果如图 6-7 所示。

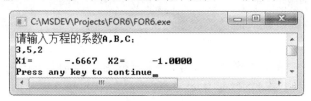

图 6-7 例 6-7 程序运行结果

思考:内部子例行子程序 ABC 可不可以定义成不带参数的子程序?为什么?

通过上面对函数子程序和子例行子程序的介绍,可以得知子例行子程序与函数子程序主要在如下三点不同:

①函数子程序由 FUNCTION 语句定义。子例行子程序由 SUBROUTINE 语句定义。

②函数子程序通常有返回值,由关键词 RESULT 后面括号里的结果变量将返回值传递到主调程序。而子例行子程序的计算结果只能通过虚参数传递给主调程序,也可以没有返回值。

③函数子程序的调用如同固有函数一样,直接通过函数名进行调用,并且可以参与表达式的运算。而子例行子程序的调用由 CALL 语句来完成。

6.4 虚参数的 INTENT 属性

在对虚参数进行类型说明时,可同时说明虚参数的 INTENT 属性。虚参数的 INTENT 属性是用来说明该虚参数是从主调程序的对应实参处获得值,还是向主调程序中的对应实参传送值,或者是既从主调程序中的对应实参处获得值,又向主调程序的对应实参传送值。其方式为:

①INTENT(IN):表示函数调用开始时该虚参数从主调程序中的对应实参处获得值,这时虚参数的值只能被引用,不能被改变。

②INTENT(OUT):表示函数调用结束时虚参数向主调程序中的对应实参传送值。

③INTENT(INOUT):表示函数调用时虚参数既从主调程序中的对应实参处获得值,又向主调程序的对应实参传送值。

④缺省情况下,虚参数具有 INTENT(INOUT)属性。

在例 6-1 中，函数执行时虚参数 X 从主调程序传入值，子程序体中类型说明语句可以写成：

```
REAL,INTENT(IN)::X
REAL::MYABS_RESULT
```

由于虚参数可以向主调程序传送值，所以，调用函数时不仅能够得到结果变量传回的函数值，而且还能通过虚参数传递值。但是这种方式超出了函数的功能，故不建议使用。

6.5 标识符的作用域

所谓"标识符"，是指给变量、数组、虚参数、符号常量、派生类型、模块、程序、子程序等命名的名称。一个标识符的作用域，指的是 FORTRAN90 程序里可以使用这个标识符的范围。标识符按作用域划分有二类：全局标识符、局部标识符。

6.5.1 全局标识符

全局标识符用来识别主程序、外部子程序、模块等程序单元的名字，它的作用域是整个程序。全局标识符在整个程序的任何地方都是可以被引用的，因此在程序中只能被定义一次。

看下面程序段：

```
PROGRAM TST1
   INTEGER::A = 1,B
   ……
   CONTAINS
      FUNCTION SU1(X,Y) RESULT(RE_XY)
      ……
      END FUNCTION SU1
      SUBROUTINE SU2(XX,YY)
      ……
      END SUBROUTINE SU2
END PROGRAM TST1
```

主程序名 TST1 的作用域

6.5.2 局部标识符

局部标识符用来标识变量、符号常量、虚参数、内部子程序等，它的作用域是一个程序单元或者程序单元的一部分，例如，在一个内部子程序中定义的变量，其作用域只能在内部子程序里有效。例如，下面程序段的作用域示例：

```
PROGRAM TST2
   INTEGER::A = 1,B
   ……
END PROGRAM TST2
FUNCTION SU1(X,Y) RESULT(RE_XY)
```

局部变量 A,B 的作用域

```
        INTEGER::M,N  ⎫
          ……          ⎬ 局部变量 M,N 作用域
        END FUNCTION SU1 ⎭
        SUBROUTINE SU2(XX,YY)
          REAL::C,D    ⎫
          ……           ⎬ 局部变量 C,D 的作用域
        END SUBROUTINE SU2 ⎭
```

6.6 虚参数与实参数之间的数据传递

当子程序调用时,主调程序与被调用子程序之间的数据传递称为参数的"虚实结合",即虚参数与实参数之间的数据结合。按照虚实结合的一般原则,要求实参数与虚参数的个数相等、类型一致、顺序对应,否则就会出错。

如前所述,虚参数可以是变量名、数组名、子程序名和指针等。这里先介绍虚参数是变量名和子程序名时的数据传递问题,虚参数是数组名时的数据传递问题将在下一章介绍,虚参数是指针时的数据传递问题将在第11章介绍。

6.6.1 变量作为虚参数

FORTRAN90 中提供了两种类型的虚参数,即入口虚参数与出口虚参数。入口虚参数具有 INTENT(IN) 属性,它从主调程序中获得值,对应的实参数可以取常量、变量、表达式。出口虚参数具有 INTENT(OUT) 属性,它在子程序执行过程中获得相应的值,并将值传递给对应的实参。它的明显特征是在子程序中被赋值,此时实参数必须为变量、数组、数组元素,而不能是常量或表达式。

当虚参数是变量时,对应的实参数应是同一类型的常量、变量或表达式。在调用时应注意:

① 如果实参数是常量或表达式,则在调用时将常量或表达式的值传递给虚参数,然后以此值作为虚参数的值参加子程序运算。

② 如果实参数是变量时,对应的虚参数将与之共用同一个存储单元。因此,虚参数的值就是实参数的值。

③ 如果实参数是字符型变量,则虚参数的长度应当小于等于实参数的长度,或者用星号(*)来定义表示不定长度。

【例 6-8】 阅读下面程序,写出程序运行结果。

```
PROGRAM EXAM8
    IMPLICIT NONE
    INTEGER::A,B
    A = 100; B = 200
    CALL SUB(A,B)
    PRINT *,´A = ´,A,´B = ´,B
END PROGRAM EXAM8
```

```
SUBROUTINE SUB(X,Y)
    IMPLICIT NONE
    INTEGER::X,Y
    X = Y/100; Y = X ** 2
END SUBROUTINE SUB
```

分析:实参数 A、B 是变量,因此子程序 SUB 中虚参数值的改变,影响实参数 A、B 的值。程序运行结果如图 6-8 所示。

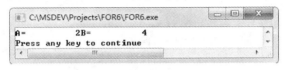

图 6-8　例 6-8 程序运行结果

【例 6-9】　阅读下面程序,写出程序运行结果。

```
PROGRAM EXAM9
    IMPLICIT NONE
    CHARACTER(LEN = 8)::S1,S2
    CALL CHA(S1,S2)
    PRINT ´(1X,"S1 = ",A8,"S2 = ",A8)´,S1,S2
END PROGRAM EXAM9
SUBROUTINE CHA(S,R)
    IMPLICIT NONE
    CHARACTER( * )::S,R        !字符定义为 * ,长度由实参数传递
    S = ´CHINA´; R = ´ANHUI´
END SUBROUTINE CHA
```

分析:实参数是字符型变量,其长度为 8,虚参数 S,R 的长度定义成 * ,表示其长度在子程序调用时通过实参数传递过来。程序运行结果如图 6-9 所示。

图 6-9　例 6-9 程序运行结果

【例 6-10】　阅读下面程序,写出程序运行结果。

```
PROGRAM EXAM10
    IMPLICIT NONE
    INTEGER::A = 2,B = 5
    CALL TT(A,B)
    PRINT ´(1X,"A = ",I3,2X,"B = ",I3)´,A,B
    CONTAINS
      SUBROUTINE TT(X,Y)
        INTEGER::X,Y
        X = X + Y + A
```

```
            Y = X + Y + B
        END SUBROUTINE TT
    END PROGRAM EXAM10
```
分析:子程序 TT 是一个内部子程序,因此宿主程序中的变量 A、B 在 TT 子程序中仍然有效。由于实参数是变量,因此实参数和虚参数共享存储单元,即 X 和 A 共享一个存储单元,Y 和 B 共享一个存储单元。程序运行结果如图 6-10 所示。

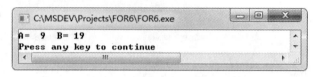

图 6-10   例 6-10 程序运行结果

6.6.2   子程序名作为虚参数

如果虚参数是一个子程序名时,作为虚参数的子程序称为"虚子程序"。

使用虚子程序的方法是在子程序的虚参数中任意虚拟一个子程序名,假设为 SUB2,把 SUB2 列入虚参数表中。主调程序调用子程序时,与虚参数表中的虚程序名对应的应是实际的子程序名。实参数的子程序可以是固有函数、内部子程序和外部子程序。

使用虚子程序时,在主调程序中应对实参数子程序名作说明,以便让编译系统了解该实参数不是一个一般变量,而是一个子程序。

用来说明外部子程序的语句是:

EXTERNAL 实参数子程序名列表

用来说明固有函数或内部子程序的语句是:

INTRINSIC 实参数子程序名列表

说明子程序的第二种方法是用接口,这部分内容将在第 10 章介绍。

【例 6-11】 下面程序的功能是计算 $\sin^4 x$、$\cos^4 x$ 的值。(其中 $x = \pi/6$)

```
    PROGRAM EXAM11
        INTRINSIC SIN,COS
        REAL::X,Y1,Y2,PI = 3.1415926
        X = PI/6
        Y1 = TR (X,SIN)
        Y2 = TR (X,COS)
        PRINT * ,Y1,Y2
    END PROGRAM EXAM11
    FUNCTION TR (X,F1) RESULT(TR_RESULT)
        IMPLICIT NONE
        REAL::X,TR_RESULT,F1            !F1 说明
        TR_RESULT = F1(X) ** 4          !F1 是函数
    END FUNCTION TR
```
分析:主调程序调用外部函数子程序 TR 时,将固有函数 SIN 和 COS 作为实参。此时,在

主调程序中需要通过 INTRINSIC SIN,COS 语句对实参数进行说明。在外部函数子程序 TR 中 F1 是一个虚子程序,执行语句 TR_RESULT=F1(X)**4 就等价于执行语句 TR_RESULT =SIN(X)**4 或者 TR_RESULT=COS(X)**4。程序运行结果如图 6-11 所示。

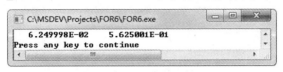

图 6-11　例 6-11 程序运行结果

6.6.3　子程序应用举例

【例 6-12】　编写一个内部子程序 ACC,其功能是求阶乘。调用该子程序,求 $p = \sum_{K=1}^{N} K!$。

分析:既可以用函数子程序编写 ACC,也可以用子例行子程序编写 ACC。前面已经介绍用外部函数子程序编写求阶乘,本程序用内部子例行子程序的方法求解。即用内部子例行子程序 ACC 来求阶乘,宿主程序中用循环调用 ACC,然后把求得的阶乘值进行累加。程序如下:

```
PROGRAM EXAM12
  IMPLICIT NONE
  REAL::S,A
  INTEGER::K,M,N,T
  S = 0.0
  PRINT * ,"请输入 M,N"
  READ * ,M,N
  IF(M>N) THEN
    T = M;M = N;N = T
  END IF
  DO K = M,N
    CALL ACC(K,A)
    S = S + A
  END DO
  PRINT * ,S
  CONTAINS
    SUBROUTINE ACC(X,Y)
      INTEGER::X,I
      REAL::Y
      Y = 1.0
      DO I = 1,X
        Y = Y * I
      END DO
```

```
        END SUBROUTINE ACC
    END PROGRAM EXAM12
```

程序运行时,若输入:5,15 ✓,则程序运行结果如图 6-12 所示。

图 6-12　例 6-12 程序运行结果

【例 6-13】　用外部子例行子程序求函数 $f(x)$ 的值。函数 $f(x)$ 如下:

$$f(x)=\begin{cases}-e^x+\sin(x) & (x>3)\\ x & (x=3)\\ e^x-\sin(x) & (x<3)\end{cases}$$

分析:主程序中输入 x 的值,通过调用外部子例行子程序 SUBF 计算出函数 $f(x)$ 的值,由于 $e^x-\sin(x)$ 要计算 2 次,因此可以在 SUBF 中定义一个内部函数子程序 FF,用来计算 $e^x-\sin(x)$。程序如下:

```
    PROGRAM EXAM13
        IMPLICIT NONE
        REAL::X,F
        READ * , X
        CALL SUBF(F,X)
        PRINT * ,´F = ´,F
    END PROGRAM EXAM13
    SUBROUTINE SUBF(FUN,X)
    IMPLICIT NONE
    REAL::X,FUN
        FUN = X
    IF(X>3)THEN
        FUN = - FF(X)
    ELSE IF(X<3)THEN
        FUN = FF(X)
    ELSE
        FUN = X
    END IF
    CONTAINS
        FUNCTION FF(X) RESULT(FX)
            REAL::X,FX
            FX = EXP(X) - SIN(X)
        END FUNCTION FF
    END SUBROUTINE SUBF
```

程序运行时,若输入 5 ↙,则运行结果如图 6-13 所示。

图 6-13　例 6-13 程序运行结果

【例 6-14】　编写用牛顿迭代法解一元代数方程 $f(x)=0$ 的根的子程序。然后求方程:$f(x)=x^3+3x$ 在 $x=2$ 附近的根。

分析:由数学知识可知,用牛顿迭代法求解一元代数方程的基本方法如下:

① 选择一个接近于 X 根(实根)的一个近似解 X1。

② 通过 X1 求出 F(X1)及其导数 DF(X1)。

③ 采用迭代公式 X2＝X1－F(X1)/DF(X1),求出下一个近似解 X2。

④ 当两个近似根的误差 | X2－X1 | 小于等于给定的最大允许误差 EPS 时,就认为 X2 为最终解。否则令 X1＝X2,返回到第②步继续求下一个近似根。

有些方程是收敛的,有些方程并不收敛。本程序中给出了迭代次数的上限 MAXITS,当迭代次数超过这个上限时,即认为方程是不收敛的。程序如下:

```
PROGRAM EXAM14
    IMPLICIT NONE
    INTEGER::ITS = 0, MAXITS = 20        !迭代次数计数器,迭代次数的上限
    LOGICAL::FLAG = .FALSE.              !迭代是否收敛
    REAL::EPS = 1E - 6,X1 = 2,X2
    REAL::F,DF                           !给外部函数子程序 F,DF 进行说明
    DO WHILE(.NOT.FLAG.AND.ITS<MAXITS)
        X2 = X1 - F(X1)/DF(X1)
        ITS = ITS + 1
        FLAG = ABS(X2 - X1)<= EPS
        X1 = X2
    END DO
    IF(FLAG)THEN
        PRINT * ,´用牛顿迭代法收敛。根是:´, X2
    ELSE
        PRINT * ,´用牛顿迭代法不收敛。´
    END IF
END PROGRAM EXAM14
FUNCTION F(X) RESULT(F_RE)               !求函数 F(X)的值
    REAL::F_RE, X
    F_RE = X ** 3 + 3
END FUNCTION F
FUNCTION DF(X) RESULT(DF_RE)             !求函数 F(X)的一阶导数值
```

```
    REAL::DF_RE,X
    DF_RE = 3 * X ** 2
END FUNCTION DF
```

程序运行结果如图 6-14 所示。

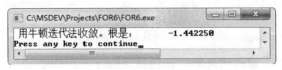

图 6-14　例 6-14 程序运行结果

【例 6-15】　编程,对于给定的正整数 N,计算 $S = \sqrt{N+1} + \sqrt{N+2} + \cdots + \sqrt{SI}$。其中,$SI = \sqrt{1} + \sqrt{2} + \cdots + \sqrt{N}$。

分析:从算式中可以看出,计算 S,首先要计算 SI。而计算 SI 和计算 S 可以用同一个子程序。在程序设计中,用一个内部函数计算开方的求和。程序如下:

```
PROGRAM EXAM15
    IMPLICIT NONE
    INTEGER::N
    REAL::SI,S
    PRINT *,"请输入 N 的值:"
    READ *,N
    SI = SUM(1,N)
    S = SUM(N + 1,INT(SI))
    PRINT *,'S = ',S
    CONTAINS
        FUNCTION SUM(M,MM) RESULT(S_RESULT)
            INTEGER::M,MM,I
            REAL::S_RESULT
            S_RESULT = 0.0
            DO I = M,MM
                S_RESULT = S_RESULT + SQRT(REAL(I))
            END DO
        END FUNCTION SUM
END PROGRAM EXAM15
```

程序运行时,若输入 100 ↙,则结果如图 6-15 所示。

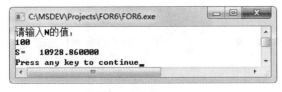

图 6-15　例 6-15 程序运行结果

习题 6

一、选择题

1. 下面的函数子程序说明语句中,错误的是_____。
   A. FUNCTION MYFUN(X)RESULT()
   B. FUNCTION MYFUN(X)RESULT(MYFUN_RESULT)
   C. FUNCTION MYFUN()RESULT(RESULT_MYFUN)
   D. FUNCTION MYFUN()RESULT(MYFUN_RESULT)

2. 下面的子例行子程序说明语句中,正确的是_____。
   A. SUBROUTINE MYSUB() RESULT(RE)
   B. SUBROUTINE MYSUB
   C. SUBROUTINE MYSUB(1,2)
   D. SUBROUTINE MYSUB(AREA) RESULT(RE)

3. 下面对函数子程序的描述中,错误的是_____。
   A. 函数子程序由FUNCTION语句来说明,函数名的命名方式与变量相同
   B. 虚参数表中可以包含变量名、子程序名、数组名和指针等
   C. 结果变量用于存放函数执行结果,它应该在子程序体中至少被赋值一次
   D. 内部函数子程序不是一个独立的程序单位,它能被任何程序单位调用

4. 下面对外部子例行子程序的描述中,正确的是_____。
   A. 外部子例行子程序由SUBROUTINE语句定义,计算结果可以通过虚参数传递给主调程序
   B. 外部子例行子程序由SUBROUTINE语句定义,计算结果不需要通过虚参数传递给主调程序
   C. 外部子例行子程序是一个独立的程序单位,不能被内部子程序所调用
   D. 外部子例行子程序是一个独立的程序单位,只能被主程序所调用

二、改错题

注意事项:

(1) 标有!<==ERROR?的程序行有错,请直接在该行修改。

(2) 请不要将错误行分成多行。

(3) 请不要修改任何注释。

1. ```
   PROGRAM MAIN1
       IMPLICIT NONE
       INTEGER::A,X,FUN
       READ *,X
       A = CALL FUN(X)                           !<== ERROR1
       PRINT *,A
   ```
   ```

```
        END PROGRAM MAIN1
        CONTAINS FUNCTION FUN(M,RES)          !<== ERROR2
            INTEGER::RES,M
            M = M/2
            RES = M * M
        END FUNCTION FUN
2. PROGRAM MAIN2
        IMPLICIT NONE
        INTEGER::X = 2,Y = 4,Z,FUN1           !<== ERROR1
        FUN1(X,Y,Z,X)                         !<== ERROR2
        PRINT * ,X,Y,Z
    CONTAINS
    SUBROUTINE FUN1(A,B,C,D)
        INTEGER::A,B,C,D
        A = D - B
        C = D + B
        B = A + B + C
    END SUBROUTINE
    END PROGRAM MAIN2
```

三、填空题

注意事项：

(1) 请不要将需要填空的行分成多行。

(2) 请不要修改任何注释。

1. 下面的程序用于计算 $4!+7!+8!$。

```
    PROGRAM MAIN3
        IMPLICIT NONE
        INTEGER::RESUL
        RESUL = _____                      !<== BLANK1
        PRINT * ,RESUL
    CONTAINS
        FUNCTION F(N)RESULT(F_RES)
            INTEGER::F_RES,I,N
            F_RES = _____                  !<== BLANK2
            DO I = 1,N
                F_RES = _____              !<== BLANK3
            END DO
        END FUNCTION F
    END PROGRAM MAIN3
```

2. 下面的程序中包含内部子程序，用于计算 $(1+2+3)*(1+2+3+4+5)*(1+2+3+4+5+6)$。

```
PROGRAM MAIN4
   IMPLICIT NONE
   INTEGER::RESUL
   RESUL = _____                          !<== BLANK1
   PRINT * ,RESUL
   _____                                  !<== BLANK2
   FUNCTION F(N)RESULT(F_RES)
     INTEGER::F_RES,I,N
     F_RES = 0
     DO I = 1,N
       F_RES = _____                      !<== BLANK3
     END DO
   END FUNCTION F
END PROGRAM MAIN4
```

3. 已知如图所示的正六面体底边和柱高分别为 a、b、h，下面的程序计算正六面体两顶角之间的对角线 d 的长度。

```
PROGRAM MAIN5
   IMPLICIT NONE
   REAL::ABC,A,B,H,C,D
   READ * ,A,B,H
   C = ABC(A,B);D = ABC(_____)            !<== BLANK1
   PRINT * ,D
END PROGRAM MAIN5
FUNCTION _____ RESULT(RE)                  !<== BLANK2
   REAL::X,Y,RE
   RE = SORT(X * X + Y * Y)
END FUNCTION ABC
```

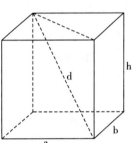

四、程序阅读题

1.
```
PROGRAM MAIN6
   IMPLICIT NONE
   INTEGER::A = 1,B = 2,C = 3,F1,FUNC
   F1 = (FUNC(A) + FUNC(B) + FUNC(C))
   PRINT * ,´F1 = ´,F1
END PROGRAM MAIN6
FUNCTION FUNC(X) RESULT(FUNC_RE)
   INTEGER::X,FUNC_RE
   IF(ABS(X)<= 2)THEN
     FUNC_RE = X * X + 10
   ELSE
     FUNC_RE = X * X - 10
```

```
        END IF
    END FUNCTION FUNC
2. PROGRAM MAIN7
    IMPLICIT NONE
    INTEGER::A=10,F1
    F1=(FUNC(A)+FUNC(A+1));
    WRITE(*,*)´F1=´,F1
    CONTAINS
      FUNCTION FUNC(X) RESULT(FU)
        INTEGER::X,FU
        IF(ABS(X)>=10)THEN
          FU=X*X+10
        ELSE
          FU=X*X-10
        END IF
      END FUNCTION FUNC
END PROGRAM MAIN7
3. SUBROUTINE TRIANGLE(L1,L2,L3)
    REAL,INTENT(IN)::L1,L2,L3
    REAL::A
    IF(L1>0.0 .AND. L2>0.0 .AND. L3>0.0)THEN
      A=(L1+L2+L3)/2.0
      A=SQRT(A*(A-L1)*(A-L2)*(A-L3))
    END IF
    PRINT *,´AREA=´,A
  END SUBROUTINE TRIANGLE
PROGRAM MAIN8
    IMPLICIT NONE
    REAL::A=5,B=6,C=5
    CALL TRIANGLE(A,B,C)
END PROGRAM MAIN8
```

五、编写程序题

1. 编写函数子程序 ADD_FUN 用来进行两个整数相加运算,结果也是整数。

2. 编写一个函数子程序 IFAC 用来求 N!,要求函数值为实型。函数中应对自变量进行检查,对不合理的变量给出错误信息。然后求下式(R 和 K 的值由键盘输入):

$$C = \frac{R!}{K!(R-K)!}$$

3. 用牛顿迭代法编写一个通用函数求方程的一个根,并求以下函数的根:

$$x^2 + 4x + 1 = 0$$
$$x^4 + 4x^3 + 5x + 3 = 0$$

4. 编写一个函数子程序计算4个数的平均值。

5. 编写一个程序,从键盘读入4个整型变量,调用子例行程序,将这4个变量按升序进行排列,然后打印出来。

6. 编写子例行程序 MULTI_SUB 用来进行两个整数相乘运算,结果也是整数。

7. 编写函数,用二分法求任意方程的一个根。

8. 打印函数 $\sin(x)+\dfrac{1}{2}\cos(2x+\dfrac{\pi}{6})$ 的曲线,每隔15°打印一个点。

第 7 章 数组

考核目标

- 了解：数组的逻辑结构和物理结构，假定形状数组、假定大小数组在子程序中的使用。
- 理解：数组的基本概念，动态数组的概念。
- 掌握：数组的定义，数组元素的引用，数组片段，显式形状数组作为子程序的虚参数。
- 应用：运用数组解决排序查找、有序表归并、级数求和、求最大最小值、矩阵运算、求杨辉三角等常见问题。

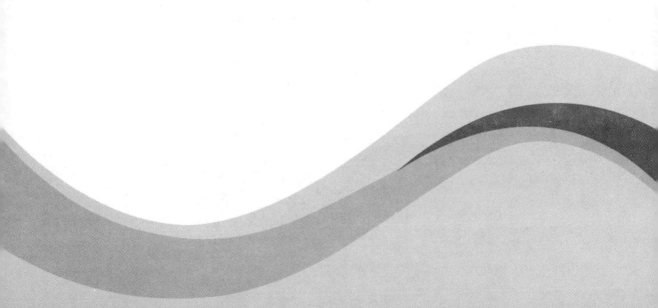

第7章 数 组

数组是程序设计中最常用的数据结构。本章主要介绍了数组的概念、数组的存储、数组的定义与引用、数组的输入输出、动态数组等内容,分析并给出了数组中常用的一些算法,如求和、查找、排序、最大和最小数等。

通过本章的学习,要求学生理解数组的概念,掌握数组的定义方法和数组元素的引用,知道数组的逻辑结构和存储结构,知道动态数组的定义及其使用,了解数组在函数和子程序中的使用方法,理解并掌握数组中一些常用的算法思想,能够用数组的方法进行程序设计。

7.1 概 述

变量是一种简单的数据对象,如前面已经介绍过的整型变量、实型变量、逻辑型变量等。而数组是将具有同一属性的数据存放在一起的有序集合,也可以看成变量的集合,主要用于处理成批数据,它是 FORTRAN 提供的一种数据结构。

每个数组都有一个名字,称为"数组名"。数组中每一个成员称为"数组中的一个数组元素",它与普通变量一样,可以被赋值、参与表达式运算、输入输出等。数组元素由其在数组中的位置序号(称为"数组的下标")来标识,不同的下标表示不同的数组元素。数组的使用使程序变得简洁、灵活,它是程序设计中的一种十分有用的工具。使用数组可以使许多复杂的算法得以实现,这些复杂的算法用一般变量是无法完成的。

按照数组的形状结构划分,数组可分为一维数组和多维数组。按照数组元素的类型划分,数组可分为数值型数组、字符型数组、逻辑型数组、指针数组等。本章主要介绍数值型数组、逻辑型数组和字符型数组,指针数组将在后面的章节中介绍。

7.2 一维数组

7.2.1 一维数组的定义

数组在使用之前必须先对数组进行定义。一维数组定义的一般形式为:

类型说明,DIMENSION(维说明符)::数组名1[,数组名2]

其中,类型说明用来说明数组元素的类型,DIMENSION 属性用来说明被定义的对象是数组。维说明符是用来定义数组的大小,其一般形式为:

下标下界:下标上界

下标下界与下标上界均为整型常量或整型常量表达式,它表示数组下标的取值范围,即定义了数组的大小。维说明符的个数就是数组的维数,一维数组的定义就只有一个维说明符,数组的维数称为数组的"秩"。例如:

INTEGER,DIMENSION(0:5)::A,B
REAL,DIMENSION(-1:6)::C,D

上面第一条语句定义了 A、B 是整型一维数组,下标可以从 0 取到 5,每个数组都有 6 个数组元素。第二条语句定义了 C、D 是实型一维数组,下标可以从 −1 取到 6,每个数组都有 8 个数组元素。

说明：

①定义数组时，类型说明与关键字 DIMENSION 之间要用逗号分隔。

②维说明符规定了数组下标下界和下标上界，下标下界和上界必须是整型量，它们之间用冒号分隔。当维说明符中的下标下界为 1 时可以省略不写，这时冒号也要省略。例如：

  REAL,DIMENSION(10)::IA,IB   !省略下标的下界，表示下标的下界为 1，下标上界为 10

③维说明符也可以放在数组名的后面。当一个说明语句中 DIMENSION 后面有维说明符，数组名的后面又有维说明符时，应以数组名后面的维说明符为准。例如：

  INTEGER,DIMENSION(2:5)::A,B(0:5)

该语句定义了 A、B 都是整型一维数组，A 的维说明符是 2:5，共有 4 个数组元素；B 的维说明符是 0:5，共有 6 个数组元素。

④数组名的命名规则与前面讲的变量名的命名规则相同，它们不能与本程序单位中的任何名字重名。一个数组名在本程序单位中只能被定义一次。

7.2.2 一维数组的逻辑结构和存储结构

一维数组的逻辑结构可以看成一个向量，每个元素的下标值确定了该元素在数组中的位置。一维数组在计算机内存中占据一系列连续的存储单元。例如，若有如下定义：

  INTEGER,DIMENSION(0:5)::A

则数组 A 在内存中的存储次序依次为 A(0)、A(1)、A(2)、A(3)、A(4)、A(5)，即按照数组元素在数组中的位置依次存储。如图 7-1 所示。

图 7-1 一维数组存储示意图

7.2.3 一维数组元素的引用

一维数组定义后，它的元素可以在程序中使用。数组元素的使用称为"引用"。一维数组元素可以通过下标进行引用，引用形式为：

  数组名(下标)

其中，下标可以是任意算术表达式，如果表达式的值为实型则自动取整。数组元素的下标值必须落在该维说明符规定的下界与上界之内，否则将会出现预料不到的错误。

有了对一维数组元素的引用方法，便可以对一维数组元素进行赋值、运算和输入输出。例如，下面程序段：

```
INTEGER,DIMENSION(1:5)::A
A(1) = 6; A(2) = 7; A(3) = 8
A(4) = A(1) + A(2) + A(3); A(5) = A(1) * A(2) * A(3)
PRINT *,A(4),A(5)
```

赋值语句 A(1)=6 意味着将 6 存放到数组元素 A(1) 中，其他亦然。然后将 A(1)、A(2)、A(3) 中的值相加或相乘，分别赋值给 A(4)、A(5)，最后输出 A(4)、A(5) 元素的值。

7.2.4 一维数组的输入与输出

一维数组的输入输出有三种方式:直接使用数组名、使用 DO 循环、使用隐 DO 循环。

在输入输出语句中直接使用数组名。这时,按数组元素在内存中的排列顺序依次进行输入或输出。

【例 7-1】 阅读下面程序:
```
PROGRAM EXAM1
    IMPLICIT NONE
    INTEGER,DIMENSION(-1:2)::A
    READ * ,A                    !直接用数组名 A 输入
    PRINT ´(1X,4I4)´,A           !直接用数组名 A 输出
END PROGRAM EXAM1
```

分析:该程序定义 A 是整型一维数组,下标从 -1 变到 2,共有 4 个元素。由于一维数组是连续存放的,因此用 READ * ,A 语句给数组 A 赋值时,是按照输入数据的次序依次给 A 中的 4 个元素赋值。用 PRINT * ,A 语句输出数组 A 时也是按照数据在内存中存储的次序依次输出。程序运行时,若输入 1,3,5,7 ↙,程序运行结果如图 7-2 所示。

图 7-2 例 7-1 程序的运行结果

使用 DO 循环结构,在循环体里对数组元素进行输入输出。例如,下面程序段:
```
REAL,DIMENSION(-1:2)::A
INTEGER::K
DO K=-1,2
    READ * ,A(K)                 !给数组元素赋值
END DO
```

循环体中的 READ 语句共执行 4 次,每次给 A(K) 输入一个数。因为 READ 语句的每次执行都是从一个新的数据行开始读数据,所以这 4 个数据需要分 4 行输入,每行输入 1 个数。

在输入输出表中使用隐含的 DO 循环,称为"隐 DO 循环"。隐 DO 循环的一般形式为:
(表达式,循环变量=循环初值,循环终值,循环步长)

注意:括号是必须要有的。当循环步长为 1 时,循环步长可以省略。隐 DO 循环的执行过程与 DO 循环的执行过程基本相同,只不过没有 DO 和 END DO 语句,并且隐 DO 循环只能用于输入输出。下面程序段的输入语句中包含了一个隐 DO 循环,它将输入数组 A 中的 4 个元素:
```
REAL,DIMENSION(-1:2)::A
```

```
INTEGER::K
READ*,(A(K),K=-1,2,1)        !用隐含DO循环给数组A赋值
```

与使用 DO 循环结构进行输入不同的是,这里 READ 语句只执行一次,所以可将 4 个数据放在一行输入。

【例 7-2】 键盘输入 10 个整数,编程,统计并输出其中的偶数及个数。

分析:将键盘输入的 10 个数据放到一个数组里保存起来,然后再判断这个数组中哪些元素是偶数,并用一个计数器记录偶数的个数。程序如下:

```
PROGRAM EXAM2
    IMPLICIT NONE
    INTEGER,DIMENSION(10)::A
    INTEGER::I,N=0
    READ*,A
    DO I=1,10
        IF(MOD(A(I),2)==0) THEN
            N=N+1
            PRINT*,A(I)
        END IF
    END DO
    PRINT '(1X,"偶数的个数为:",I2)',N
END PROGRAM EXAM2
```

程序运行时,若输入:3,12,5,7,10,2,6,31,24,18↙,结果如图 7-3 所示。

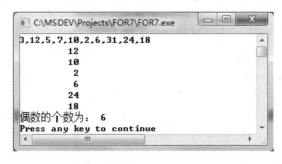

图 7-3 例 7-2 程序的运行结果

7.3 二维数组

7.3.1 二维数组的定义

FORTRAN90 允许使用多维数组。多维数组的最简单的形式是二维数组。二维数组的定义与一维数组的定义类似,其一般形式为:

类型说明,DIMENSION(维说明符,维说明符)::数组名 1[,数组名 2]

其中维说明符与一维数组定义中的含义相同,DIMENSION 后面有两个维说明符,说明数组被定义成二维数组。数组的维数称为数组的"秩",某一维中元素个数称为该维的"长度",数组的秩与每一维的长度决定了数组的"形状",数组中所有元素的个数称为数组的"大小"。例如:

    INTEGER,DIMENSION(1:2,1:3)::A,B
    REAL,DIMENSION(-1:1,2:4)::C,D

上面第一条语句定义了 A、B 是二维整型数组(秩为 2),第一个下标(通常称为行下标)可以从 1 取到 2,第二个下标(通常称为列下标)可以从 1 取到 3,每个数组都是 2 行 3 列 6 个元素,即数组形状为 2×3。第二条语句定义了 C、D 是二维实型数组(秩为 2),第一个下标可以从 -1 取到 1,第二个下标可以从 2 取到 4,每个数组都是 3 行 3 列 9 个元素,即数组形状为 3×3。

说明:

①对于一维数组的几点说明同样适合二维数组。

②FORTRAN 规定数组的维数最大可以为 7。

③可以类似地定义三维数组。例如:

    INTEGER,DIMENSION(2,3,2)::X

由于有 3 个维说明符,即有 3 个下标,因此定义的 X 是一个三维整型数组。由于每个下标的下界都等于 1,而下标的上界分别等于 2、3、2,说明 3 个下标的长度分别是 2、3、2,所以 X 中共有 12 个元素。

7.3.2 二维数组的逻辑结构和存储结构

二维数组的逻辑结构可以看成一个矩阵,数组元素的第 1 个下标值表示该元素在矩阵中的行号,第 2 个下标值表示该元素在矩阵中的列号。二维数组在计算机内存中像一维数组一样占有一系列连续的存储单元。但二维数组的存储方式是按列存放,即先存放第 1 列的元素,再存放第 2 列的元素。也可以理解成前面的下标先增加,后面的下标后增加。例如,若有如下定义:

    INTEGER,DIMENSION(2,3)::B

则数组 B 在内存中按列进行存储,即存储次序依次为 B(1,1)、B(2,1)、B(1,2)、B(2,2)、B(1,3)、B(2,3)。如图 7-4 所示。

| B(1,1) | B(2,1) | B(1,2) | B(2,2) | B(1,3) | B(2,3) |

图 7-4 二维数组存储次序图

三维及其三维以上的数组在计算机内存中的存放方式与二维数组一样,也可以称为"按列存放",即前面的下标先增加,后面的下标后增加。例如,若有如下定义:

    REAL,DIMENSION(2,2,2)::D

则该数组在内存中存储次序为:D(1,1,1)、D(2,1,1)、D(1,2,1)、D(2,2,1)、D(1,1,2)、D(2,1,2)、D(1,2,2)、D(2,2,2)。

本节主要介绍二维数组,对于三维及三维以上的数组这里就不再叙述了。

7.3.3 二维数组元素的引用

二维数组元素的引用形式为:

　　　数组名(下标,下标)

注意:二维数组元素的引用需要两个下标,第一个下标通常称为"行下标",第二个下标通常称为"列下标",两个下标之间用逗号分隔。与一维数组一样,下标也是整型值,若是实型数据系统会自动取整。两个下标的值也必须在各自定义的范围里,否则会出现意料不到的错误。例如,若有定义:INTEGER,DIMENSION(2,3)::A,则语句:A(1,2)=5 是正确的,它表示给 A 数组中第 1 行第 2 列的元素赋值 5,而语句:A(3,1)=4 是错误的,因为 A 中没有第 3 行第 1 列这个元素。

同样,可以对二维数组元素进行赋值、运算和输入输出。

7.3.4 二维数组的输入与输出

二维数组的输入输出方式与一维数组相同,下面逐一来说明。

在输入输出语句中直接使用数组名。这时,按数组元素在内存中的排列顺序依次进行输入或输出。

【例 7-3】 阅读下面程序,写出运行结果。

```
PROGRAM EXAM3
    IMPLICIT NONE
    INTEGER,DIMENSION(3,2)::A
    READ *,A                    !直接用数组名 A 输入
    PRINT '(1X,3I4)',A          !直接用数组名 A 输出
END PROGRAM EXAM3
```

分析:直接用数组名进行输入输出时,由于二维数组是按列存放的,因此输入的 6 个数依次赋给 A(1,1)、A(2,1)、A(3,1)、A(1,2)、A(2,2)、A(3,2),输出时也是按存储次序逐一输出。程序运行时,若输入:1,2,3,4,5,6✓,结果如图 7-5 所示。

图 7-5　例 7-3 程序的运行结果

思考:为什么一行输出 3 个元素?

采用双重 DO 循环结构,在循环体里对数组元素进行输入输出。

【例 7-4】 阅读下面程序,写出运行结果。

```
PROGRAM EXAM4
    IMPLICIT NONE
    INTEGER,DIMENSION(3,2)::A
```

```
    INTEGER::I,J
    DO I = 1,3
      DO J = 1,2
        READ * ,A(I,J)
      END DO
    END DO
    DO I = 1,3
      DO J = 1,2
        PRINT '(1X,2I4)',A(I,J)
      END DO
    END DO
END PROGRAM EXAM4
```

分析：循环体中的 READ 语句执行 6 次，每次给 A(I,J) 输入一个数。因为 READ 语句的每次执行都是从一个新的数据行开始读数据，所以这 6 个数据需要分 6 行输入，每行输入 1 个数。循环体中的 PRINT 语句执行 6 次，每次输出一个数 A(I,J)，因此共输出 6 行，每行一个数据。运行结果如图 7-6 所示。

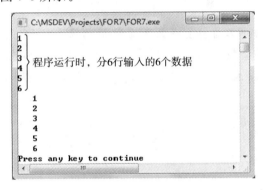

图 7-6　例 7-4 程序的运行结果

思考：为什么一行只输出一个数据？

在输入输出表中使用隐 DO 循环。由于二维数组有两个下标，因此可以用嵌套隐 DO 循环，每一层循环用括号括起来。程序执行时，先里层循环，后外层循环。例如，有如下说明：

```
INTEGER,DIMENSION(3,4)::A
INTEGER::I,J
READ * ,((A(I,J),J = 1,4),I = 1,3)
```

则执行 READ 语句时，先对 J 进行循环，然后再对 I 进行循环，此时给数组元素赋值的次序是：A(1,1)、A(1,2)、A(1,3)、A(1,4)、A(2,1)……A(3,4)。可以看出，使用隐 DO 循环，可以依照习惯方式按行输入输出数据，而不必按照内存中的存储顺序——按列输入输出。

【例 7-5】 阅读下面程序，写出运行结果。

```
PROGRAM EXAM5
    IMPLICIT NONE
```

```
INTEGER,DIMENSION(3,2)::A
INTEGER::I,J
READ * ,((A(I,J),J = 1,2),I = 1,3)
PRINT '(1X,2I4)',((A(I,J),J = 1,2),I = 1,3)
END PROGRAM EXAM5
```

分析:采用隐 DO 循环进行输入,READ 语句只执行一次,6 个数据可以在一行上给出,由于行下标 I 是外循环,因此赋值次序为:A(1,1)、A(1,2)、A(2,1)、A(2,2)、A(3,1)、A(3,2)。采用隐 DO 循环进行输出,PRINT 语句只执行一次,这时重复系数 2 起作用,表示一行输出 2 个数据。同样,由于行下标 I 是外循环,因此输出次序也是 A(1,1)、A(1,2)、A(2,1)、A(2,2)、A(3,1)、A(3,2)。程序运行时,若输入:1,2,3,4,5,6✓,结果如图 7-7 所示。

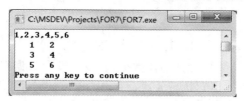

图 7-7 例 7-5 程序的运行结果

思考:在 PRINT 语句中若将重复系数 2 改为 3,结果应该如何? 为什么?

【例 7-6】 编程,求整型数组 A(2×3)的平均值(保留 2 位小数)。

分析:显然数组 A 是 2 行 3 列,累加时需要两个下标。程序如下:

```
PROGRAM EXAM6
   IMPLICIT NONE
   INTEGER,DIMENSION(2,3)::A
   INTEGER::I,J
   REAL::S = 0
   READ * ,A
   DO I = 1,2
     DO J = 1,3
       S = S + A(I,J)
     END DO
   END DO
   S = S/6
   PRINT '(1X,F7.2)',S
END PROGRAM EXAM6
```

程序运行时,若输入 12,8,4,10,2,5✓,结果如图 7-8 所示。

图 7-8 例 7-6 程序的运行结果

7.4 数组的操作

数组操作是指对整个数组进行操作。数组操作可分为对数组的赋值、运算和输入输出等。

7.4.1 数组的赋值

对数组整体或数组的一部分元素进行赋值可以使用一般的赋值语句或数组构造器。

①用赋值语句对整个数组赋值。如：

```
INTEGER,DIMENSION(1:5)::A,B
A = 1                !对 A 的每一个元素都赋值为 1
B = 2                !对 B 的每一个元素都赋值为 2
```

其中，第 1 个赋值语句是对数组 A 的每一个元素赋值，赋值结果每一个元素都是 1。第 2 个赋值语句是对数组 B 进行赋值，使得数组 B 中每个元素的值都是 2。

②用数组构造器对整个数组或数组部分元素赋值。数组构造器的一般形式为：

(/取值列表/)

取值列表中可以包含若干个常量表达式或隐 DO 循环。列表中常量表达式之间用逗号隔开，所有值的类型都必须相同。如：

```
REAL,DIMENSION(10)::R
INTEGER,DIMENSION(6)::A,C
C = (/1,1,1,1,1,1/)
R = (/(COS(REAL(I) * 3.14159/180.0),I = 1,10)/)
A = (/(I,I = 1,6)/)
```

上述方法也可以混合使用。如：

```
REAL,DIMENSION(1:10)::R
R = (/0.5,0.5,(COS(REAL(I) * 3.14159/180.0),I = 1,6),-0.5,-0.5/)
```

数组构造器是一维的，当被赋值的数组是二维或二维以上的数组时，可以用数组构造器对某一维赋值，或者使用 RESHAPE 函数把列表中的数据定义成某种形状的数组。如：

```
INTEGER,DIMENSION(2,3)::A,B
A(1,:) = (/1,2,3/)
A(2,:) = (/4,5,6/)
B = RESHAPE((/1,2,3,4,5,6/),(/2,3/))
```

RESHAPE 函数的前一个取值列表是赋值给数组各元素的值，后一个取值列表说明数组形状，它所说明的形状应该和被赋值数组的形状相同。上面的程序执行后数组 A、B 各元素的值分别为：

A(1,1) = 1,A(1,2) = 2,A(1,3) = 3,A(2,1) = 4,A(2,2) = 5,A(2,3) = 6
B(1,1) = 1,B(1,2) = 3,B(1,3) = 5,B(2,1) = 2,B(2,2) = 4,B(2,3) = 6

7.4.2 数组的运算

除了对数组赋值外，FORTRAN 还允许把整个数组作为一个单独的对象进行算术、逻辑和关系运算。但是这里的运算不是数学意义上的矩阵运算,而是两个数组中对应元素之间的运算。

【例 7-7】 阅读下面程序,写出运行结果。

```
PROGRAM EXAM7
    IMPLICIT NONE
    INTEGER,DIMENSION(2,3)::A,B,C,D,E
    INTEGER::I,J
    A = RESHAPE((/1,2,3,4,5,6/),(/2,3/))
    B = RESHAPE((/7,8,9,10,11,12/),(/2,3/))
    C = A + B;D = A * B;E = A ** 3
    PRINT * ,"C = "
    PRINT '(1X,3I3)',((C(I,J),J = 1,3),I = 1,2)
    PRINT * ,"D = "
    PRINT '(1X,3I4)',((D(I,J),J = 1,3),I = 1,2)
    PRINT * ,"E = "
    PRINT '(1X,3I5)',((E(I,J),J = 1,3),I = 1,2)
END PROGRAM EXAM7
```

分析:由于 A、B 数组都是二维数组,因此用 RESHAPE 函数给 A、B 赋值。数组运算是对应元素的运算,并不是代数意义下的矩阵运算,这一点请读者注意。程序运行结果如图 7-9 所示。

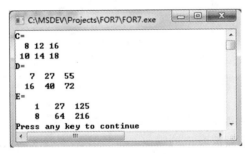

图 7-9 例 7-7 程序的运行结果

从图 7-9 可以看出,两个数组中的算术运算是对应元素的运算。同样,两个数组的关系运算和逻辑运算也是数组中对应元素的运算。

【例 7-8】 阅读下面程序,写出运行结果。

```
PROGRAM EXAM8
    IMPLICIT NONE
    INTEGER,DIMENSION(2,3)::A,B
    LOGICAL,DIMENSION(2,3)::LA,LB,LC
    INTEGER::I,J
    A = RESHAPE((/9,8,7,6,5,4/),(/2,3/))
    B = RESHAPE((/4,5,6,7,8,9/),(/2,3/))
    LA = A>B;LB = A/ = B;LC = LA.AND.LB
```

```
    PRINT´(1X,3L3)´,((LC(I,J),J=1,3),I=1,2)
    END PROGRAM EXAM8
```

分析:.AND.运算当且仅当两边表达式都为真时,结果才为真,否则结果为假。判断A>B、A/=B,其实质就是对应元素相比较。程序运行结果如图7-10所示。

图7-10 例7-8程序的运行结果

有许多内部函数可以用数组名作为参数,函数的执行是对每个数组元素进行操作。下面列出了一些例子:

```
    REAL,DIMENSION(1:5)::A,B,C          !定义3个数组
    REAL,PARAMETER::PI=3.14159          !定义符号常数PI
    A=(/((REAL(I)*PI/180),I=1,5)/)      !对数组A赋值
    B=COS(A)                            !求出数组A的每一个元素的余弦值并赋值给B的对应元素
    C=SQRT(A)                           !将数组A的每一个元素开方并赋值给C的对应元素
```

注意:当两个数组进行运算时,它们的形状必须相同。

7.4.3 对数组进行操作的内在函数

FORTRAN90提供了许多专门对数组进行操作的内在函数,这些内在数组操作函数使数组处理更加方便。内在数组操作函数列在附录B中,这里仅对几个常用函数进行说明。

① 矩阵乘积函数 MATMUL(A,B),执行数组A和B的矩阵乘法。这里的A和B的类型必须相同,可以是数值型数组或逻辑型数组。矩阵乘积规则与乘积结果与数学上的意义一致。例如,设:

$$A=\begin{bmatrix}5 & 6\\ 4 & 3\end{bmatrix}, B=\begin{bmatrix}4\\ 6\end{bmatrix}$$

MATMUL(A,B)结果为 $\begin{bmatrix}56\\ 34\end{bmatrix}$。

② 向量点乘函数 DOT_PRODUCT(A,B),执行一维数组A与B的向量点乘积。这里的A和B的类型必须同时是数值型或逻辑型。向量点积是一个标量。乘积规则与数学上的意义一致。例如,设:

$$A=[1\ 3\ 5\ 7], B=[2\ 3\ 4\ 5]$$

则 DOT_PRODUCT(A,B)结果为66。

③ 元素求和函数 SUM(ARRAY,DIM,MASK),执行对数组ARRAY中沿DIM维方向的满足条件MASK的元素求和计算。ARRAY是被求和的数组。DIM用于指明选哪一维的元素求和,缺省时表示对整个数组求和。在二维数组中,DIM=1时,对列进行求和,DIM=2时,对行进行求和。MASK通常是一个逻辑表达式,满足MASK条件的元素才被求和。例如,当DIM=2时:

$$\text{ARRAY} = \begin{bmatrix} 2 & 2 & 4 \\ 4 & 5 & 6 \end{bmatrix}$$

SUM(ARRAY,DIM=2,MASK=ARRAY>0)结果为[8,15]。

④合并数组函数 MERGE(TS,FS,MASK),执行数组 TS 和 FS 的合并。TS 和 FS 的类型和形状必须相同,MASK 是同形状的逻辑型数组。函数执行结果是与 TS 的类型和形状相同的数组。当 MASK 中某元素值为真时,则结果数组中的对应元素取 TS 中对应元素的值;否则,当 MASK 中某元素值为假,则结果数组中的对应元素取 FS 中对应元素的值。这里的"对应"指的是下标相同。例如:

$$\text{TS} = \begin{bmatrix} 7 & 4 & 6 \\ 4 & 6 & 9 \end{bmatrix}, \text{FS} = \begin{bmatrix} 1 & 3 & 5 \\ 2 & 0 & 7 \end{bmatrix}, \text{MASK} = \begin{bmatrix} T & F & T \\ F & T & F \end{bmatrix}$$

结果为 $\begin{bmatrix} 7 & 3 & 6 \\ 2 & 6 & 7 \end{bmatrix}$。

在 MASK 中,T 表示真值,F 表示假值。

⑤数组压缩函数 PACK(ARRAY,MASK,VECTOR),将数组 ARRAY 中满足 MASK 条件的元素压缩成一维数组。ARRAY 是任意类型和形状的数组,MASK 是一个逻辑型变量或形状与 ARRAY 相同的逻辑型数组。VECTOR 是可选的,其类型与 ARRAY 相同。例如,VECTOR 参数缺省时可以写成 PACK(ARRAY,MASK),调用结果为长度等于 MASK 中真值元素个数的一维数组,数组元素为 MASK 中取真值时 ARRAY 中的对应元素,数组元素的次序按 ARRAY 元素的顺序排列。例如:

$$\text{ARRAY} = \begin{bmatrix} 1 & 3 & 5 \\ 2 & 0 & 7 \end{bmatrix}, \text{MASK} = \begin{bmatrix} T & F & T \\ F & T & F \end{bmatrix}$$

PACK(ARRAY,MASK)结果为[1,0,5]。

当 VECTOR 存在时,则函数调用格式为 PACK(ARRAY,MASK,VECTOR)。设 VECTOR 的长度为 N,MASK 中真值元素个数为 T,则当 N=T 时,调用结果与 VECTOR 缺省时相同;当 N<T 时,程序执行出错;当 N>T 时,结果数组中前 T 个元素与 VECTOR 缺省时相同,后 N-T 个元素与 VECTOR 中后 N-T 个元素相同。例如,设:

$$\text{ARRAY} = \begin{bmatrix} 1 & 3 & 5 \\ 2 & 0 & 7 \end{bmatrix}, \text{MASK} = \begin{bmatrix} T & F & T \\ F & T & F \end{bmatrix}$$

PACK(ARRAY,MASK,VECTOR=(/1,2,3,4,5/))的结果为[1,0,5,4,5]。

7.4.4 数组片段

数组中部分元素的集合,称为"数组片段"。数组片段也具有数组的性质,因此,前面介绍的对数组的操作同样也适用于数组片段。数组片段的元素可以是数组中任意的元素。数组片段由下标列表来确定。下标列表有两种方式,即三元下标和向量下标。例如,如果定义了数组 A:

```
REAL,DIMENSION(3,4,5)::A
```

则 A(1:3,3,4)、A(1:3,5:2:-1)、A(1:3,3,(/2,4/))都是数组片段。

1. 用三元下标定义数组片段

三元下标又称"下标三元组",用 3 个值分别代表数组片段的下界、上界和步长,这 3 个

值之间用冒号隔开,其一般形式为:

　　[下界]:[上界]:[步长]

当下界值缺省时,其值为数组中对应维的下界;当上界值缺省时,其值为对应维的上界;当步长缺省时,其值为 1(步长缺省时,上界与步长之间的冒号也要省略)。三元下标的三个值可取为正,也可取为负,步长不能为零。通常当下界小于或等于上界时,步长为正,当下界大于或等于上界时,步长为负。但若下界大于上界而步长为正时,数组片段中元素个数为零。如,设 A 是一维数组,则:

　　A(2:7)　　　　　　　　　　包含元素 A(2),A(3),A(4),A(5),A(6),A(7)
　　A(-1:7:2)　　　　　　　　 包含元素 A(-1),A(1),A(3),A(5),A(7)
　　A(7:-1:-2)　　　　　　　　包含元素 A(7),A(5),A(3),A(1),A(-1)
　　A(7:-1:2)　　　　　　　　 没有数组元素

多维数组的数组片段的每一维都可以使用三元下标,例如,若 A 是一个三维数组,则:

　　A(2:4:2,2:3,4)　　　　　　代表元素 A(2,2,4),A(4,2,4),A(2,3,4),A(4,3,4)

2. 用向量定义数组片段

向量是一个整型一维数组,它的每一个元素都可以作为其他数组的下标。例如:

```
REAL,DIMENSION(6)::A,B(6,6)
INTEGER,DIMENSION(4)::I,J(3)
I = (/5,3,2,6/)              !定义向量 I
J = (/1,4,6/)                !定义向量 J
A(I) = 10.0                  !给数组元素 A(5),A(3),A(2),A(6)赋值 10.0
B(1,J) = 20.0                !给数组元素 B(1,1),B(1,4),B(1,6)赋值 20.0
```

说明:

①向量中的值不能超过数组所定义的下标范围。

②当向量中有重复的值时,意味着数组中某一个或几个元素在数组片段中出现多次。但这时若对该数组片段赋值,则重复元素的值是最后一次的赋值结果,例如:

```
REAL,DIMENSION(6)::A
INTEGER,DIMENSION(4)::I
I = (/5,3,2,3/)              !定义向量 I
A(I) = (/1.0,2.0,3.0,4.0/)   !赋值结果:A(5)=1,A(3)=4,A(2)=3
```

7.4.5　数组元素赋初值

用 DATA 语句可以为数组、数组片段或数组的某一部分元素赋初值。DATA 语句的一般形式为:

　　DATA 变量表/初值表/[,变量表/初值表/…]

①变量表中可以是变量名、数组名、数组片段名、数组元素名、隐 DO 循环等。初值表里只能是常量,不允许出现任何形式的表达式。

②初值表中常量的个数必须与变量表中的变量个数相同。当变量表中出现数组时,初值表中常量的个数必须与数组元素个数相同。

③初值表中可以出现重复系数,如4*0表示4个0,而不是4乘以0。

【例7-9】 阅读下面程序,写出运行结果。

```
PROGRAM EXAM9
    IMPLICIT NONE
    INTEGER,DIMENSION(6)::A
    DATA A/1,2*2,3,2*4/
    PRINT '(1X,6I3)',A(1:6:2)
END PROGRAM EXAM9
```

分析:用DATA语句给数组A赋值,其中2*2表示有2个数2,2*4表示有2个数4,因此数组元素A(1)、A(2)、A(3)、A(4)、A(5)、A(6)的值分别为1,2,2,3,4,4。A(1:6:2)是数组片段,有A(1)、A(3)、A(5) 3个元素,此时PRINT语句中的重复系数起作用,因此在一行上按格式I3输出这3个元素。程序运行结果如图7-11所示。

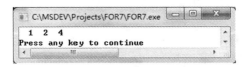

图7-11 例7-9程序的运行结果

7.5 动态数组

上一节定义的数组称为"静态数组",静态数组的形状和大小都是已知的,编译系统给数组分配固定大小的存储单元。但是这往往会造成存储单元的浪费。看下面程序段:

```
REAL,DIMENSION(6000)::A
INTEGER::I,N
READ *,N
DO I = 1,N
    A(I) = 10.0
END DO
......
```

程序段中定义了一维数组A。如果输入的N值很小,就会浪费大量的计算机内存。我们可以使用动态数组来有效地利用存储空间。当程序执行过程中用到某个数组时,系统给该数组安排存储单元,使用过后将存储单元释放,称这种数组为"动态数组"。

7.5.1 动态数组的定义

动态数组可以通过ALLOCATABLE属性来定义,其一般形式为:

类型说明符,DIMENSION(RANK),ALLOCATABLE::数组名

或:

类型说明符,ALLOCATABLE,DIMENSION(RANK)::数组名

其中,类型说明符规定数组的类型。RANK规定数组的维数,一维数组RANK为":",二维

数组 RANK 为":,:",等等。维的上下界必须省略,因此,数组的大小是未知的。下面的例子中定义了一维动态数组 A 和二维动态数组 B。

　　REAL,DIMENSION(:),ALLOCATABLE::A
　　REAL,DIMENSION(:,:),ALLOCATABLE::B

也可以用下面语句定义:

　　REAL,ALLOCATABLE,DIMENSION(:)::A
　　REAL,ALLOCATABLE,DIMENSION(:,:)::B

7.5.2　动态数组的使用

　　尽管在程序中定义了动态数组,但是系统在编译时并不为它分配存储单元,动态数组的大小是在程序执行时由 ALLOCATE 语句确定的。ALLOCATE 语句的一般形式为:

　　ALLOCATE(数组名[(维说明符)])

　　当不再使用动态数组时,可以利用 DEALLOCATE 语句将该数组所分配的存储单元释放。DEALLOCATE 语句的一般形式为:

　　DEALLOCATE(数组名)

在使用动态数组时应注意:

①一个动态数组的元素个数可以是零。

②一个动态数组在程序执行中只能被分配一次存储单元,要想再一次给动态数组分配存储单元,必须先释放已分配的存储单元。

③被释放的动态数组必须是已经分配存储单元的动态数组。

④动态数组不能作为子程序的虚参数。

下面的例子说明了动态数组的使用方法。

【例 7-10】　编程,将 N 个整型数据通过键盘输入,然后计算平均值。

分析:由于 N 的数值事先不知道,因此要用动态数组存储数据,这样能够节省内存。程序如下:

```
PROGRAM EXAM10
    IMPLICIT NONE
    INTEGER,DIMENSION(:),ALLOCATABLE::A    !定义动态数组 A
    INTEGER::N,I
    REAL::AV = 0.0
    READ * ,N                              !数组 A 的大小,即数组 A 中所包含的元素个数
    ALLOCATE(A(N))                         !给动态数组分配单元
    READ * ,A
    DO I = 1,N
        AV = AV + A(I)                     !求数组 A 中各元素的和
    END DO
    AV = AV/N                              !求平均值
    PRINT * ,AV
```

```
        DEALLOCATE(A)                              !释放动态数组 A
    END PROGRAM EXAM10
```

程序运行结果如图 7-12 所示。

表示数组A的大小为5
任意输入的5个整型数

图 7-12　例 7-10 程序的运行结果

7.6　数组在子程序中的应用

数组可以作为子程序(函数和子例行子程序)的虚参数使用。数组的形状和大小可以在子程序中定义。按照数组在子程序中的定义方式可分为显式形状数组、假定形状数组和假定大小数组。

7.6.1　显式形状数组

当一个数组被指定了秩、大小、形状和各维长度时,称这种数组为"显式形状数组",显式形状数组可以在子程序中作为虚参数使用。这时,数组的上下界可以用变量或表达式指定。例如:

```
    SUBROUTINE EXAMPLE(A,B,N)                    !N 的值从主调程序中传入
      INTEGER::N
      REAL,DIMENSION(1:N)::A,B(10*N)             !A、B 是显式形状数组
      ......
      N = 20                                     !对 N 重新赋值
      ......
```

当子程序被调用时,数组 A、B 的上界通过变量 N 从主调程序传入的值来确定,在子程序中,对 N 的重新赋值对 A、B 的上界没有影响。

【例 7-11】　编写函数子程序,用于统计一个班某门考试成绩及格的学生个数。

分析:在主程序中定义长度为 50 的一维数组,然后输入学生总数 M 和每个学生的成绩。在定义函数子程序时,把数组 ELT 设为显式形状数组,其长度为 N。调用函数子程序时,通过实参 M 将值传给 N。程序如下:

```
    PROGRAM EXAM11
      IMPLICIT NONE
      INTEGER,DIMENSION(1:50)::ARRAY
      INTEGER::GREAT_60,NUM_GT0,I,M
      READ *,M
      READ *,(ARRAY(I),I = 1,M)                  !用隐 DO 循环给数组 ARRAY 赋值
      NUM_GT0 = GREAT_60(ARRAY,M)                !调用函数子程序
      PRINT *,NUM_GT0
```

```
END PROGRAM EXAM11
FUNCTION GREAT_60(ELT,N)RESULT(NUM_GT0)    !定义函数子程序
    IMPLICIT NONE
    INTEGER::NUM_GT0,I,N
    INTEGER,DIMENSION(1:N)::ELT            !把 ELT 定义为显式形状数组
    NUM_GT0 = 0
    DO I = 1,N
        IF(ELT(I)> = 60)NUM_GT0 = NUM_GT0 + 1
    END DO
END FUNCTION GREAT_60
```

程序运行结果如图 7-13 所示。

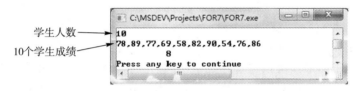

图 7-13　例 7-11 程序的运行结果

7.6.2　假定形状数组

假定形状数组只能在子程序中作为虚参数使用。在函数子程序或子例行子程序里,只需对假定形状数组的秩进行定义,而它的大小和每一维的长度则由主调程序的实际数组确定。例如,有如下定义：

```
SUBROUTINE ASSUM_SHAPE(ARRAY)
    REAL,DIMENSION(:,:)::ARRAY
```

表示在 ASSUM_SHAPE 子程序里,数组 ARRAY 的秩为 2,但每一维的长度待定,当子程序被调用时,数组 ARRAY 的每一维长度从对应的实际数组处获得。例如,在主调程序中有如下语句：

```
    REAL,DIMENSION::X(1:5,1:10),Y(0:10,0:20)
    ……
    CALL ASSUM_SHAPE(X)
    CALL ASSUM_SHAPE(Y)
    ……
```

当执行 CALL ASSUM_SHAPE(X)语句时,是将 X 传递给 ARRAY,其形状是 5×10,当执行 CALL ASSUM_SHAPE(Y)语句时,是将 Y 传递给 ARRAY,其形状是 11×21。

使用假定形状数组时应注意：

①假定形状数组的秩与实际数组的秩必须相同。

②在子程序中可以指定假定形状数组的下界,由于它的每一维的长度由实际数组的形状确定,因此,上界自动进行适当调整。例如,子例行子程序中定义数组：

```
    REAL,DIMENSION(:,-5:)::ARRAY
```

当进行子例行程序调用时：
　　CALL ASSUM_SHAPE(X)
数组 ARRAY 的上下界为(1:5,-5:4)。
③应用假定形状数组为虚参数的子程序必须有显式接口。具体例子请见第 10 章的内容。

7.6.3 假定大小数组

假定大小数组也只能作为子程序的虚参数使用。假定大小数组的大小在调用时从实参数组处获得。在子程序里，应指定假定大小数组的维数、每一维的长度，但最后一维的上界必须用星号 * 表示。例如：
　　SUBROUTINE ASSUM_SIZE(ARRAY)
　　REAL,DIMENSION(4,5,*)::ARRAY
使用假定大小数组时应注意：

①假定大小数组的形状可以与实际数组不同，这时，假定大小数组的元素与实际数组的元素按照在内存中的存储顺序一一对应。例如，当实际数组 X 与假定大小数组 ARRAY 分别定义为 X(5,10)和 ARRAY(2,5,5)，则调用时的对应关系为：
　　X(1,1)=ARRAY(1,1,1);X(2,1)=ARRAY(2,1,1);X(3,1)=ARRAY(1,2,1);
　　X(4,1)=ARRAY(2,2,1);X(5,1)=ARRAY(1,3,1);X(1,2)=ARRAY(2,3,1);……

②由于实际数组的大小决定了假定大小数组的大小，因此，假定大小数组的最后一维元素可能会不完整。例如，定义了实际数组 A 与假定大小数组 AR 为 A(5)和 AR(2,3)，则调用时的对应关系为：
　　A(1)=AR(1,1);A(2)=AR(2,1);A(3)=AR(1,2);A(4)=AR(2,2);A(5)=AR(1,3)
显然，数组 AR 的元素 AR(2,3)没有定义。所以 AR 只有确定的大小而没有确定的形状。

③假定大小数组可以分解成确定的数组片段，例如，上面的 AR 的数组片段为：
　　AR(1:2,1:2);AR(1,3)

7.6.4 数组作为虚参

当数组作为虚参时，对应的实参可以是同一类型的数组或数组元素，它们的维数可以不同。使用时应注意：

①当实参是数值型或逻辑型数组时，调用时实参数组的第 1 个元素与虚参数组的第 1 个元素共用一个存储单元。由于数组的存储是连续的，因此导致实参数组的第 2 个元素与虚参数组的第 2 个元素共用一个存储单元，其他依此类推。

②当实参是数值型或逻辑型数组元素时，调用时该数组元素与虚参数组的第 1 个元素共用一个存储单元，然后虚参数组的其余元素与该实参数组元素后面的元素按排列顺序一一对应。

③在虚实结合时，虚参数组的最后一个元素必须落在实参数组的范围内，否则将会出现意想不到的错误。

下面给出了虚参数组和实参数组的对应关系：

①下标不同时的对应关系。例如，下面程序段：

```
PROGRAM MAIN1
   REAL,DIMENSION(1:8)::A
   CALL SUB1(A)                    !实参是数组 A
   ……
END PROGRAM MAIN1
SUBROUTINE SUB1(B)
   REAL,DIMENSION(-1:5)::B
   ……
END SUBROUTINE SUB1
```

此时实参数组 A 与虚参数组 B 之间的对应关系如图 7-14 所示。

主程序	A(1)	A(2)	A(3)	A(4)	A(5)	A(6)	A(7)	A(8)
存储单元								
子程序	B(-1)	B(0)	B(1)	B(2)	B(3)	B(4)	B(5)	

图 7-14　下标不同时的对应关系

②维数不同时的对应关系。例如，下面程序段：

```
PROGRAM MAIN2
   REAL,DIMENSION(1:3,2:4)::A
   CALL SUB2(A)                    !实参是数组 A
   ……
END PROGRAM MAIN2
SUBROUTINE SUB2(B)
   REAL,DIMENSION(0:8)::B
   ……
END SUBROUTINE SUB2
```

此时实参数组 A 与虚参数组 B 之间的对应关系如图 7-15 所示。

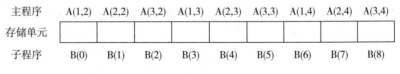

主程序	A(1,2)	A(2,2)	A(3,2)	A(1,3)	A(2,3)	A(3,3)	A(1,4)	A(2,4)	A(3,4)
存储单元									
子程序	B(0)	B(1)	B(2)	B(3)	B(4)	B(5)	B(6)	B(7)	B(8)

图 7-15　维数不同时的对应关系

③实参是数组元素时的对应关系。例如，下面程序段：

```
PROGRAM MAIN3
   REAL,DIMENSION(1:8)::A
   CALL SUB3(A(4))                 !实参是数组元素 A(4)
   ……
END PROGRAM MAIN3
SUBROUTINE SUB3(B)
```

```
    REAL,DIMENSION(0:3)::B
    ……
END SUBROUTINE SUB3
```

此时实参数组 A 与虚参数组 B 之间的对应关系如图 7-16 所示。

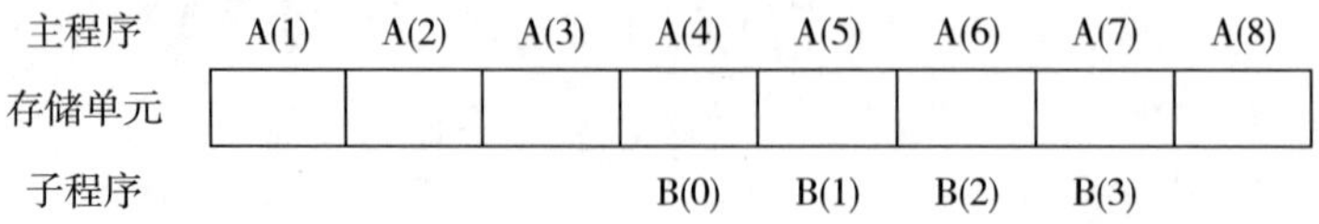

```
主程序    A(1)  A(2)  A(3)  A(4)  A(5)  A(6)  A(7)  A(8)
存储单元 [    ][    ][    ][    ][    ][    ][    ][    ]
子程序                      B(0)  B(1)  B(2)  B(3)
```

图 7-16 实参是数组元素时的对应关系

【例 7-12】 阅读下面程序,写出程序运行结果。

```
PROGRAM EXAM12
    IMPLICIT NONE
    INTEGER,DIMENSION(6)::A
    INTEGER::K
    A = 1
    CALL SUB(A(2))
    PRINT '(1X,6I3)',(A(K),K = 1,6)
END PROGRAM EXAM12
SUBROUTINE SUD(X)
    INTEGER,DIMENSION(2,2)::X
    INTEGER::I,J
    DO I = 1,2
        DO J = 1,2
            X(I,J) = X(I,J) + J
        END DO
    END DO
END SUBROUTINE SUB
```

分析:主调程序里的实参是数组元素 A(2),因此数组 A 与虚参 X 之间的对应关系为 A(2)↔X(1,1);A(3)↔X(2,1);A(3)↔X(1,2);A(4)↔X(2,2),所以数组元素 A(1)、A(5)、A(6)的值都不会改。程序运行结果如图 7-17 所示。

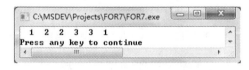

图 7-17 例 7-12 程序的运行结果

7.7 数组的应用举例

【例 7-13】 已知整型数组 A 中有 10 个元素。编程,判断整数 X 在不在 A 中,若在,输出 X 在 A 中第一次出现的位置,否则输出"NO"。

分析:把 X 与数组 A 中的每一个元素 A(I)进行比较(I 从小到大变化),若有某个元素与 X 相等,说明 X 在数组 A 中,其位置为 I,若所有的元素都比较完了,都没有与 X 相等的,说明 X 不在数组 A 中,此时输出"NO"。这种查找算法称为"顺序查找"。程序如下:

```
PROGRAM EXAM13
    IMPLICIT NONE
    INTEGER,DIMENSION(10)::A
    INTEGER::I,X
    PRINT *,"请输入数组 A 的 10 个元素"
    READ *,A
    PRINT *,"请输入要查找的数 X"
    READ *,X
    DO I = 1,10
        IF(A(I) = = X) EXIT
    END DO
    IF(I<= 10) THEN
        PRINT '(1X,"X 在 A 中,位置为:",I3)',I
    ELSE
        PRINT *,"NO"
    END IF
END PROGRAM EXAM13
```

程序运行结果如图 7-18(a)和图 7-18(b)所示。

(a)

(b)

图 7-18 例 7-13 程序的运行结果

【例 7-14】 已知整型数组 A 中有 10 个元素。编程,求 A 中最小数及所在的位置。

分析:用变量 K 存放最小数的位置,则 A(K)一定是最小数。算法思路:首先假设 A 中第一个数是最小数,将下标 1 放到 K 中,然后依次将 A 中的其他元素 A(I)与 A(K)比较,若 A(I)小于 A(K),则将小数 A(I)所在的下标 I 放到 K 中。当 A 中所有元素都与 A(K)比较完毕,则 A(K)一定是最小数,其位置为 K。程序如下:

```
PROGRAM EXAM14
    IMPLICIT NONE
    INTEGER,DIMENSION(10)::A
    INTEGER::I,K
    PRINT *,"请输入数组 A"
    READ *,A
    K = 1              !假设第一个数是最小数
    DO I = 2,10
```

```
        IF(A(I)<A(K)) K = I
      END DO
      PRINT '(1X,"最小数是:",I4,2X,"位置为:",I2)',A(K),K
END PROGRAM EXAM14
```

程序运行结果如图7-19所示。

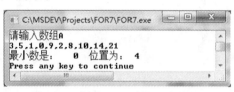

图7-19 例7-14程序的运行结果

思考:

①数组A中若最小数不唯一,则该程序输出的是哪个最小数的位置?

②程序中的循环语句DO I=2,10的初值为什么是2? 改为DO I=1,10行不行?

【例7-15】 已知整型数组A中有10个元素。编程,将A中的元素按从小到大顺序排列并输出。

分析:程序设计中常常会遇到要求把一组无序的数据按从小到大或从大到小的顺序排列,这个过程称为"排序"。排序的算法有很多,这里介绍选择法排序和直接法排序。

选择法排序:

①第一次在10个数(A(1)~A(10))中找出最小数所在的下标K(这个算法例7-14中介绍过),然后将第一个数A(1)与最小数A(K)交换,使得A(1)是10个数中最小数。

②第二次在剩下的9个数(A(2)~A(10))中找出最小数所在的下标K,然后将第二个数A(2)与最小数A(K)交换,使得A(2)是9个数中的最小数。

依次类推,假设第I次在剩下的11−I个数(A(I+1)~A(10))中找出最小数所在的下标K,然后将第I个数A(I)与最小数A(K)交换,使得A(I)是11−I个数中的最小数。

显然该算法需要双重循环:外循环控制第几次找最小数,内循环是找最小数的下标。程序如下:

```
PROGRAM EXAM15
  IMPLICIT NONE
  INTEGER,DIMENSION(10)::A
  INTEGER::I,J,K,T
  PRINT *,"请输入数组A"
  READ *,A
  DO I = 1,9
    K = I
    DO J = I+1,10
      IF(A(J)<A(K)) K = J
    END DO
    T = A(I);A(I) = A(K);A(K) = T
  END DO
  PRINT *,"排序后的数组为:"
```

```
    PRINT '(1X,10I4)',A
END PROGRAM EXAM15
```
程序运行结果如图 7-20 所示。

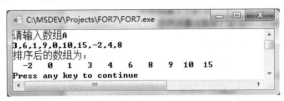

图 7-20　例 7-15 选择排序程序运行结果

直接法排序:该算法与选择法排序类似,但不是求最小数所在的位置。具体算法如下:

①第一次在 10 个数(A(1)~ A(10))中,用 A(1) 和后面 A(2)~ A(10)的每个元素比较,若 A(1)比某个数 A(J)(J=2,3,…,10)大,则交换 A(1) 和 A(J)。第一次比较结束,A(1)中一定是 10 个数中的最小数。

②第二次在剩下的 9 个数(A(2)~ A(10))中,用 A(2) 和后面 A(3)~ A(10) 的每个元素比较,若 A(2)比某个数 A(J)(J=3,4,…,10)大,则交换 A(2) 和 A(J)。第二次比较结束,A(2)中一定是剩下 9 个数中的最小数。

依次类推,假设第 I 次在剩下的 11－I 个数(A(I)~ A(10))中,用 A(I)和后面 A(I+1)~ A(10) 的每个元素比较,若 A(I)比某个数 A(J)(J=I+1,…,10)大,则交换 A(I) 和 A(J)。第 I 次比较结束,A(I)中一定是剩下 11－I 个数中的最小数。程序如下:

```
PROGRAM EXAM15
    IMPLICIT NONE
    INTEGER,DIMENSION(10)::A
    INTEGER::I,J,T
    PRINT * ,"请输入数组 A"
    READ * ,A
    DO I = 1,9
        DO J = I + 1,10
            IF(A(I)>A(J)) THEN
                T = A(I);A(I) = A(J);A(J) = T
            END IF
        END DO
    END DO
    PRINT * ,"排序后的数组为:"
    PRINT '(1X,10I4)',A
END PROGRAM EXAM15
```
程序运行结果如图 7-21 所示。

图 7-21　例 7-15 直接排序程序运行结果

【例 7-16】 已知 A、B 是两个从小到大排序好的数组(假设 A 有 N 个元素,B 有 M 个元素)。编程,将 A、B 两数组合并成一个数组 C,并且合并后的数组 C 仍然按从小到大的顺序排列。

分析:设 I,J,K 分别是数组 A、B、C 的下标变量,由于 A、B 中的元素个数不确定,因此用动态数组定义 A、B、C,其中 C 的大小为 N+M。合并的算法如下:

① 当 I≤N 并且 J≤M 时,对 A、B 中的元素进行判断:若 A(I)<B(J),则将 A(I) 的值赋给 C(K),然后做 I 加 1,K 加 1,否则将 B(J) 的值赋给 C(K),然后做 J 加 1,K 加 1。

② 当 I>N 时,表示 A 中所有的元素都已经赋给 C 了,这时将 B 中剩余的元素全部赋给 C。同理,当 J>M 时,表示 B 中所有的元素都已经赋给 C 了,这时将 A 中剩余的元素全部赋给 C。

程序如下:

```
PROGRAM EXAM16
    IMPLICIT NONE
    INTEGER,ALLOCATABLE,DIMENSION(:)::A,B,C
    INTEGER::N,M,I,J,K,P
    PRINT *,"请输入 A,B 数组元素的个数 N,M:"
    READ *,N,M
    ALLOCATE(A(N))                          !定义 A 的大小为 N
    ALLOCATE(B(M))                          !定义 B 的大小为 M
    ALLOCATE(C(N+M))                        !定义 C 的大小为 N+M
    PRINT *,"请输入 A:"
    READ *,(A(P),P=1,N)
    PRINT *,"请输入 B:"
    READ *,(B(P),P=1,M)
    I=1;J=1;K=1                             !下标从 1 开始
    DO WHILE(I<=N.AND.J<=M)
        IF(A(I)<B(J)) THEN
            C(K)=A(I)
            I=I+1;K=K+1
        ELSE
            C(K)=B(J)
            J=J+1;K=K+1
        END IF
    END DO
    IF(I>N) THEN
        DO P=J,M
            C(K)=B(J)
            K=K+1
        END DO
```

```
      ELSE
        DO P = I,N
          C(K) = A(I)
          K = K + 1
        END DO
      END IF
      PRINT * ,"输出合并后的数组 C:"
      PRINT ´(1X,20I3)´,C
      DEALLOCATE(A)                          !释放数组 A 的存储单元
      DEALLOCATE(B)                          !释放数组 B 的存储单元
      DEALLOCATE(C)                          !释放数组 C 的存储单元
    END PROGRAM EXAM16
```

程序运行结果如图 7-22 所示。

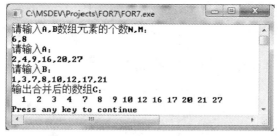

图 7-22　例 7-16 程序的运行结果

【例 7-17】　已知整型数组 A 中的 10 个元素是按从小到大的顺序排列(假设 10 个数互不相同)。编程,判断数 X 在不在数组 A 中,若在输出位置,否则输出"NO"。

分析:前面已经讲过顺序查找,即对数组 A 中的每一个元素都要进行判断,才能知道 X 在不在 A 中。但对于一个有序数组进行查找时,可以利用"有序"这个条件,有选择地进行比较,这种算法称为"折半查找"。设 L 表示下标最小值,H 表示下标最大值,初值 L=1,H=10,算法如下:

①当 L 小于等于 H 时,计算 L、H 之间的中间下标 M=(L+H)/2。

②判断 A(M)是否等于 X,若等于,则说明 X 在 A 中,位置为 M,此时结束循环,跳到④。否则,若 A(M)大于 X,则说明 X 只可能出现在 A(L)和 A(M)之间,修改 H=M−1;若 A(M)小于 X,则说明 X 只能出现在 A(M)和 A(H)之间,修改 L=M+1;返回①。

③当 L 大于 H 时,说明 X 不在 A 中,输出"NO",程序结束。

④输出位置 M,程序结束。

程序如下:
```
    PROGRAM EXAM17
      IMPLICIT NONE
      INTEGER,DIMENSION(10)::A
      INTEGER::X,L,H,M
      PRINT * ,"请输入数组 A(从小到大):"
```

```
            READ * ,A
            PRINT * ,"请输入要查找的数 X:"
            READ * ,X
            L = 1;H = 10
            DO WHILE(L<= H)
                M = (L + H)/2
                IF(A(M) == X) EXIT
                IF(A(M)>X) THEN
                    H = M - 1
                ELSE
                    L = M + 1
                END IF
            END DO
            IF(L>H) THEN
                PRINT * ,"NO"
            ELSE
                PRINT '(1X,"X 在数组 A 中,位置为:",I2)',M
            END IF
        END PROGRAM EXAM17
```

程序运行结果如图 7-23(a)和图 7-23(b)所示。

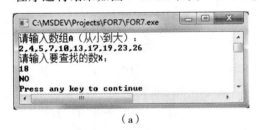
(a)

(b)

图 7-23　例 7-17 程序的运行结果

【例 7-18】　已知 A 是整型二维数组,大小为 N×M。编程,求 A 中最大元素及所在的位置。

分析:假设用 MA 存放最大数,H 存放最大数所在的行下标,L 存放最大数所在的列下标。和一维数组类似,也假设第一个数 A(1,1)是最大数,将其存到 MA 中,将其位置(行下标 1,列下标 1)分别存到 H 和 L 中。然后将 MA 与 A 中所有元素逐个进行比较,一旦有某个元素比 MA 大,则将该数存到 MA 中,同时将该数所在的位置(行、列下标)分别存到 H 和 L 中。当 A 中所有元素比较完毕,则最大数在 MA 中,该数所在的行列下标在 H 和 L 中。
程序如下:

```
        PROGRAM EXAM18
            INTEGER,ALLOCATABLE,DIMENSION(:,:)::A
            INTEGER::N,M,I,J,H,L,MA
            PRINT * ,"请输入 A 的行、列数:"
```

```
    READ * ,N,M
    ALLOCATE(A(N,M))
    PRINT * ,"请输入 A:"
    READ * ,((A(I,J),J=1,M),I=1,N)
    MA=A(1,1);H=1;L=1
    DO I=1,N
      DO J=1,M
        IF(A(I,J)>MA) THEN
          MA=A(I,J);H=I;L=J
        END IF
      END DO
    END DO
    PRINT '(1X,"最大数是:",I3," 行下标为:",I2," 列下标为:",I2)',MA,H,L
    DEALLOCATE(A)
  END PROGRAM EXAM18
```

程序运行结果如图 7-24 所示。

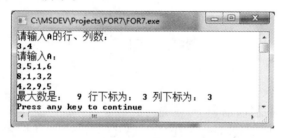

图 7-24 例 7-18 程序的运行结果

【例 7-19】 已知 A 是 4×4 的整型数组。编程,将数组 A 转置。

分析:由数学知识可知,矩阵的转置就是矩阵行列互换,即第一行元素变成第一列元素,第二行元素变成第二列元素……一般地,第 I 行元素变成第 I 列元素。其变换的实质就是数组中元素 A(I,J)与元素 A(J,I)交换。程序如下:

```
PROGRAM EXAM19
  INTEGER,DIMENSION(4,4)::A
  INTEGER::I,J,T
  PRINT * ,"请输入 A:"
  READ * ,((A(I,J),J=1,4),I=1,4)
  PRINT * ,"转置前数组 A 为:"
  PRINT '(1X,4I3)',((A(I,J),J=1,4),I=1,4)
  DO I=1,4
    DO J=1,I-1
      T=A(I,J);A(I,J)=A(J,I);A(J,I)=T
    END DO
  END DO
```

```
    PRINT *,"转置后数组 A 为:"
    PRINT '(1X,4I3)',((A(I,J),J=1,4),I=1,4)
END PROGRAM EXAM19
```

程序运行结果如图 7-25 所示。

图 7-25 例 7-19 程序的运行结果

习 题 7

一、单项选择题

1. 下面对二维数组的说明语句中,正确的语句是_____。
   A. 动态数组的说明方式:REAL,DIMENSION(:,:),ALLOCATE::A
   B. 显式形状数组的说明:REAL,DIMENSION(1:N,2:M)::A
   C. 假定形状数组的说明:REAL,DIMENSION(1:3,2:4)::A
   D. 假定大小数组的说明:REAL,DIMENSION(5,4)::A

2. 下面的说明语句中,错误的语句是_____。
   A. LOGICAL,DIMENSION(-1:20)::NAME,WAGE(1:12)
   B. INTEGER,DIMENSION(2)::WAGE(1:12)
   C. REAL,DIMENSION(1:10,5:6)::WAGE(1:12)
   D. ALLOCATE,DIMENSION(2)::WAGE(1:12)

3. 下面对数组的描述中,错误的是_____。
   A. 可以用隐含的 DO 循环对数组进行赋值
   B. 可以用数组构造器对数组的一部分元素进行赋值
   C. 可以用单个变量对一维数组进行赋值
   D. 可以用一维数组对二维数组进行赋值

4. 下面对数组的描述中,正确的是_____。
   A. 在对数组进行输入时,只能按数组的存储顺序进行
   B. 给动态数组分配内存时用 ALLOCATABLE 语句,释放动态数组内存时用
      DEALLOCATE 语句

C. 在主程序中可以使用假定大小数组

D. 在子程序中可以使用假定形状数组

5. 若由下面的语句定义了数组：

    INTEGER,DIMENSION(4,5)::A=1;REAL,DIMENSION(4,5)::F,B=2.0

    INTEGER,DIMENSION(4:8)::C=4;REAL,DIMENSION(1:5)::G,D=3.0

    REAL,DIMENSION(0:3,0:4)::E=5.0

下面语句中错误的是_____。

A. F=A+B   B. G=C+D   C. F=E*B   D. A=A+D

二、改错题

注意事项：

(1)标有!<==ERROR?的程序行有错，请直接在该行修改。

(2)请不要将错误行分成多行。

(3)请不要修改任何注释。

1. 下面程序的功能是求整型数组 X 中所有元素的累加和并输出。请改错。

```
PROGRAM EX
    IMPLICIT NONE
    INTEGER,DIMENSION(10)::X
    INTEGER::K,S                    !S存放累加和
    READ *,X
    S = 1                           !<== ERROR1
    DO K = 1,10
        X(K) = S + X(K)             !<== ERROR2
    END DO
    PRINT´(1X,F10)´,S               !<== ERROR3
END PROGRAM EX
```

2. 下面程序的功能是从键盘输入任意 10 个整型数，使其按从小到大的次序排列并输出（用冒泡法排序）。请改错。

```
PROGRAM EX
    IMPLICIT NONE
    INTEGER,DIMENSION(10)::A
    INTEGER::I,J,TEMP
    READ *,A
    DO I = 1,9
        DO J = 10,I                 !<== ERROR1
            IF(A(J)>A(J+1)) THEN
                TEMP = A(J)
                A(J + 1) = A(J)     !<== ERROR2
                A(J) = A(J + 1)     !<== ERROR3
            END IF
```

```
      END DO
    END DO
    PRINT '(1X,10I4)',(A(I),I=1,10)
END PROGRAM EX
```

三、填空题

注意事项：

(1) 请不要将需要填空的行分成多行。

(2) 请不要修改任何注释。

1. 整型数组 A 共有 N 个元素，已经按从小到大的次序输入。今插入一正数 P，使插入后的数组仍然保持有序。请填空。

```
PROGRAM EX1
  IMPLICIT NONE
  INTEGER,PARAMETER::N = 10
  INTEGER,DIMENSION(N + 1)::A
  INTEGER::P,K
  READ *,(A(K),K = 1,N)
  READ *,P
  K = N
  DO WHILE (K>= 1.AND._____)        !<== BLANK1
    A(K + 1) = A(K)
    _____                            !<== BLANK2
  END DO
  _____ = P                          !<== BLANK3
  PRINT *,A
END PROGRAM EX1
```

2. 从键盘输入 N 个整数放入整型数组 A 中，编程求其中的偶数个数并输出，要求使用动态数组。请填空。

```
PROGRAM EX2
  IMPLICIT NONE
  INTEGER,DIMENSION(:),ALLOCATABLE::A
  INTEGER::I,N,M = 0
  READ *,N
  _____                              !<== BLANK1
  READ *,A
  DO I = 1,N
    IF (_____) M = M + 1             !<== BLANK2
  END DO
  _____                              !<== BLANK3
  DEALLOCATE(A)
END PROGRAM EX2
```

3. 已知 A 为 3×4 矩阵,要求从键盘按行输入该矩阵,并输出其转置矩阵 B(4×3)。请填空。
```
PROGRAM EX3
  IMPLICIT NONE
  INTEGER::I,J
  REAL,DIMENSION(3,4)::A,B(4,3)
  _____                              !<== BLANK1
  CALL _____                         !<== BLANK2
  PRINT 10,((B(I,J),J=1,3),I=1,4)
10 FORMAT(1X,3F5.1)
END PROGRAM EX3
SUBROUTINE ZZ(X,Y,K,L)
  REAL, DIMENSION(:,:)::X,Y
  DO I = 1,L
    DO J = 1,K
      _____                          !<== BLANK3
    END DO
  END DO
END SUBROUTINE ZZ
```

四、阅读理解题

1. 写出下列程序运行结果。
```
PROGRAM MAIN1
  IMPLICIT NONE
  INTEGER,DIMENSION(0:10)::ASD=(/1,2,3,4,5,6,7,8,9,10,11/)
  INTEGER::I,N=0,S=0
  DO I=0,100
    IF(ASD(I)>10) EXIT
    IF(MOD(ASD(I),2)/=0)THEN
      N=N+1
      S=S+ASD(I)
    END IF
  END DO
  PRINT *,N,S
END PROGRAM MAIN1
```

2. 写出下列程序运行结果。
```
PROGRAM MAIN2
  IMPLICIT NONE
  INTEGER::I,MAXI,NUM=5
  INTEGER,DIMENSION(:),ALLOCATABLE::ARRAY_LIST
  ALLOCATE(ARRAY_LIST(NUM))
  ARRAY_LIST=(/20,10,30,50,40/)
  MAXI=1
```

```
      DO I = 2,NUM
        IF(ARRAY_LIST(I)>ARRAY_LIST(MAXI)) MAXI = I
      END DO
      PRINT *,MAXI,ARRAY_LIST(MAXI)
      DEALLOCATE(ARRAY_LIST)
    END PROGRAM MAIN2
```

3. 写出下列程序运行结果。

```
PROGRAM MAIN3
  IMPLICIT NONE
  INTEGER::L,I,J,P,TEMP,NUM = 5
  INTEGER,DIMENSION(:),ALLOCATABLE::LIST
  ALLOCATE(LIST(NUM))
  LIST = (/20,10,30,50,40/)
  PRINT'(1X,10I6)'(LIST(L),L = 1,NUM)
  DO J = 1,NUM - 1
    P = J
    DO I = J + 1,NUM
      IF(LIST(I)<LIST(P))P = I
    END DO
    TEMP = LIST(J);LIST(J) = LIST(P);LIST(P) = TEMP
  END DO
  PRINT'(1X,10I6)'(LIST(L),L = 1,NUM)
  DEALLOCATE(LIST)
END PROGRAM MAIN3
```

五、编写程序题

1. 输入 N 个整型数，存入数组 A 中，要求编写一个程序，将数组 A 的元素从小到大进行排序，然后按每行 5 个数据输出。

2. 编写一个求一个数组中最大元素和最小元素的程序，并求出它们所在的位置。

3. 假定某班 50 名学生，本学期 4 门考试，要求编写一个程序，输入每个学生的学号（整型）及成绩（实型），并计算出每个人的总分及平均分。

学号 （整型）	成绩1 （实型）	成绩2 （实型）	成绩3 （实型）	成绩4 （实型）	总分 （实型）	平均分 （实型）
……	……	……	……	……	……	……

4. 设数组 A(3×4)，编程实现下列操作：
（1）找出最大元素及其所在的行与列；
（2）找出第 K 行的最小元素及其所在的列，求出第 K 行元素之和；
（3）交换第 I 列与第 J 列的元素。

5. 输入一个班学生的某门课的成绩，以 10 分作为一个分数段，统计各分数段的人数。

6. 将一个班学生的姓名和某门课的成绩输入到两个数组中，找出大于和等于平均成绩的学生，把其姓名和成绩存放到两个新的数组中。

7. 在主程序中输入 10 个整型数据,然后在子例行程序中进行排序,排序方法任意。要求子例行程序能够对任意一个数据进行排序。

8. 插入一个数到一个有序的数列中,使插入后的数列仍然有序,要求使用子程序。

9. 输入 N 个整数,分别将奇数和偶数按顺序打印出来,要求使用子程序。

10. 输入一个 N 阶方阵,将各行重新排列,使重新排列后其对角线上的元素按从小到大的顺序放置。

11. 从一组无序的数据中查找某一给定的数,一旦查找到这个数,立即将其从原来的数据中删去。

12. 从一个矩阵中找出这样一个矩阵元素的位置(如果有的话),这个元素在行上最大,在列上最小。

13. 将一组数据输入到一个数组中,然后按逆序重新存放这组数据。

14. 编写一个程序,打印杨辉三角形的前 10 行。

$$
\begin{array}{ccccc}
 & & 1 & & \\
 & 1 & & 1 & \\
 & 1 & 2 & 1 & \\
1 & 3 & & 3 & 1 \\
1 & 4 & 6 & 4 & 1 \\
 & & \cdots\cdots & &
\end{array}
$$

15. 编写函数求测量实验数据的失真系数。失真系数可以用下面的公式求出:

$$\gamma = \frac{\sum_{i=1}^{n}(x_i - \bar{x})^3}{n \cdot \sigma^3}$$

其中, $\bar{x}$ 是 $x_1, x_2, x_3, \cdots, x_n$ 的平均值。σ 是标准差:

$$\sigma = \sqrt{\frac{1}{n-1}\sum_{i=1}^{n}(x_i - \bar{x})^2}$$

要求使用子程序。

第8章 字符型数据处理

考核目标

- 了解:字符型数据的作用。
- 理解:字符型数据的基本概念,字符子串的概念。
- 掌握:字符型数据的定义、运算和输入输出,字符子串的操作,常用字符型数据处理函数。
- 应用:运用字符型数据解决图形打印、电文加密等非数值数据处理问题。

本章主要介绍 FORTRAN90 中字符型数据运算、字符子串的定义和应用、常用固有函数的功能和应用。

通过本章的学习,要求学生掌握字符型数据的运算,理解字符子串的概念,掌握字符串及字符子串的基本操作,掌握字符型数据在程序设计中的应用和 FORTRAN90 中字符型数据处理的一般方法。

8.1 字符型数据的运算

8.1.1 字符运算符及字符表达式

FORTRAN90 仅提供了一种字符型数据的运算方式,称为"连接运算",也称为字符型数据的"并"运算,运算符为"//",其功能是将两个字符串连接起来。

用"//"将两个字符型数据连接起来的式子称为"字符表达式"。其一般形式为:

A // B

其中 A、B 可以是字符型变量、字符型常量或字符表达式。它表示将 B 接在 A 的后面。

【例 8-1】 阅读下面程序,写出程序运行结果。

```
PROGRAM EXAM1
    IMPLICIT NONE
    CHARACTER(LEN = 5)::A,B,C * 10
    A = ´12345´; B = ´ABCDE´
    C = A // B
    PRINT * ,C // A
END PROGRAM EXAM1
```

分析:A、B 定义的长度是 5,C 的长度定义是 10。A // B 的长度也为 10,因此 C 的值为 12345ABCDE。输出语句输出的是表达式 C // A 的值,因此输出结果为 12345ABCDE12345。程序运行结果如图 8-1 所示。

图 8-1 例 8-1 程序的运行结果

思考:若将 C 的长度分别定义为 8 和 12,则结果如何?为什么?

两个相同形状的字符型数组也可以作连接运算,这意味着两个数组的对应元素分别连接,运算结果也是相同形状的字符型数组。

【例 8-2】 阅读下面程序,写出程序运行结果。

```
PROGRAM EXAM2
    IMPLICIT NONE
```

```
      CHARACTER(LEN = 3),DIMENSION(4)::A,B
      DATA A/'123','234','345','456'/
      DATA B/'ABC','DEF','IJK','LMN'/
      PRINT '(1X,4(A,2X))',A//B
END PROGRAM EXAM2
```

分析：A、B 是一维字符型数组，A//B 就是将 B 中的元素连接到 A 中对应元素的后面。程序运行结果如图 8-2 所示。

图 8-2　例 8-2 程序的运行结果

思考：输出语句若改为"PRINT '(1X,A)',A//B"，则结果如何？为什么？

8.1.2　字符型数据的比较

字符型数据可以通过关系运算符进行比较。用关系运算符将字符表达式连接起来的式子称为"字符关系表达式"，其一般形式为：

　　＜字符表达式＞＜关系运算符＞＜字符表达式＞

字符关系表达式的值为逻辑值，即只有真(.TRUE.)和假(.FALSE.)两种。字符关系表达式的值取决于所使用的计算机系统。计算机字符集中的每一个字符均有唯一的代码，字符型数据的比较规则是按字符在计算机系统中的代码值进行比较，排在前面的字符小于排在后面的字符。

在进行字符型数据比较时，应遵循如下规律：

①单个字符比较，按字符在系统中的代码值进行比较。例如，'A' 小于 'B'。

②两个长度相同的字符串的比较是将字符串中的字符从左向右逐个比较，如果所有字符都相等，则两个字符串相等，如果两个字符串中有不同的字符，以最左边的第一对不同字符的比较结果为准。例如，'ABCDEF'＜'ABCDEK'。

③当两个字符串的长度不同时，系统自动将较短字符串的后面补若干空格，使二者长度相同，然后进行比较。

FORTRAN90 中字符比较是根据 ASCII 码进行的。一般地：

①空格最小。

②数字字符：'0'＜'1'＜…＜'9'。

③英文字母：'A'＜'B'＜…＜'Z'＜…＜'a'＜'b'…＜'z'。

空格、数字字符、英文字母之间的关系：

　　空格＜＜'0'＜'1'＜…＜'9'＜…＜'A'＜…＜'Z'＜…＜'a'＜…＜'z'

【例 8-3】　已知 STR 是有 5 个字符串构成的一维字符型数组，其中每个字符串的长度不超过 10。编程，将这 5 个字符串按字典的次序排列并输出。

分析:所谓"字典次序"就是按从小到大的顺序。由于每个数组元素都是字符串,因此用字符关系表达式进行比较。这里用冒泡法进行排序。冒泡法的过程如下:

①第一次在5个数(STR(1)～STR(5))中,相邻两个数进行两两比较,如果前面的数大于后面的数,则进行交换。即,STR(1)与STR(2)进行比较,如果STR(1)大于STR(2),则交换。然后STR(2)与STR(3)进行比较,如果STR(2)大于STR(3),则交换。以此类推,最后,最大的数在STR(5)中。

②第二次在4个数(STR(1)～STR(4))中,重复步骤①的比较过程。最后,4个数中的最大数在STR(4)中。

③第Ⅰ次在6－Ⅰ个数(STR(1)～STR(6－Ⅰ))中,重复步骤①的比较过程,最后,6－Ⅰ个数中的最大数在STR(6－Ⅰ)中。

因为STR数组中有5个元素,所以一共需要进行4次比较。显然该算法需要双重循环:外循环控制比较的次数,内循环进行相邻两个数的比较。

程序如下:

```
PROGRAM EXAM3
   IMPLICIT NONE
   CHARACTER(LEN = 10),DIMENSION(5)::STR
   CHARACTER(LEN = 10)::T
   INTEGER::I,J
   PRINT * ,"请输入长度不超过10的5个字符串:"
   READ * ,STR
   DO I = 1,4
      DO J = 1,5－I
         IF(STR(J)>STR(J + 1)) THEN
            T = STR(J)
            STR(J) = STR(J + 1)
            STR(J + 1) = T
         END IF
      END DO
   END DO
   PRINT * ,"排序后的次序为:"
   PRINT '(1X,5(A,2X))',STR
END PROGRAM EXAM3
```

程序运行结果如图8-3所示。

图8-3 例8-3程序的运行结果

8.1.3 用于字符型数据处理的内部函数

FORTRAN90 提供了一些用于处理字符型数据的内部函数，这些内部函数具有强大的字符串处理功能。在这里仅介绍几个常用的内部函数，其他内部函数可参考书后附录。

1. ASCII 码—字符转换函数 ACHAR

函数一般形式：

ACHAR(ASCII_CODE)

其中，ACHAR 是函数名，ASCII_CODE 是函数参数，其类型是整型，可以是整型常数或整型表达式，其值大于等于 0，小于等于 127。

函数功能：返回参数 ASCII_CODE 所对应的字符。即把参数 ASCII_CODE 看成某个字符的 ASCII 码，函数返回值是这个 ASCII 码所对应的字符。

2. 字符—ASCII 码转换函数 IACHAR

函数一般形式：

IACHAR(CHAR)

其中，IACHAR 是函数名，CHAR 是函数参数，其类型是字符型，只能是长度为 1 的字符常量或字符变量。

函数功能：返回参数 CHAR 所对应的 ASCII 码。

3. 求字符串长度函数 LEN

函数一般形式：

LEN(CHA_EXPRESS)

其中，LEN 是函数名，CHA_EXPRESS 是函数参数，其类型是字符型，可以是字符型常量或字符型变量。

函数功能：返回字符串 CHA_EXPRESS 的长度。

4. 求字符串长度函数 LEN_TRIM

函数一般形式：

LEN_TRIM (CHA_EXPRESS)

其中，LEN_TRIM 是函数名，CHA_EXPRESS 是函数参数，其类型是字符型，可以是字符型常量或字符型变量。

函数功能：返回字符串 CHA_EXPRESS 去掉尾部空格后的长度。

5. 检索字符子串函数 INDEX

函数一般形式：

INDEX(STRING，SUBSTRING)

其中，INDEX 是函数名，STRING、SUBSTRING 是函数参数，其类型是字符型，可以是字符型常量或字符型变量。

函数功能：检查字符串 STRING 中是否包含子串 SUBSTRING，若包含，则函数值为 SUBSTRING 中的第一个字符出现在 STRING 中的位置，否则函数值为 0。

6. 去除尾部空格函数 TRIM

函数一般形式：

TRIM(STRING)

其中，TRIM 是函数名，STRING 是函数参数，其类型是字符型，可以是字符型常量或字符型变量。

函数功能：返回 STRING 中除去尾部空格的字符串。

【例 8-4】 阅读下面程序，写出程序运行结果。

```
PROGRAM EXAM4
    IMPLICIT NONE
    CHARACTER(LEN = 7)::A,B
    A = ´ABCD´; B = ´0123123´
    PRINT *,LEN(A)
    PRINT *,INDEX(B,´12´)
    PRINT *,IACHAR(´D´)
    PRINT *,ACHAR(65)
END PROGRAM EXAM4
```

分析：因为 A 的长度定义为 7，因此不管赋什么值，其长度都是 7。B 中尽管出现两次字符串´12´，但第一次出现的位置是 2，因此函数 INDEX(B,´12´)的值为 2。IACHAR 是将单字符转化成所对应的 ASCII 码，ACHAR 是将 127 以内的正整数（包括 0）转化成对应的字符。程序运行结果如图 8-4 所示。

图 8-4 例 8-4 程序的运行结果

8.2 字符子串

字符串中一部分连续的字符称为该字符串的"子串"，字符子串也是一个字符串。当定义了一个字符串后，可以取字符串中任意连续字符序列作为字符子串。字符子串定义的一般形式：

字符串名([FST]:[ND])

其中，FST 为字符子串的起始位置，ND 为终止位置，如果 FST 大于 ND，则字符子串为空。当 FST 省略时，缺省值为 1；当 ND 省略时，缺省值为字符串的长度。当 FST 与 ND 同时省略时，该字符子串与原字符串相同。无论是否缺省，FST 与 ND 之间的冒号":"不能省略。

8.2.1 字符子串的引用

我们可以引用或改变字符子串中的字符。例如，有如下定义：

CHARACTER(LEN=16)::TEXT="CHARACTER_STRING"

则子串 TEXT(:9)表示字符串"CHARACTER"，子串 TEXT(11:)表示字符串"STRING"，子串 TEXT(6:11)表示字符串"CTER_S"，子串 TEXT(5:1)表示空串。特别地，字符串本身也

是它自己的子串,即:
$$TEXT(1:16)=TEXT(:)="CHARACTER\_STRING"$$
字符子串可以重新赋值。例如,有如下语句:
$$CHARACTER(LEN=10)::STR="ABCDEFGHIJ"$$
$$STR(:3)="123"$$
则此时 STR 的值为 123DEFGHIJ。

一个字符也可以插入到字符串中。这时首先要将被插入位置之后的所有字符后移,然后再插入。

【例 8-5】 阅读下面程序,写出程序运行结果。

```
PROGRAM EXAM5
    CHARACTER(LEN = 10)::S
    S = "ABCD1234"
    S(7:10) = S(5:8)
    S(5:5) = "+"
    S(6:6) = "*"
    PRINT *,S
END PROGRAM EXAM5
```

分析:语句 S(7:10)=S(5:8)是将字符子串"1234"写到字符串 S 中 7～10 的位置上,然后在 S 中第 5 的位置上赋值字符"+",在 S 中第 6 的位置上赋值字符"*"。程序运行结果如图 8-5 所示。

图 8-5 例 8-5 程序的运行结果

8.2.2 字符数组与字符数组的子串

可以定义字符型数组,通过数组元素或数组片段对字符串进行操作。

【例 8-6】 阅读下面程序,写出程序运行结果。

```
PROGRAM EXAM6
    CHARACTER(LEN = 5),DIMENSION(4)::A
    A = (/'12345','ABCDE','56789','EFGHK'/)
    PRINT *,A(1:4:2)(2:3)
END PROGRAM EXAM6
```

分析:由于 A 是一个字符串数组,因此在输出语句中,数组名 A 后面第一个括号里是下标三元组,表示数组片段;第二个括号里指出了字符子串的位置。程序运行结果如图 8-6 所示。

图 8-6 例 8-6 程序的运行结果

【例8-7】 编程,输出如下图形:

```
    *
   ***
  *****
 *******
*********
```

分析:在第5章已经用字符串做过输出图形的题目,现在用字符数组的方法来输出图形。定义一维数组A,有9个元素,每个元素都是一个字符"*"。第一行在下标为5的位置上赋值"*",然后输出;第二行在下标4和下标6的位置上赋值"*",然后输出;依次类推,第I行在下标6−I和下标4+I的位置上赋值"*",然后输出。程序如下:

```
PROGRAM EXAM7
    CHARACTER,DIMENSION(9)::A
    INTEGER::I
    A=´ ´!数组A的初始化
    DO I=1,5
        A(6-I)=´*´
        A(4+I)=´*´
        PRINT*,A
    END DO
END PROGRAM EXAM7
```

程序运行结果如图8-7所示。

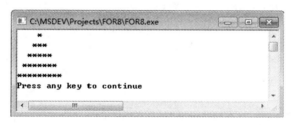

图8-7　例8-7程序的运行结果

思考:用字符数组与用字符型变量有什么不同?

8.3　字符型数据的应用举例

【例8-8】 输入5单词,打印以大写字母"A"开头的单词。

分析:既可以用检索函数INDEX来判断单词中的第一个字符是不是"A",也可以用子串的方法判断单词中的第一个字符是不是"A"。本程序是用第一种方法编写的,第二种方法读者可以自己编写。程序如下:

```
PROGRAM EXAM8
    IMPLICIT NONE
    CHARACTER(LEN=20),DIMENSION(5)::WORD
```

```
    INTEGER::I
    READ*,WORD
    DO I=1,5
        IF(INDEX(WORD(I),"A")==1) PRINT*,WORD(I)
    END DO
END PROGRAM EXAM8
```

程序运行结果如图 8-8 所示。

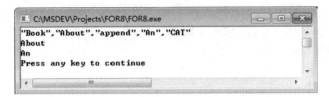

图 8-8 例 8-8 程序的运行结果

此题还可以不用数组,直接用字符型变量来做,请读者考虑程序应该如何编写。

【例 8-9】 使用字符串方式输出三角函数图形。

分析:FORTRAN90 具有强大的图形功能。为了说明字符串的使用,可以利用内部函数 SIN 和字符子串来绘出一个周期的三角函数曲线。程序如下:

```
PROGRAM EXAM9
    IMPLICIT NONE
    CHARACTER(LEN=70)::LINE
    REAL,PARAMETER::PI=3.1415927
    REAL::DX,X
    INTEGER::N,M
    DX=PI/20
    M=INT(2*PI/DX+DX/2)+1
    X=0.0
    PRINT "(1X,'X',T37,'SIN(X)')"
    PRINT *
    DO L=1,M
        WRITE(LINE,'(1X,F4.2)') X
        N=INT(25*(1+SIN(X)))+15
        LINE(40:40)=':'
        LINE(N:N)='*'
        PRINT 10,LINE
        X=X+DX
    END DO
10  FORMAT(1X,A70)
END PROGRAM EXAM9
```

程序运行结果如图 8-9 所示。

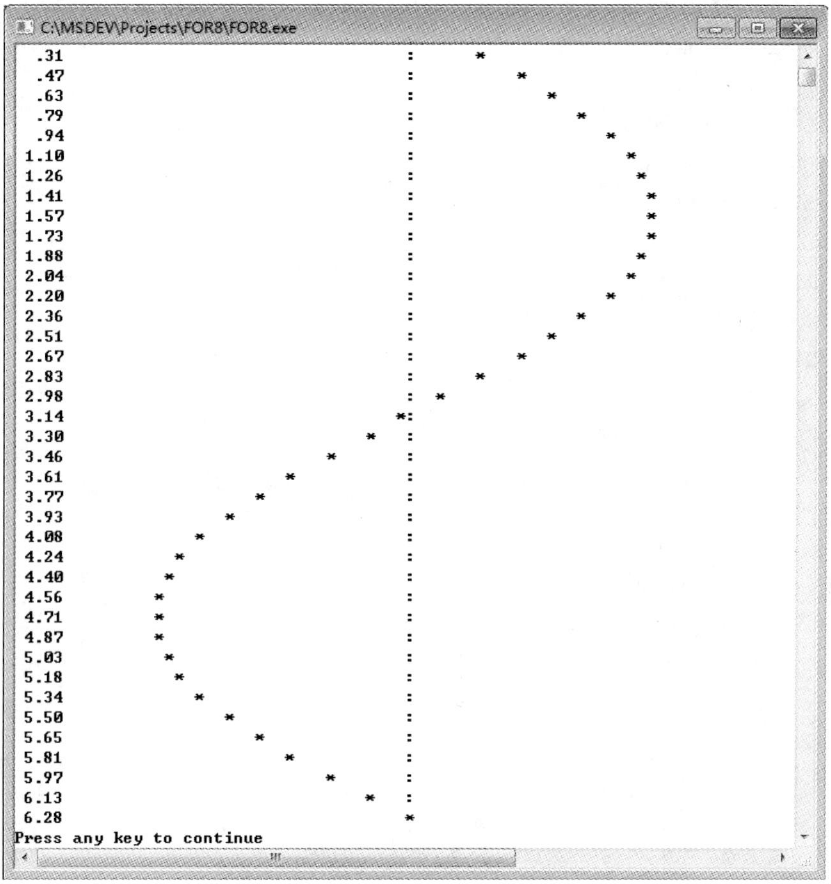

图 8-9　例 8-9 程序的运行结果

【例 8-10】　译密码。为使电文保密,往往按一定规律将其转换成密码,收报人再按约定规律将其译回原文。编程,将电文按以下规律转换:将字母 A 变成字母 D,a 变成 d,即将字母变成其后的第 3 个字母,W 变成 Z,X 变成 A,Y 变成 B,Z 变成 C,小写字母也一样,其他字符不变。

分析:将电文以字符串的形式输入,对每一个字符判断其是不是字母,若是则将其 ASCII 值加 3(变成其后的第 3 个字母的 ASCII 值),如果加 3 后 ASCII 值大于"Z"或"z"所对应的 ASCII 值,则要按题目要求进行转换。程序如下:

```
PROGRAM EXAM10
    IMPLICIT NONE
    CHARACTER(LEN = 100)::LINE,C * 1
    INTEGER::I,N
    PRINT * ,"请输入电文字符串:"
    READ * ,LINE
    N = LEN_TRIM(LINE)
    DO I = 1,N
```

```
        C = LINE(I:I)
        IF((C>='A'.AND.C<='W').OR.(C>='a'.AND.C<='w')) THEN
            C = ACHAR(IACHAR(C) + 3)
            LINE(I:I) = C
        ELSE IF((C>='X'.AND.C<='Z').OR.(C>='x'.AND.C<='z')) THEN
            C = ACHAR(IACHAR(C) - 23)
            LINE(I:I) = C
        END IF
    END DO
    PRINT *,"转换后的电文字符串是:"
    PRINT *,LINE
END PROGRAM EXAM10
```

程序运行结果如图 8-10 所示。

图 8-10 例 8-10 程序的运行结果

习题 8

一、选择题

1. 'AB'//'CD'//'EFG'的值是_____。
   A. AB CD EFG　　　B. ABCDEFG　　　C. GFEDCBA　　　D. ACE

2. LEN(M(3:5)//N(1:4)//K(2:4))的值是_____。
   A. 8　　　　　　　B. 9　　　　　　　C. 10　　　　　　D. 12

3. A、B 为两个字符型变量,字符子串 A(INDEX(A,B):LEN(B))的值是_____。
   A. B(:)　　　　　　B. A(:)　　　　　　C. A(1:LEN(B))　　D. B//B

二、改错题

注意事项:

(1) 标有!<==ERROR?的程序行有错,请直接在该行修改。

(2) 请不要将错误行分成多行。

(3) 请不要修改任何注释。

1. 下面程序的功能是输入一个字符串 S,删除字符串 S 中所有数字字符。请改错。

```
PROGRAM EX
    IMPLICIT NONE
    CHARACTER(LEN = 20)::S,A * 1
```

```
INTEGER::N,K,I,J = 1
READ ´(I20)´,S                          !<== ERROR1
K = LEN_TRIM(S)
N = K
DO I = 1,K
   A = S(I:I)
   IF(A >= ´0´.AND.A <= ´9´) THEN
      N = N - 1
   ELSE
      S(J:J) = S(I:I)
      J = I + 1                         !<== ERROR2
   END DO                               !<== ERROR3
END DO
PRINT *,S(1:N)
END
```

2. 下面程序的功能是通过字符型数组 P 输出如下图形,请改错。

```
      *
      **
      * *
      *  *
      *   *
      *    *
      *******
```

```
PROGRAM EX
   IMPLICIT NONE
   CHARACTER,DIMENSION(7,7)::P
   INTEGER::I,J
   P = ´ ´
   DO I = 1,6
      P(I,I) = ´*´
      P(1,I) = ´*´                      !<== ERROR1
   END DO
   DO J = 1,7
      P(J,7) = ´*´                      !<== ERROR2
   END DO
   DO I = 1,7
      PRINT 10,(P(I,J);J = 1,7)         !<== ERROR3
   END DO
   10 FORMAT(1X,10A)
END
```

3. 下面程序的功能是输入一个字符串,将其中的大写字母变成小写字母,其他字符不变。请改错。

```
PROGRAM EX
```

```
    IMPLICIT NONE
    CHARACTER(LEN=20)::C,B*1
    INTEGER::I,K
    LOGICAL::L
    READ *,C
    K = LEN_TRIM(C)
    DO I = 1,K,-1                                      !<== ERROR1
      B = C(I,I)                                       !<== ERROR2
      L = B >= 'A'.AND.B <= 'Z'
      IF(L = TRUE.) THEN C(I,I) = IACHAR(ACHAR(B) + 32)  !<== ERROR3
    END DO
    PRINT *,C
    END
```

三、填空题

注意事项：

（1）请不要将需要填空的行分成多行。

（2）请不要修改任何注释。

1. 下面程序的功能是将一个用字符串表示的十六进制无符号整数 A（长度不超过 5 位）转化为十进制整数，请填空。

```
    PROGRAM EX
    IMPLICIT NONE
    CHARACTER(LEN=5)::A,B*1
    INTEGER::S,SUM,N,I            !N 为十六进制数的位数,SUM 存放十进制数
    READ *,A
    SUM = 0
    N = _____                  !<== BLANK1
    DO I = 1,N
      B = _____                !<== BLANK2
      IF(B >= '0'.AND.B <= '9') THEN
        _____                  !<== BLANK3
      ELSE
        S = 10 + IACHAR(B) - IACHAR('A')
      END IF
      SUM = SUM + S * 16 ** (N - I)
    END DO
    PRINT *,SUM
    END
```

2. 下面程序的功能是输入一字符串（长度小于 80），统计其中英文字母出现的次数 N。请填空。

```
    PROGRAM EX
    IMPLICIT NONE
```

```
    CHARACTER(LEN = 80)::STR
    LOGICAL::A,B
    INTEGER::I,N = 0
    READ *,_____                    !<== BLANK1
    DO I = 1,LEN(STR)
        A = STR(I:I)>='a'.AND.STR(I:I)<='z'
        B = STR(I:I)>='A'.AND.STR(I:I)<='Z'
        IF(A.OR.B) THEN
            _____                    !<== BLANK2
            _____                    !<== BLANK3
    END DO
    PRINT *,N
END
```

3. 下面程序的功能是输入几个字符串,判断长度最长的是哪一个,并将最长的字符串输出(不计尾部空格)。请填空。

```
PROGRAM EX
    IMPLICIT NONE
    INTEGER::I,_____                !<== BLANK1
    CHARACTER(LEN = 10),DIMENSION(6)::CHA
    DO I = 1,6
        READ *,CHA(I)
    END DO
    DO I = 1,6
        IF(_____) T = I              !<== BLANK2
    END DO
    PRINT *,CHA_____                 !<== BLANK3
END
```

四、阅读理解题

1. 下面程序的运行结果是_____。

```
PROGRAM EXAM1
    IMPLICIT NONE
    INTEGER::I,J
    CHARACTER,DIMENSION(5,5)::A
    DO I = 1,5
        DO J = 1,I
            A(I,J) = ACHAR(48 + J)
        END DO
    END DO
    DO I = 1,5
        PRINT '(1X,5A)',(A(I,J),J = 1,I)
    END DO
```

END PROGRAM EXAM1

2. 下面程序的运行结果是_____。

```
PROGRAM EXAM2
   IMPLICIT NONE
   CHARACTER(LEN = 9)::LINE
   INTEGER::I,J,K
   LINE = '    1    '
   PRINT * ,LINE
   DO I = 2,5
     DO J = 1,I
       K = 5 - I + J
       LINE(K:K) = ACHAR(48 + J)      !48 为数字 0 的 ASCII 码
     END DO
     DO J = I+1, 2*I-1
       K = 5 - I + J
       LINE(K:K) = ACHAR(48 + 2*I - J)
     END DO
     PRINT * , LINE
   END DO
END PROGRAM EXAM2
```

3. 下面程序的运行结果是_____。

```
PROGRAM EXAM3
   IMPLICIT NONE
   CHARACTER(LEN = 5)::LINE
   INTEGER::I
   DO I = 1,5
     LINE(I:I) = ACHAR(IACHAR('6') - I)
   END DO
   DO I = 1,5
     PRINT * ,LINE(:I)
   END DO
END PROGRAM EXAM3
```

五、编写程序题

1. 编写一个程序,输入一段文字,找出包含多少个空格,然后将空格删除。

2. 输入一段英文文字,找出这段文字中包含多少个单词(提示:一个单词的后面是一个或多个空格,或者是标点符号,或者是一行的结尾)。

3. 输入一个单词,然后将它按逆序输出(如输入的是 ABCDE,它的逆序是 EDCBA)。

第9章 派生类型

考核目标

- 了解：派生类型的含义及其作用。
- 理解：派生类型和派生类型变量的基本概念，派生类型数组的数据结构。
- 掌握：派生类型变量以及数组的赋值和输入输出等操作，派生类型变量的成员引用方法。
- 应用：运用派生类型数据解决常见信息处理方面的问题。

派生类型是 FORTRAN90 的扩充功能。本章主要介绍了派生类型的概念与定义,重点讲解了派生类型变量的定义及初始化方法、派生类型变量的成员引用、派生类型的输入输出以及派生类型数组的应用。

通过本章的学习,要求学生了解派生类型的概念,能够正确地定义派生类型,掌握派生类型变量的定义及使用,了解派生类型成员的概念,能够正确地对派生类型变量的成员进行引用,理解派生类型数组的数据结构,掌握应用派生类型的相关知识进行程序设计的一般方法。

9.1 派生类型的定义

实际应用中经常会遇到这样一种情况:需要将不同类型的数据组合成一个有机的整体,以便于引用。例如,一个学生的学号、姓名、性别,年龄等基本信息。由于它们是由多个不同类型的数据组成的,所以数组无法表示它们。FORTRAN90 提供了派生的数据类型(以下简称为"派生类型"),用来描述这类数据。

派生类型定义的一般形式为:

```
TYPE [,访问说明 [::]] 类型名
   类型::成员列表
   ……
   类型::成员列表
END TYPE [类型名]
```

其中,访问说明是可选项,说明形式有 PRIVATE、PUBLIC 等,类型名为所定义派生类型的名称,它应符合 FORTRAN90 标识符定义的规则。类型名禁止与任何固有类型的名字相同,也不能与任何其他可访问的派生类型名相同。派生类型的定义由关键字 TYPE 开始,由关键字 END TYPE 结束。

派生类型定义中的成员类型,可以是前面介绍过的固有类型、数组类型,也可以是一个已定义的派生类型,还可以是第 11 章介绍的指针类型。成员列表可以包含一个或多个成员标识符,各成员标识符之间用逗号隔开。

下面通过几个示例来看看派生类型定义的过程。

FORTRAN90 中没有提供日期类型,要描述日期可以用派生类型定义如下:

```
TYPE DATE
   INTEGER::YEAR, MONTH, DAY
END TYPE DATE
```

其中 DATE 为所定义的派生类型名,它由 YEAR、MONTH、DAY 3 个成员组成,其类型为整型,分别用来表示日期中的年、月、日。

上面定义了一个新的类型 DATE,它有 YEAR、MONTH、DAY 3 个成员。它和系统提供的固有类型(INTEGER、REAL、CHARACTER 等)具有同样的作用,都可以用来定义变量,只不过派生类型可以由用户根据自己的需要定义而已。

例如,每个学生成绩记录包括学号、姓名和课程成绩等信息,则可以定义一个学生成绩

记录类型:
```
TYPE STUDENT_COURSE
    INTEGER::NO
    CHARACTER(LEN = 20)::NAME
    INTEGER::SCORE
END TYPE STUDENT_COURSE
```
如果有多门课程的成绩,也可以将其中的成员 SCORE 定义为一个数组。

再看一个稍微复杂一点的例子。通讯录一般记录着每个人的姓名、地址、电话号码、备注信息。具体结构如下所示:

PERSON

NAME	ADDR				PHONE		REMARKS
	CITY	STREET	NUMBER	ZIP_CODE	AREA_CODE	NUMBER	

此结构类型名为 PERSON,4 个成员分别取名为:NAME、ADDR、PHONE、REMARKS。其中地址(ADDR)、电话号码(PHONE)本身又是一个结构,地址由城市(CITY)、街道(STREET)、门牌号码(NUMBER)、邮政编码(ZIP_CODE)4 个成员组成,电话号码由区号(AREA_CODE)和本地号码(NUMBER)两成员组成。

为了定义 PERSON 类型,先定义地址类型(ADDR_TYPE)和电话号码类型(PHONE_TYPE):
```
TYPE ADDR_TYPE
    CHARACTER(LEN = 30)::CITY,STREET
    INTEGER::NUMBER,ZIP_CODE
END TYPE ADDR_TYPE
TYPE PHONE_TYPE
    INTEGER::AREA_CODE,NUMBER
END TYPE PHONE_TYPE
```
定义了类型 ADDR_TYPE 和 PHONE_TYPE 后,下面就可以定义 PERSON 类型:
```
TYPE PERSON
    CHARACTER(LEN = 40)::NAME
    TYPE (ADDR_TYPE)::ADDR
    TYPE (PHONE_TYPE)::PHONE
    CHARACTER(LEN = 100)::REMARKS
END TYPE PERSON
```
注意:这里 ADDR_TYPE 和 PHONE_TYPE 都是已定义的派生类型,所以作为它们的变量,ADDR 和 PHONE 可以作为类型 PERSON 的成员出现。

9.2 派生类型变量的定义

定义了派生类型后,就可以用它来说明变量了。派生类型变量定义的一般形式为:
    TYPE (派生类型名)::变量名表

例如,定义了一个 STUDENT 派生类型:
```
TYPE STUDENT
    INTEGER::NO
    CHARACTER(LEN = 20)::NAME
    CHARACTER(LEN = 6)::SEX
    INTEGER::AGE
    CHARACTER(LEN = 20)::DEPART
END TYPE STUDENT
```
下面语句定义了一个 STUDENT 类型的变量 JOAN:
```
TYPE (STUDENT)::JOAN
```
说明 BIRTHDAY、WORKDAY 为日期型变量,可以将前面定义的派生类型 DATE 定义为:
```
TYPE (DATE)::BIRTHDAY, WORKDAY
```
要说明两个 PERSON 类型变量,可以定义为:
```
TYPE (PERSON)::MEN1, MEN2
```
对于派生类型变量的定义,有以下几点说明:

①在派生类型的定义中,派生类型名的两边是没有括号的,而在定义派生类型变量时却有括号。

②类型与变量是不同的概念,不要混淆。对于派生类型变量来说,在定义时要先定义一个派生类型,然后再定义该类型的变量。

③成员名可以与程序中的变量同名,两者代表不同的对象。例如,在定义了派生类型 STUDENTD 的程序中,可以定义一个变量 NAME,它与派生类型 STUDENT 中的 NAME 是不同的对象。

④可以定义派生类型数组。例如,对于具有 1000 个人的通讯录,就可以定义一个 PERSON 类型的数组来存放:
```
TYPE (PERSON), DIMENSION (1000)::BLACK_BOOK
```
⑤具有私有类型的派生类型,只能在所定义的模块中使用。例如:
```
TYPE, PRIVATE::TRY
    REAL, DIMENSION (12)::X
    INTEGER::NUM
END TYPE TRY
```
固有数据类型是系统预定义的,而派生类型是由用户定义的,固有数据类型总是可以访问,而派生类型只能在其定义的作用域内进行访问。多数情况下,当一个派生类型需要在多个程序单元中使用时,常常把它们定义在模块中(详见第 10 章)。

9.3 派生类型的使用

下面对派生类型变量成员的引用、初始化、运算和赋值及派生类型数组等的使用逐一进行介绍。

9.3.1 派生类型变量成员的引用

派生类型变量中成员引用的一般形式为：

派生类型变量名％成员名

这里，％称为"成员运算符"。例如：

TYPE(STUDENT)::WANG,LI

WANG％NAME 和 WANG％AGE 分别引用派生类型变量 WANG 的成员 NAME 和 AGE；LI％NO 和 WANG％NO 分别引用派生类型变量 LI 和 WANG 的成员 NO。

说明：

①在百分号的两边，可以有空格，但不是必需的。通常采用空格，因为它可以增加程序的可读性。

②派生类型的成员可以出现在任何变量可以出现的地方。例如：

(LI％AGE + WANG％AGE)/2

用于求 LI 和 WANG 的年龄的平均值。

③如果成员本身又是一个派生类型，并且还要引用它的成员，则要用若干个成员运算符，一级一级地找到最低一级的成员。例如，JOAN 定义为：

TYPE(PERSON)::JOAN

引用 JOAN 的电话区号，可以表示为：

JOAN％PHONE％AREA_CODE

④对于派生类型数组，每个元素均为一个派生类型，可以引用每个元素的成员。例如：

TYPE(STUDENT),DIMENSION(5)::A

则 A 被定义为 STUDENT 类型的数组，A(3)％AGE 表示引用 A 中第三个元素的年龄，A％AGE 表示引用 A 中所有元素的年龄。A(2:3)％AGE 表示引用 A 中第二、三个元素的年龄。

9.3.2 派生类型变量的赋值与运算

派生类型变量一般都具有多个成员。在 FORTRAN90 中，有下面几种方法对它进行赋值。

①逐个成员进行赋值。当需要对一个派生类型变量赋值时，可以通过对该变量的逐个成员赋值来实现，例如，对于派生类型 STUDENT 的变量：

TYPE(STUDENT)::WANG

可以这样赋值：

WANG％NO = 25

WANG％NAME = ´WANG LING´

WANG％SEX = ´MALE´

WANG％AGE = 21

WANG％DEPART = ´COMPUTER´

对于派生类型数组，当通过数组名对其成员赋值时，将使该数组中所有元素的此成员具有相同的值,例如,对于派生类型 DATE 的数组 WORKDAY。

  TYPE(DATE),DIMENSION(7)::WORKDAY

进行下面的赋值:

  WORKDAY％YEAR=2004

  将使得 WORKDAY(1)％YEAR、WORKDAY(2)％YEAR……WORKDAY(7)％YEAR 的值均为 2004。

  ②整体赋值。可以用已定义的派生类型名来构造该类型的值。派生类型值构造的一般形式为:

  派生类型变量名=派生类型名(表达式表)

  其中,表达式表中的成员个数与相应的派生类型成员个数相同,且各表达式的类型与对应的成员类型一致。例如,对于上面 STUDENT 类型变量 WANG,也可以用下面方式赋值:

  WANG=STUDENT(25,′WANG LING′,′MALE′,21,′COMPUTER′)

这种赋值方式,常用来在定义派生类型变量的同时对该变量进行初始化操作,例如:

  TYPE(STUDENT)::STU=STUDENT(1,′LI MING′,′MALE′,19,′MATH′)

定义了一个 STUDENT 类型的变量 STU,并对其赋初值。

  TYPE(DATE),PARAMETER::BIRTHDAY=DATE(1981,6,15)

定义 BIRTHDAY 为 DATE 类型的符号常量,其值为(1981,6,15)。

  ③同类型变量之间相互赋初值。对于同一派生类型的两个变量,FORTRAN90 允许它们进行相互赋值。例如:

  TYPE(STUDENT)::STU1,STU2

  STU1=STUDENT(1,′CHENG LIN′,′MALE′,20,′PHYSICS′)

  STU2=STU1

  上面第一条语句定义了 STUDENT 类型变量 STU1 和 STU2,接着对 STU1 进行了赋值,通过执行 STU2=STU1 语句,将 STU1 的值赋给 STU2。

9.3.3 派生类型变量的输入与输出

  像前面介绍的固有类型的输入输出一样,也可以直接对派生类型对象进行输入输出操作。

  在 FORTRAN90 中,若输入输出的对象为派生类型,且采用表控格式时,将按该对象成员的顺序,依次输入输出它的每个成员。例如:

  TYPE(STUDENT)::STU=STUDENT(1,′LI MING′,′MALE′,19,′MATH′)

  PRINT*,STU

输出结果为:

  ⎵⎵⎵⎵⎵⎵⎵⎵⎵⎵1LI MING⎵⎵⎵⎵⎵⎵⎵⎵⎵⎵⎵⎵⎵MALE⎵⎵⎵⎵⎵⎵⎵⎵⎵19MATH⎵⎵⎵⎵⎵⎵⎵⎵⎵⎵⎵⎵⎵⎵⎵⎵

（10个空格，13个空格，9个空格，16个空格）

  若采用格式输入输出,在定义格式时,应对派生类型对象的每个成员都要作相应的格式说明,且格式说明符与对应的成员类型要一致。例如:

```
TYPE(STUDENT)::STU = STUDENT(1,´LI MING´,´MALE´,19,´MATH´)
PRINT´(1X,I4,A20,A6,I3,A10)´,STU
```

输出结果为:

　　　1LI MING　　　…　MALE　　19MATH　…

（13个空格，6个空格）

9.4　派生类型应用举例

派生类型应用广泛,下面通过派生类型的几个应用实例,使大家能够进一步加深对派生类型的理解。

【例 9-1】　某个班级有 5 名学生,试编写程序,先建立这 5 个学生的学生信息卡,然后根据学生姓名检索并打印输出该学生的信息。

分析:学生信息卡由学号、姓名、性别、年龄、所在系组成,为此,可以定义下面派生类型:

```
TYPE STUDENT
    INTEGER::NO
    CHARACTER(LEN = 20)::NAME
    CHARACTER(LEN = 6)::SEX
    INTEGER::AGE
    CHARACTER(LEN = 10)::DEPART
END TYPE STUDENT
```

其中,NO、NAME、SEX、AGE、DEPART 分别表示学生的学号、姓名、性别、年龄以及所在系。

整个程序分为以下 4 步:

①类型和常量变量的说明。在这里定义学生人数常量 N,和存放学生记录的一维数组 STU_CARDS,以及程序中使用的其他变量。

```
INTEGER,PARAMETER::N = 5
TYPE(STUDENT),DIMENSION(1:N)::STU_CARDS
```

②输入 N 个学生的数据。

```
DO I = 1,N                    !输入 N 个学生的数据
    READ ´(I4,2A,I2,A)´,STU_CARDS(I)
END DO
```

③输入待检索学生的姓名。

```
READ ´(A)´,SEARCH_NAME        !输入待检索学生的姓名
```

④在数组 STU_CARDS 中按姓名检索,若找到则输出该学生的记录,否则输出"NOT FOUND!"。

```
DO WHILE (I<= N.AND.STU_CARDS(I) % NAME/ = SEARCH_NAME)
    I = I + 1
END DO
IF (I<= N) THEN
    PRINT ´(1X,I4,2X,A,2X,A,2X,I2,2X,A)´,STU_CARDS(I)
ELSE
```

```
    PRINT *,´NOT FOUND!´
  END IF
```
完整的程序如下：
```
PROGRAM EXAM1
  IMPLICIT NONE
  INTEGER,PARAMETER::N = 5
  TYPE STUDENT
    INTEGER::NO
    CHARACTER(LEN = 20)::NAME
    CHARACTER(LEN = 6)::SEX
    INTEGER::AGE
    CHARACTER(LEN = 10)::DEPART
  END TYPE STUDENT
  TYPE(STUDENT),DIMENSION(1:N)::STU_CARDS
  INTEGER::I
  CHARACTER(LEN = 20)::SEARCH_NAME    !用来存放待检索学生的姓名
  PRINT *,´INPUT DATA:´
  DO I = 1,N                          !输入 N 个学生的数据
    READ *,STU_CARDS(I)
  END DO
  PRINT *,´INPUT THE SEARCHING NAME:´
  READ ´(A)´,SEARCH_NAME              !输入待检索学生的姓名
  I = 1
  DO WHILE (I<= N.AND.STU_CARDS(I)%NAME/ = SEARCH_NAME)
    I = I + 1
  END DO
  IF (I<= N) THEN
    PRINT ´(1X,I4,2X,A,2X,A,2X,I2,2X,A)´,STU_CARDS(I)
  ELSE
    PRINT *,´NOT FOUND!´
  END IF
END PROGRAM EXAM1
```
程序运行时，若输入下面的数据，因为第 3 个学生姓名为 ZHANG FENG，结果如图 9-1 所示。

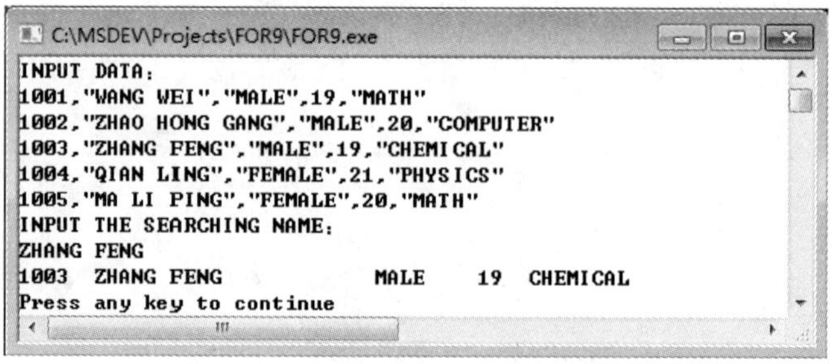

图 9-1 例 9-1 程序的运行结果

程序运行时,若输入下面的数据,因为输入的 5 个学生中没有 ZHANAG FENG,所以输出结果为"NOT FOUND!",结果如图 9-2 所示。

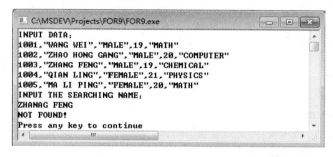

图 9-2 例 9-1 程序的运行结果

【例 9-2】 假设一个班级有 N 名学生,求出每个学生的总分,并输出该班级学生成绩表和各门课程的平均分。

分析:学生成绩表由学号、姓名和五门课程的成绩组成,为此,可以定义下面的派生类型:

```
TYPE STUDENT_GRADE
    CHARACTER (LEN = 10)::NAME
    INTEGER::NO
    INTEGER,DIMENSION(5)::COURSE
END TYPE STUDENT_GRADE
```

其中,NO、NAME 分别表示学生的学号、姓名,COURSE 是一个具有 5 个元素的一维数组,用来存放 5 门课程的成绩。

整个程序分为以下 4 步:

① 首先定义一个符号常量 N,表示该班级的学生人数,数组 REPORT_CARDS 用来存放每个学生的成绩记录。

```
INTEGER,PARAMETER::N = 3
TYPE(STUDENT_GRADE),DIMENSION(1:N)::REPORT_CARDS
```

② 输入 N 个学生的数据。

```
DO I = 1,N
    READ * ,REPORT_CARDS(I)
END DO
```

③ 计算每个学生的总分和统计各门课程的班级总分,同时打印学生的成绩单。

```
DO I = 1,N
    TOTAL = 0
    DO J = 1, 5
        TOTAL = TOTAL + REPORT_CARDS(I) % COURSE(J)
        SUM_COURSE(J) = SUM_COURSE(J) + REPORT_CARDS(I) % COURSE(J)
    END DO
    PRINT ´(1X,A,2X,I4,2X,5(F10.2),2X,F8.2)´,REPORT_CARDS(I),TOTAL
END DO
```

④计算并打印学生各门课程的平均分 AVE_COURSE。
```
   DO J = 1, 5
      AVE_COURSE(J) = SUM_COURSE(J)/N
   END DO
```
完整的程序如下：
```
   PROGRAM EXAM2
      IMPLICIT NONE
      INTEGER,PARAMETER::N = 3
      TYPE STUDENT_GRADE
         CHARACTER(LEN = 10)::NAME
         INTEGER::NO
         REAL,DIMENSION(5)::COURSE
      END TYPE STUDENT_GRADE
      TYPE(STUDENT_GRADE),DIMENSION(1:N)::REPORT_CARDS
      REAL,DIMENSION(5)::SUM_COURSE,AVE_COURSE
      !数组 SUM_COURSE、AVE_COURSE 分别用来存放各门课程的班级总分和平均分
      INTEGER::I,J
      REAL::TOTAL                  !存放每个学生的总分
      PRINT * ,´请输入学生姓名、学号、五门课成绩:´
      DO I = 1,N
         READ * ,REPORT_CARDS(I)
      END DO
      DO J = 1, 5
         SUM_COURSE(J) = 0.0
      END DO
      PRINT * ,´成绩表:´
      PRINT 100,1,2,3,4,5
      DO I = 1,N
         TOTAL = 0
         DO J = 1, 5
            TOTAL = TOTAL + REPORT_CARDS(I) % COURSE(J)
            SUM_COURSE(J) = SUM_COURSE(J) + REPORT_CARDS(I) % COURSE(J)
         END DO
         PRINT ´(1X,A,2X,I4,2X,5(F10.2),2X,F8.2)´,REPORT_CARDS(I),TOTAL
      END DO
      DO J = 1, 5
         AVE_COURSE(J) = SUM_COURSE(J)/N
      END DO
      PRINT * ,´平均成绩:´
      PRINT 200,1,2,3,4,5
      PRINT ´(1X,5F10.2)´,AVE_COURSE
```

```
100 FORMAT (1X,´NAME´,10X,´NO.´,1X,5(3X,´COURSE´,I1),4X,´TOTAL´)
200 FORMAT (1X,5(3X,´COURSE´,I1))
END PROGRAM EXAM2
```

程序运行结果如图 9-3 所示。

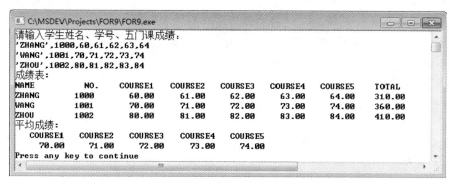

图 9-3 例 9-2 程序的运行结果

 习 题 9

一、单项选择题

1. 下面关于派生类型的描述中,正确的是_____。

   A. 派生类型的定义由关键字 TYPE 跟所定义类型名开始,由关键词 END 加上类型名结束

   B. 在 FORTRAN90 中,派生类型的成员名可以与程序中变量同名

   C. 引用派生类型变量的成员时,在％号两边必须有空格

   D. FORTRAN90 允许两个派生类型变量进行相互赋值

2. 下面派生类型定义中,错误的是_____。

   A. TYPE EX1   B. REAL::A,B,

   C. A＝5   D. END TYPE EX1

3. 设有派生类型定义和变量说明如下:
```
TYPE STUDENT
    CHARACTER(LEN = 20)::NAME
    INTEGER,DIMENSION(3)::SCORE
END TYPE STUDENT
TYPE(STUDENT),DIMENSION(3)::MEN
```

   以下赋值语句中,正确的是_____。

   A. MEN(2)＝STUDENT (´WANG LIN´,90,80,70)

   B. MEN％SCORE(1)＝0

   C. MEN％NAME＝STUDENT(/´ZHAO´,´QIAN´,´SUN´/)

   D. SCORE(3)＝95

二、改错题

注意事项：

（1）标有!<==ERROR?的程序行有错，请直接在该行修改。

（2）请不要将错误行分成多行。

（3）请不要修改任何注释。

1. 下面程序的功能是输出 5 名学生的信息。请改错。

```
PROGRAM EX
   IMPLICIT NONE
   TYPE STUDENT
      INTEGER::NO
      CHARACTER(LEN=20)::NAME
      CHARACTER(LEN=6)::SEX
      INTEGER::AGE
      CHARACTER(LEN=10)::DEPART
   END TYPE STUDENT
   TYPE STUDENT,DIMENSION(5)::STU          !<==ERROR1
   DO I=1,5                                !输入5个学生的数据
      READ´(I4,2A,I2,A)´,STU(I)
   END DO
   DO I=1,5                                !输出5个学生的数据
      PRINT´(1X,I4,2A,I2,A)´,STU(I)
   END                                     !<==ERROR2
END EX                                     !<==ERROR3
```

2. 下面程序的功能是计算 3 名学生的平均成绩。请改错。

```
PROGRAM EX
   IMPLICIT NONE
   TYPE STUDENT_GRADE
      CHARACTER(LEN=10)::NAME
      INTEGER::NO
      REAL::COURSE
   END STUDENT_GRADE                              !<==ERROR1
   STUDENT_GRADE,DIMENSION(3)::REPORT_CARDS       !<==ERROR2
   REAL::TOTAL,AVG
   PRINT *,´请输入学生姓名、学号、五门课成绩:´
   DO I=1,N
      READ *,REPORT_CARDS(I)
   END DO
   TOTAL=0
   DO I=1,N
      TOTAL=TOTAL+REPORT_CARDS(I).COURSE          !<==ERROR3
   END DO
```

```
        AVG = TOTAL/N
        PRINT * ,AVG
    END PROGRAM EX
```

3. 下面FORTRAN90程序功能是：假设一个班级有学生20名，建立一个学生成绩表，记录每个学生的学号、姓名、某门课程的考试成绩，求成绩不及格的学生人数，并输出这些学生的学号、姓名及考试成绩。请改错。

```
PROGRAM EX
    IMPLICIT NONE
    TYPE STUD
        CHARACTER(LEN = 10)::NO,NAME
        INTEGER::SCORE
    END TYPE STUD
    TYPE (STUD),DIMENSION(20)::ST
    INTEGER::I,N
    DO I = 1,20
        READ * , ST(I)
    END DO
    N = 1                                          !<== ERROR1
    DO I = 1,20
        IF(ST(I)<60) THEN                          !<== ERROR2
            N = N + 1
            PRINT´(1X,A,2X,A,2X,I3)´, ST(I) % NO,ST(I) % NAME,ST(I) % SCORE
        END IF
    END DO
    PRINT"(1X,´不及格人数为:´,I3)", I               !<== ERROR3
END PROGRAM EX
```

三、填空题

注意事项：

(1)请不要将需要填空的行分成多行。

(2)请不要修改任何注释。

1. 下面程序的功能是输出5名学生中大于平均分的学生姓名。请在空白处填上适当的语句。

```
PROGRAM EX
    IMPLICIT NONE
    TYPE STUDENT
        CHARACTER(LEN = 10)::NAME
        REAL::SCORE
    END TYPE STUDENT
    INTEGER::I
    REAL::SUM,AVG
```

```
            _____                                    !<== BLANK1
    READ * ,STU
            _____                                    !<== BLANK2
    DO I = 1,5
        SUM = SUM + STU(I) % SCORE
    END DO
    AVG = SUM/5
    DO I = 1,5
        IF(STU(I) % SCORE>AVG) PRINT * ,_____        !<== BLANK3
    END DO
END PROGRAM EX
```

2. 下面程序的功能是建立并输出 4 个学生 3 门课的成绩表。请在空白处填上适当的语句。

```
PROGRAM EX
    IMPLICIT NONE
    TYPE STU
        CHARACTER(LEN = 20)::XM
        INTEGER,DIMENSION(3)::CJ
    END TYPE
            _____                                    !<== BLANK1
    INTEGER::I,J
    DO I = 1,4
        READ * ,_____                                !<== BLANK2
        DO J = 1,3
            READ * ,_____                            !<== BLANK3
        END DO
    END DO
    PRINT '(1X,A,2X,3I4)',A
END PROGRAM EX
```

3. 假设一个班级有 10 名学生,建立一个学生成绩表,记录每个学生的学号、姓名、某门课程的考试成绩。下面程序功能是:打印出这些学生中成绩最高的学生的学号、姓名及考试成绩。请在空白处填上适当的语句。

```
PROGRAM EX
    IMPLICIT NONE
    TYPE STUDENT
        CHARACTER(LEN = 10)::NO,NAME
        INTEGER::SCORE
    END TYPE STUDENT
            _____                                    !<== BLANK1
    INTEGER::I,K
    DO I = 1,10
```

```
        READ * , STU(I) % NO,STU(I) % NAME,STU(I) % SCORE
    END DO
    K = 1
    DO I = 2,10
        _____                                    !<== BLANK2
    END DO
    PRINT´(1X,A,2X,A,2X,I3)´, _____             !<== BLANK3
END PROGRAM EX
```

四、阅读理解题

1. 下面程序的运行结果是_____。

```
PROGRAM EX
    TYPE ABC
        INTEGER::I,J,K
    END TYPE ABC
    TYPE(ABC),DIMENSION(3)::A
    A = (/ABC(1,2,3),ABC(4,5,6),ABC(7,8,9)/)
    PRINT * ,A % K
END
```

2. 下面程序的功能是_____。

```
PROGRAM EX
    IMPLICIT NONE
    TYPE STU
        CHARACTER(LEN = 10)::NAME
        REAL,DIMENSION(3)::SCORE
    END TYPE STU
    INTEGER::I,J
    REAL::SUM
    TYPE(STU),DIMENSION(10)::STUDENT
    READ * ,STUDENT
    DO I = 1,10
        SUM = 0
        DO J = 1,3
            SUM = SUM + STUDENT(I) % SCORE(J)
        END DO
        IF(SUM>180) PRINT * ,STUDENT(I) % NAME
    END DO
END PROGRAM EX
```

3. 程序运行时从键盘输入:WANG,ZHANG,HUANG ↙,下面程序的运行结果是_____。

```
PROGRAM EX
    IMPLICIT NONE
```

```
    TYPE STU
      CHARACTER(LEN=10)::XM
      INTEGER::CJ
    END TYPE STU
    TYPE(STU),DIMENSION(3)::A
    INTEGER::I
    READ *,(A(I)%XM,I=1,3)
    PRINT '(1X,A)',A%XM(1:2)
    END PROGRAM EX
```

五、编写程序题

1. 修改例 9.2，在 STUDENT_GRADE 类型中增加总分信息，计算总分后按总分由高到低排序学生成绩表。

2. 编制程序，按照学生学号的顺序输入学生的成绩，然后按照成绩由高到低的顺序输出学生的名次、成绩及同一名次的人数和学号。

3. 用含有 3 个实型数据的派生类型变量存放长方体的长、宽、高，并计算其体积。

第10章
模块与接口

考核目标

- 了解：模块在数据共享方面的一般应用。
- 理解：模块的基本概念，接口的基本概念。
- 掌握：模块的定义方法，模块的引用，接口的定义方法。
- 应用：运用接口实现超载和自定义运算符。

模块与接口是 FORTRAN90 的扩充内容。本章主要介绍模块的基本概念、模块的定义及使用、接口的概念及应用。

通过本章的学习,要求学生理解模块的基本概念,知道超载和定义操作符的一般方法,了解模块在数据共享、公用派生类型、可分配数组的共享、抽象数据类型的定义等方面的一般应用。掌握模块的定义及 USE 语句的使用,掌握接口及类属子程序的定义方法,能够正确使用模块进行程序设计。

10.1 模块的定义

子程序之间的参数传递是共享数据的方式之一,但当需要在多个子程序之间频繁地传递大量数据时,这不是一种有效的方法,它会大大降低程序的运行效率。

模块提供了一种共享的有效方法。模块也是一种独立编写的程序单元,它具有其独特的形式。通过模块不仅可以实现常量、变量和数据类型定义的共享,而且还可以实现子程序的共享。

模块定义的一般形式是:

  MODULE 模块名
   类型说明部分
  [CONTAINS
   内部子程序 1
   ……
   内部子程序 N]
  END MODULE [模块名]

"MODULE"是关键词,模块定义以 MODULE 语句开始,END MODULE 语句结束。模块名后面通常加后缀"_MODULE",以增强可读性。例如:

  MODULE A_MODULE

"类型说明部分"可以是类型说明语句、派生类型定义等,但不能有执行语句、语句函数、ENTRY 语句或 FORMAT 语句。这些语句可以出现在模块所包含的内部子程序中。

模块的内部子程序以 CONTAINS 语句开始,但这部分是可选的。当模块有内部子程序时,必须将整个子程序完整地写入,各内部子程序次序可以任意。

一个程序中也可以有多个模块,每个模块都要独立编写。

模块名对程序来说是全局的,不能与本程序内的任何程序单元名相同,也不得与模块内的任何局部变量同名。

下面是一个模块的例子:

  MODULE MY_MODULE
   REAL,PARAMETER::PI = 3.1415926
   CONTAINS
   SUBROUTINE SWAP(X,Y)
    REAL TEMP,X,Y

```
    TEMP = X; X = Y; Y = TEMP
  END SUBROUTINE SWAP
END MODULE MY_MODULE
```

分析:这里,定义了一个名为 MY_MODULE 的模块,该模块包含有一个常量 PI 以及一个内部子程序 SWAP。其他任何要使用常量 PI 和子程序 SWAP 的程序都可以通过引用该模块来使用模块内的常量 PI 和内部子程序 SWAP,从而实现了在多个程序间的共享。

10.2　USE 语句

模块提供了在程序之间有效地共享常量、变量、类型定义以及子程序的途径。那么如何在程序中引用模块从而实现共享呢?这就需要用到 USE 语句,并且 USE 语句必须出现在所有其他说明语句之前。USE 语句的形式有下列几种。

1. 直接使用

直接使用 USE 语句的一般形式为:

　　USE 模块名

这是最简单的模块引用语句,通过该语句,程序就可以使用模块内的所有公共的对象。例如:

　　USE MY_MUDULE

该语句使模块 MY_MODULE 中的全部公用对象都可以被使用。

如果要引用多个模块,可以在一个 USE 语句的后面添加多个模块名,各个模块名之间用逗号间隔开。

2. 模块内的对象重新命名

USE 语句允许对模块内的对象重新命名,以解决局部对象和模块内对象之间的名字冲突问题。当重新命名时,USE 语句的一般形式为:

　　USE 模块名,更名表

其中,更名表的一般形式为:

　　别名=>模块内对象名。

例如:

　　USEMY_MODULE, SWAP1=>SWAP

它使模块 MY_MODULE 中的全部公用对象成为可以访问的,并且通过别名 SWAP1 来访问模块中的对象 SWAP,换句话说,就是给模块内的对象 SWAP 重新起了一个名字 SWAP1。

如果要对模块内的多个对象进行重新命名,则更名表的形式就变为:

　　别名=>模块内对象名,别名=>模块内对象名……

3. 使用模块中的部分对象

如果只需要使用模块中的部分对象,可在 USE 语句中使用 ONLY 选项。这时 USE 语句的一般形式为:

　　USE 模块名,ONLY:[ONLY 表]

其中,ONLY 表的形式为:

[别名=>]模块内对象名,[别名=>]模块内对象名……

例如:

USEMY_MODULE, ONLY:SWAP1=>SWAP

该语句使我们只能使用模块 MY_MODULE 中的公用对象 SWAP,并且通过别名 SWAP1 来访问模块中的对象 SWAP。

通过下面一个完整的程序,来了解 USE 语句的具体用法,该程序引用了上面定义的模块 MY_MODULE。程序如下:

```
PROGRAM USE_MODULE
    USE MY_MODULE
    IMPLICIT NONE
    REAL A, B
    READ * , A
    B = PI
    CALL SWAP (A, B)
    PRINT * , A, B
END PROGRAM USE_MODULE
```

分析:由于程序中引用了模块 MY_MODULE,就能够使用模块内定义的公用对象 PI 和 SWAP。另外,这里要注意的是 USE 语句的位置,它要出现在所有说明语句的前面。

10.3 接 口

一个被调子程序要能够被主调子程序正确的调用,需要向主调子程序提供一些信息。为此,FORTRAN90 引入了接口的概念,它的功能就是告诉编译器主调程序所调用的外部子程序的名字、参数的个数以及类型等信息,使用接口能使程序显得更加清晰。

接口可以分为显式接口和隐式接口。某些子程序(如内部子程序)的接口对编译器来说是已知的,这类子程序的接口就被称为"显式接口"。某些子程序(如外部子程序)的接口对编译器来说是未知的,这类子程序的接口就被称为"隐式接口"。显式接口不需要定义,需要定义的是隐式接口。

接口定义的一般形式为:

INTERFACE [类属说明]

　　[接口体]

　　[模块子程序语句]

END INTERFACE

关于接口定义的几点说明:

①接口的定义以 INTERFACE 语句开始,以 END INTERFACE 语句结束,定义的位置在类型说明语句之前,IMPLICIT NONE 语句之后。

②类属说明主要包括:类属子程序名或 OPERATOR(运算符)或 ASSIGNMENT(=)。

其中,类属子程序名用于定义类属子程序,OPERATOR 用于超载运算符,ASSIGNMENT 用于超载赋值运算,具体内容下一节介绍。

③接口内的语句称为"接口体"。接口体的一般形式为:

  FUNCTION 语句

   ［说明部分］

  END［FUNCTION 语句］

 或

  SUBROUTINE 语句

   ［说明部分］

  END［SUBROUTINE 语句］

例如,下面定义的接口:

```
INTERFACE
   FUNCTION FUNC(X)RESULT(F)
      REAL::X,F
   END FUNCTION
END INTERFACE
```

这里,如果把这个接口的定义放在某个主调程序中,该主调程序就能得到该函数子程序的相关信息:函数的名称为 FUNC,有一个参数,并且参数以及结果变量的类型都为实型。通过该定义,主调程序就能正确地调用该函数子程序,并且有了接口以后,在主调程序中不需要再对该函数子程序进行类型说明(原因是函数子程序的类型已经在它的接口定义里进行了说明)。

④接口体中不能含有 ENTRY 语句、DATA 语句、FORMAT 语句以及其他可执行语句。

⑤当接口进行类属说明或定义超载,并且接口说明的是一个模块的内部子程序时,应使用模块子程序语句。模块子程序语句的一般形式为:

  MODULE PROCEDURE 子程序名表

例如:

```
MODULE INT_LOGICAL_MODULE
   CONTAINS
     SUBROUTINE INTEGER_GETS_LOGICAL (I, L)
        INTEGER, INTENT (OUT)::I
        LOGICAL, INTENT (IN)::L
        IF (L) THEN
           I = 1
        ELSE
           I = 0
        END IF
     END SUBROUTINE INTEGER_GETS_LOGICAL
END MODULE INT_LOGICAL_MODULE
```

这里，定义了一个模块 INT_LOGICAL_MODULE，并且模块里有一个内部子程序 INTEGER_GETS_LOGICAL，对 INTEGER_GETS_LOGICAL 的接口定义为：

```
    INTERFACE ASSIGNMENT ( = )
      MODULE PROCEDURE COMB_INTERVALS
    END INTERFACE
```

ASSIGNMENT（＝）是一个类属说明，在下一节介绍。这里接口体里面的语句跟上面写的接口体不一样，用的就是模块子程序语句。接口的定义可以放在模块里面，所以上面的例子也可以写成：

```
    MODULE INT_LOGICAL_MODULE
      INTERFACE ASSIGNMENT ( = )
        MODULE PROCEDURE COMB_INTERVALS
      END INTERFACE
      CONTAINS
        SUBROUTINE INTEGER_GETS_LOGICAL (I, L)
          INTEGER, INTENT (OUT)::I
          LOGICAL, INTENT (IN)::L
          IF (L) THEN
            I = 1
          ELSE
            I = 0
          END IF
        END SUBROUTINE INTEGER_GETS_LOGICAL
    END MODULE INT_LOGICAL_MODULE
```

如果接口的定义不放在模块里面，这时要注意：在定义接口的程序里，必须通过 USE 语句引用模块，否则不能使用模块子程序语句。例如，上面的例子也可以写成：

```
    MODULE INT_LOGICAL_MODULE
      CONTAINS
      SUBROUTINE INTEGER_GETS_LOGICAL (I, L)
        INTEGER, INTENT (OUT)::I
        LOGICAL, INTENT (IN)::L
        IF (L) THEN
          I = 1
        ELSE
          I = 0
        END IF
      END SUBROUTINE INTEGER_GETS_LOGICAL
    END MODULE INT_LOGICAL_MODULE
    PROGRAM MAIN
      USE INT_LOGICAL_MODULE
      IMPLICIT NONE
      INTERFACE ASSIGNMENT( = )
```

```
        MODULE PROCEDURE INTEGER_GETS_LOGICAL
    END INTERFACE
      …
      …
END PROGRAMMAIN
```
注意：一定要有 USE INT_LOGICAL_MODULE 语句，否则程序会出错。

⑥不允许对一个程序中的内部子程序进行接口定义。例如：

```
PROGRAMMAIN
    INTERFACE
        SUBROUTINE S()
        END SUBROUTINE
    END INTERFACE
    CALL S()
    CONTAINS
        SUBROUTINE S()
            PRINT *,´HELLO´
        END SUBROUTINE
END PROGRAM MAIN
```

这里，在主程序中想要定义子程序 S 的接口，由于 S 是程序的一个内部子程序，这种定义是非法的。其实我们知道，定义接口就是为了让主调程序知道被调子程序的相关信息，而一个内部子程序的信息对它的宿主来说，是已知的，故不需要再对其进行接口定义。

⑦一个接口中可以有多个接口体。例如：

```
INTERFACE
    SUBROUTINE EXT1 (X,Y,Z)
        REAL,DIMENSION (100,100)::X,Y,Z
    END SUBROUTINE EXT1
    FUNCTION EXT2 (P,Q)
        INTEGER::P(100)
        LOGICAL::Q(200)
    END FUNCTION EXT2
END INTERFACE
```

这里同时为子程序 EXT1、EXT2 定义了接口。

10.4 超载和定义操作符

在 FORTRAN90 中，用户可以定义类属子程序，定义新的操作符，还可以超载内部固有函数、固有操作符及赋值号等。

10.4.1 类属子程序

在讲解类属子程序的概念前，先来看下面的例子：

```
SUBROUTINE SWAP_INT (A, B)
    INTEGER::A, B, TEMP
    TEMP = A; A = B; B = TEMP
END SUBROUTINE SWAP_INT
SUBROUTINE SWAP_REAL (A, B)
    REAL::A, B, TEMP
    TEMP = A; A = B; B = TEMP
END SUBROUTINE SWAP_REAL
```

这两个子程序的功能相同,都是用来进行数据交换的,但是由于交换的变量类型不同,必须要给它们起两个名字 SWAP_INT 和 SWAP_REAL,这种写法对程序设计者来说不是一个好办法,因为同样是完成交换功能设计人员必须要记住两个不同的子程序名,而且在调用的时候还不能搞混。有没有办法解决这个问题呢? FORTRAN90 中,引入了类属子程序的概念。类属子程序的定义方法跟前面章节讲到的子程序的定义方法不同,它通过接口的方法来定义,具体做法就是给若干个功能相同而参数类型不同的子程序起一个统一的名字,这个名字就叫"类属子程序名",以后进行子程序调用的时候,就可以直接调用该类属子程序,它会根据参数的类型去选择适当的子程序。例如,对上面的这两个完成交换功能的子程序来说,可以用下面的方式来定义一个类属子程序 SWAP。

```
INTEGFACE SWAP
    SUBROUTINE SWAP_INT (A, B)
        INTEGER::A, B
    END SUBROUTINE SWAP_INT
    SUBROUTINE SWAP_REAL (A, B)
        REAL::A, B
    END SUBROUTINE SWAP_REAL
END INTERFACE
```

这里给 SWAP_INT、SWAP_REAL 起了一个统一的名字 SWAP,如果要调用这两个子程序,可以直接调用 SWAP, SWAP 会根据参数的类型选择究竟是执行 SWAP_INT 还是 SWAP_REAL,而用户只要知道子程序 SWAP 就可以了。

根据子程序和接口在不在模块里,可以有 4 种不同的写法,下面分别介绍。

写法 1:子程序和接口都放在模块内。

```
MODULE SWAP_MODULE
    IMPLICIT NONE
    INTERFACE SWAP
        MODULE PROCEDURE SWAP_INT, SWAP_REAL
    END INTERFACE
    CONTAINS
        SUBROUTINE SWAP_INT(A, B)
            INTEGER::A, B, TEMP
            TEMP = A; A = B; B = TEMP
        END SUBROUTINE SWAP_INT
```

```
      SUBROUTINE SWAP_REAL(A, B)
        REAL::A, B, TEMP
        TEMP = A; A = B; B = TEMP
      END SUBROUTINE SWAP_REAL
  END MODULE SWAP_MODULE
  PROGRAM TEST_SWAP
    USE SWAP_MODULE
    REAL::X = 1.1, Y = 2.2
    INTEGER::I = 1, J = 2
    CALL SWAP (X, Y)
    PRINT *, X, Y
    CALL SWAP (I, J)
    PRINT *, I, J
  END PROGRAM TEST_SWAP
```

分析:SWAP_INT 和 SWAP_REAL 是包含在模块内的子程序,所以在用接口定义类属子程序 SWAP 的时候,用的是模块子程序语句,并且把要说明的子程序名写在 MODULE PROCEDURE 后,中间用逗号间隔开。

写法 2:子程序和接口都不放在模块内。

```
  SUBROUTINE SWAP_INT(A, B)
    INTEGER::A, B, TEMP
    TEMP = A; A = B; B = TEMP
  END SUBROUTINE SWAP_INT
    SUBROUTINE SWAP_REAL(A, B)
      REAL::A, B, TEMP
      TEMP = A; A = B; B = TEMP
    END SUBROUTINE SWAP_REAL
  PROGRAM TEST_SWAP
    IMPLICIT NONE
    INTERFACE SWAP
      SUBROUTINE SWAP_INT(A, B)
        INTEGER::A, B
      END SUBROUTINE SWAP_INT
    SUBROUTINE SWAP_REAL(A, B)
      REAL::A, B
    END SUBROUTINE SWAP_REAL
    END INTERFACE
    REAL::X = 1.1, Y = 2.2
    INTEGER::I = 1, J = 2
    CALL SWAP (X, Y)
    PRINT *, X, Y
    CALL SWAP (I, J)
```

```
      PRINT * , I, J
    END PROGRAM TEST_SWAP
```

分析：SWAP_INT 和 SWAP_REAL 是独立的子程序，所以接口体不能用模块子程序语句，只能用接口说明语句。

写法 3：子程序不放在模块内，接口放在模块中。

```
    SUBROUTINE SWAP_INT(A, B)
      INTEGER::A, B, TEMP
        TEMP = A; A = B; B = TEMP
    END SUBROUTINE SWAP_INT
    SUBROUTINE SWAP_REAL(A, B)
      REAL::A, B, TEMP
        TEMP = A; A = B; B = TEMP
    END SUBROUTINE SWAP_REAL
  MODULE MY_MODULE
    INTERFACE SWAP
      SUBROUTINE SWAP_INT(A, B)
        INTEGER::A, B
      END SUBROUTINE SWAP_INT
      SUBROUTINE SWAP_REAL(A, B)
        REAL::A, B
      END SUBROUTINE SWAP_REAL
    END INTERFACE
  END MODULE MY_MODULE
  PROGRAM TEST_SWAP
    USE MY_MODULE
    IMPLICIT NONE
    REAL::X = 1.1, Y = 2.2
    INTEGER::I = 1, J = 2
    CALL SWAP (X, Y)
    PRINT * , X, Y
    CALL SWAP (I, J)
    PRINT * , I, J
  END PROGRAM TEST_SWAP
```

分析：这种写法跟写法 2 不同的地方就在于接口是放在模块里面，所以主调程序中需要引用模块。

写法 4：子程序放在模块内，接口放在主调程序中。

```
  MODULE SWAP_MODULE
    IMPLICIT NONE
    CONTAINS
      SUBROUTINE SWAP_INT(A, B)
        INTEGER::A, B, TEMP
```

```
        TEMP = A; A = B; B = TEMP
      END SUBROUTINE SWAP_INT
      SUBROUTINE SWAP_REAL(A, B)
        REAL::A, B, TEMP
        TEMP = A; A = B; B = TEMP
      END SUBROUTINE SWAP_REAL
    END MODULE SWAP_MODULE
    PROGRAM TEST_SWAP
      USE SWAP_MODULE
      IMPLICIT NONE
      INTERFACE SWAP
        MODULE PROCEDURE SWAP_INT, SWAP_REAL
      END INTERFACE
      REAL::X = 1.1, Y = 2.2
      INTEGER::I = 1, J = 2
      CALL SWAP (X, Y)
      PRINT * , X, Y
      CALL SWAP (I, J)
      PRINT * , I, J
    END PROGRAM TEST_SWAP
```

分析：这种写法跟写法 3 不同的地方就在于子程序是放在模块里面，接口放在主调程序中，所以在主调程序中需要引用模块，并且接口体也要写模块子程序语句。

以上程序的运行结果如图 10-1 所示。

图 10-1　类属子程序

10.4.2　超载赋值号

在执行赋值语句时，赋值号"＝"右边表达式的数据类型必须和左边变量的类型一致。有没有一种方法能够拓展赋值号的功能，使赋值号右边表达式的数据类型和左边变量的类型可以不一致，比如，I＝L，其中 L 是逻辑型，而 I 是整型呢？在 FORTRAN90 里，也可以实现这种功能，就是对赋值号进行所谓的超载。具体实现步骤如下：

①定义一个子程序，该子程序必须要有两个参数，并且第一个参数的 INTENT 属性为 OUT，第二个参数的 INTENT 属性为 IN。例如：

```
    SUBROUTINE INTEGER_GETS_LOGICAL (I, L)
      INTEGER, INTENT (OUT)::I
      LOGICAL, INTENT (IN)::L
      IF (L) THEN
```

```
        I = 1
    ELSE
        I = 0
    END IF
END SUBROUTINE INTEGER_GETS_LOGICAL
```

②赋值号的新功能是由子程序来实现的,所以通过接口将定义好的子程序和赋值号进行绑定。绑定的一般格式为:

```
INTERFACE ASSIGNMENT ( = )
    被绑定的子程序说明
END INTERFACE
```

如果要将上例中定义的子程序和赋值号绑定,写法如下:

```
INTERFACE ASSIGNMENT ( = )
    SUBROUTINE INTEGER_GETS_LOGICAL (I, L)
        INTEGER, INTENT (OUT)::I
        LOGICAL, INTENT (IN)::L
    END SUBROUTINE INTEGER_GETS_LOGICAL
END INTERFACE
```

③进行新的赋值运算,其实也就是调用跟赋值号绑定的子程序。例如,I=.TRUE.(其中 I 为整型变量),就是调用子程序 INTEGER_GETS_LOGICAL (I, .TRUE.)。

将一个逻辑量直接赋值给整型变量,如果逻辑量的值为.TRUE.,则整型变量的值为 1,否则整型变量的值为 0。程序如下:

```
MODULE INT_LOGICAL
    INTERFACE ASSIGNMENT ( = )
        MODULE PROCEDURE INTEGER_GETS_LOGICAL
    END INTERFACE
    CONTAINS
        SUBROUTINE INTEGER_GETS_LOGICAL (I, L)
            INTEGER, INTENT (OUT)::I
            LOGICAL, INTENT (IN)::L
            IF (L) THEN
                I = 1
            ELSE
                I = 0
            END IF
        END SUBROUTINE INTEGER_GETS_LOGICAL
END MODULE INT_LOGICAL
PROGRAM TEST_INT_LOGICAL
    USE INT_LOGICAL
    IMPLICIT NONE
    INTEGER::I, J
```

```
        I = .FALSE.
        PRINT * , I
        J = TRUE.
        PRINT * , J
    END PROGRAM TEST_INT_LOGICAL
```

分析：这里定义了一个子程序 INTEGER_GETS_LOGICAL，该子程序的功能是：如果 L 的值为.TRUE.，则 I 的值为 1，否则 I 的值为 0，正好符合对赋值号运算的要求，所以就用它来完成赋值号的新功能，将它和赋值号进行绑定。另外，因为子程序 INTEGER_GETS_LOGICAL 是在模块内部的，所以在进行绑定的时候，用的是模块子程序语句，子程序不在模块内的用法读者自己可以试着去完成。其次，主程序中的 I＝.FALSE. 和 J＝.TRUE. 等价于语句 CALL INTEGER_GETS_LOGICAL(I,.FALSE.) 和 CALL INTEGER_GETS_LOGICAL(J,.TRUE.)。最后，如果赋值号两边的数据类型一致，这个时候赋值号执行的还是原来的功能，不会被超载，所以究竟会不会被超载由系统根据参与运算的数据的类型决定。

程序运行结果如图 10-2 所示。

图 10-2 超载赋值号

10.4.3 超载运算符

在 FORTRAN90 中，提供了一种能扩展已有运算符功能的方法，比如，可以通过"＋"运算符进行两个逻辑型数据的相加，或者进行两个字符串的相加，这种扩展已有运算符功能的过程就叫"超载运算符"。

超载运算符的实现步骤如下：

①定义一个函数子程序，该函数子程序参数的 INTENT 属性为 IN。例如：

```
FUNCTION CONCAT(STR1,STR2) RESULT(CONCAT_RESULT)
    IMPLICIT NONE
    CHARACTER(LEN = 200)::CONCAT_RESULT
    CHARACTER(LEN = 100),INTENT(IN)::STR1,STR2
    CONCAT_RESULT(1:LEN_TRIM(STR1)) = STR1
    CONCAT_RESULT(LEN_TRIM(STR1) + 1:LEN_TRIM(STR1) + LEN_TRIM(STR2)) = STR2
END FUNCTION CONCAT
```

②运算符的新功能是由函数子程序来实现的，通过接口将定义好的函数子程序和运算符进行绑定。绑定的一般格式为：

INTERFACE OPERATOR（固有运算符）

被绑定的函数子程序的说明
END INTERFACE

如果要将上例中定义的函数子程序和"＋"绑定,写法如下:

```
INTERFACE OPERATOR ( + )
    FUNCTION CONCAT(STR1,STR2) RESULT(CONCAT_RESULT)
        IMPLICIT NONE
        CHARACTER(LEN = 200)::CONCAT_RESULT
        CHARACTER(LEN = 100),INTENT(IN)::STR1,STR2
    END FUNCTION CONCAT
END INTERFACE
```

③进行新的运算,其实也就是调用跟运算符绑定的子程序。例如:"HELLO＋WORLD",就是调用函数 CONCAT("HELLO","WORLD")。

下面,给出一个完整的示例,假设使用"＋"来完成一个字符串运算,让它删除两个字符串的尾部空格后将两个字符串连接起来,例如:"JOHN␣␣"+"DOT"="JOHNDOT"。程序如下:

```
FUNCTION CONCAT(STR1,STR2) RESULT(CONCAT_RESULT)
    IMPLICIT NONE
    CHARACTER(LEN = 200)::CONCAT_RESULT
    CHARACTER(LEN = *),INTENT(IN)::STR1,STR2
    CONCAT_RESULT = ' '
    CONCAT_RESULT(1:LEN_TRIM(STR1)) = STR1
    CONCAT_RESULT(LEN_TRIM(STR1) + 1:LEN_TRIM(STR1) + LEN_TRIM(STR2)) = STR2
END FUNCTION CONCAT

PROGRAM MAIN
    IMPLICIT NONE
    INTERFACE OPERATOR( + )
        FUNCTION CONCAT(STR1,STR2) RESULT(CONCAT_RESULT)
            IMPLICIT NONE
            CHARACTER(LEN = 200)::CONCAT_RESULT
            CHARACTER(LEN = *),INTENT(IN)::STR1,STR2
        END FUNCTION CONCAT
    END INTERFACE
    CHARACTER(LEN = 15)::CH1,CH2
    CHARACTER(LEN = 200)::Y
    READ * ,CH1,CH2
    Y = CH1 + CH2
    PRINT * ,Y(1:LEN_TRIM(Y))
END PROGRAM MAIN
```

分析:这里定义了一个函数子程序 CONCAT,该函数的功能是:删除两个字符串的尾部空格后将两个字符串连接起来,正好符合对"＋"运算符的要求,所以就用它来完成"＋"的新功能,将它和"＋"进行绑定。另外,如果子程序 CONCAT 在模块内部,在进行绑定的时候,就要用模块子程序语句,这时接口体就要写成 MODULE PROCEDURE CONCAT,读者自己可以试着去完成。其次,主程序中的 Y=CH1+CH2 等价于语句 Y=CONCAT(CH1,CH2)。最后,"+"会不会被超载由系统根据参与运算的数据类型决定。程序运行结果如图 10-3 所示。

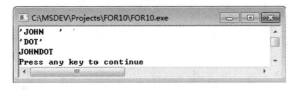

图 10-3 超载运算符

10.4.4 用户定义的运算符

除了可以"超载"FORTRAN90 固有的运算符之外,用户还可以定义新的运算符。自定义运算符由字母组成,两边用小数点作定界符。

说明:

① 自定义运算符不能与逻辑常量或者固有运算符相同。

② 一个自定义二元运算符的优先级总低于其他运算符,而一个自定义一元运算符的优先级总高于其他运算符。

③ 自定义运算符一般用大写字母来表示。

例如,下面都是合法的自定义运算符:.PRIME.、.UPPER.、.LOWER.。

自定义一个新的运算符与超载一个已有的运算符方式基本相似。上例超载了"+",使它能够删除两个字符串的尾部空格后将两个字符串连接起来,现在,假设要自定义一个运算符.CON.,它的功能也是删除两个字符串的尾部空格后将两个字符串连接起来,程序如下:

```
FUNCTION CONCAT(STR1,STR2) RESULT(CONCAT_RESULT)
    IMPLICIT NONE
    CHARACTER(LEN = 200)::CONCAT_RESULT
    CHARACTER(LEN = *),INTENT(IN)::STR1,STR2
    CONCAT_RESULT = ' '
    CONCAT_RESULT(1:LEN_TRIM(STR1)) = STR1
    CONCAT_RESULT(LEN_TRIM(STR1) + 1:LEN_TRIM(STR1) + &
    LEN_TRIM(STR2)) = STR2
END FUNCTION CONCAT
PROGRAM MAIN
    IMPLICIT NONE
    INTERFACE OPERATOR(.CON.)
        FUNCTION CONCAT(STR1,STR2) RESULT(CONCAT_RESULT)
            IMPLICIT NONE
            CHARACTER(LEN = 200)::CONCAT_RESULT
            CHARACTER(LEN = *),INTENT(IN)::STR1,STR2
        END FUNCTION CONCAT
    END INTERFACE
```

```
        CHARACTER(LEN = 15)::CH1,CH2
        CHARACTER(LEN = 200)::Y
        READ * ,CH1,CH2
        Y = CH1.CON.CH2
        PRINT * ,Y(1:LEN_TRIM(Y))
    END PROGRAMMAIN
```

运行结果如图10-4所示。

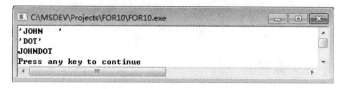

图10-4　自定义运算符

分析：从上面两个例子的对比来看，可以发现，它们的实现步骤一样，不同点就在于将所有的固有运算符换成自定义的运算符。

10.4.5 超载固有函数

FORTRAN90提供了很多函数，这些函数被称为系统的固有函数，它们对参数都有明确的要求，比如，SQRT函数只能用于实型或者复型数据的开方，而不能操作整型数据。当然对于任意一个整数I，如果想通过调用SQRT函数计算它的开方，可以通过类型转换来进行计算，如：SQRT(REAL(I))。但如果直接写成SQRT(I)的形式，以便跟计算一个实型数据的形式一样，FORTRAN90提供了一种被称为超载固有函数的方法来实现，也就是扩展固有函数的功能。

超载固有函数的实现步骤如下：

① 定义一个函数子程序，该函数子程序参数的INTENT属性为IN。例如：

```
    FUNCTION SQRT_INT(I) RESULT(SQRT_INT_RESULT)
        REAL::SQRT_INT_RESULT
        INTEGER, INTENT (IN)::I
        SQRT_INT_RESULT = SQRT (REAL (I))
    END FUNCTION
```

② 固有函数的新功能就是由新定义的函数子程序来实现的，所以通过接口将定义好的函数子程序和固有函数进行绑定。绑定的一般格式为：

```
    INTERFACE 固有函数名
        被绑定的函数子程序的说明
    END INTERFACE
```

如果要将上面定义的函数子程序和固有函数SQRT绑定，写法如下：

```
    INTERFACE SQRT
        FUNCTION SQRT_INT(I) RESULT(SQRT_INT_RESULT)
            REAL::SQRT_INT_RESULT
            INTEGER, INTENT (IN)::I
```

```
      END FUNCTION
   END INTERFACE
```
③进行新的运算,其实也就是调用与固有函数绑定的函数子程序。例如,计算 SQRT(I),其中 I 为整型变量,其实就相当于调用函数子程序 SQRT_INT(I)。

下面,看一个能使 SQRT 直接对整型数据开方的完整示例,程序如下:

```
MODULE INTEGER_SQRT_MODULE
   INTERFACE SQRT
      MODULE PROCEDURE SQRT_INT
   END INTERFACE
   CONTAINS
      FUNCTION SQRT_INT(I) RESULT(SQRT_INT_RESULT)
         REAL::SQRT_INT_RESULT
         INTEGER,INTENT(IN)::I
         SQRT_INT_RESULT = SQRT(REAL(I))
      END FUNCTION
END MODULE INTEGER_SQRT_MODULE
PROGRAM TEST_INTEGER_SQRT
   USE INTEGER_SQRT_MODULE
   IMPLICIT NONE
   INTEGER::I
   I = 5
   PRINT * , SQRT(I)
END PROGRAM TEST_INTEGER_SQRT
```

分析:这里首先定义了一个函数子程序 SQRT_INT,其功能是对一个整型变量进行开方运算,然后通过接口将该子程序与固有函数 SQRT 进行绑定,由于该子程序属于模块内部子程序,所以接口体用的是模块子程序语句。主程序中对 SQRT(I) 的调用其实调用的是 SQRT_INT(I),最后,SQRT 函数会不会被超载由系统根据参数的数据类型决定。程序运行结果如图 10-5 所示。

图 10-5　超载固有函数

注意:这里的子程序和接口都是放在模块里的,当然还可以有其他 3 种不同的写法。

思考:如果想让 SQRT 函数既要对整型量直接进行开方计算,又要使返回值也为整型值,应该如何实现?

10.5　模块应用举例

模块的引入给程序设计带来了很多方便。模块的应用范围广泛,下面就模块的应用分类加以说明。

10.5.1 共享数据

前面讲到,可以把一些在整个程序范围内都用到的数据(称全局数据)放在一个模块内统一说明,在需要使用这些数据的程序单元内用 USE 语句使用它们即可。例如:

```
MODULE DATA_MODULE
  SAVE
  REAL::A, B(10,10), C(23,2:25)
  INTEGER::D(-2:12)
  COMPLEX::E(6,8,10)
END MODULE
```

可以使用 USE 语句:

```
USE DATA_MODULE
```

访问这个模块中的全部数据。或者使用语句:

```
USE DATA_MODULE, ONLY: A, C
```

访问部分数据。

为了避免名字冲突,还可以进行更名,例如,可以用:

```
USE DATA_MODULE, ADO=>A, BEI=>B
```

这里将 A 和 B 分别更名为 ADO 和 BEI。

模块还可以把一些将在整个可执行程序中都要用到的子程序(称全局子程序)放在一个模块内的 CONTAINS 语句和 END MODULE 语句之间,作为内部子程序,供引用模块的各程序单元使用,以实现子程序共享。例如,将求 4 个变量之和与 4 个变量之积的函数作为模块内部程序写入模块中。

```
MODULE ABCD
  IMPLICIT NONE
  REAL::A, B, C, D
  CONTAINS
    FUNCTION ADD() RESULT(ADD_RE)
      REAL::ADD_RE
      ADD_RE = A + B + C + D
    END FUNCTION ADD
    FUNCTION PROD() RESULT(PROD_RE)
      REAL::PROD_RE
      PROD_RE = A * B * C * D
    END FUNCTION PROD
END MODULE ABCD
```

下面程序可以调用这个模块,输出 4 个数的和与积:

```
PROGRAM AP
  USE ABCD
  READ *, A, B, C, D
  PRINT *, ADD(), PROD()
END PROGRAM AP
```

10.5.2 共享派生类型

将一些派生类型放入模块中,可以供其他程序单元使用。例如:

```
MODULE SPARES
    TYPE NONZERO
        REAL::A
        INTEGER::I,J
    END TYPE NONZERO
END MODULE SPARES
```

该模块定义了一个由一个实数和两个整数构成的数据类型,用以存放稀疏矩阵的非零元素的值和它的行列下标。于是,派生类型 NONZERO 就可以被其他程序单元通过 USE 语句来使用。

10.5.3 共享动态数组

在一些程序中需要一些全局公用的可分配数组,它们的大小在程序执行前是不知道的,这时也可以用模块来实现。例如:

```
MODULE WORK_ARRAYS
    INTEGER::N
    REAL, ALLOCATABLE, SAVE::A(:), B(:,:), C(:,:,:)
END MODULE WORK_ARRAYS
PROGRAM MAIN
    USE WORK_ARRAYS
    CALL CONFIGURE_ARRAYS        !分配数组
    CALL COMPUTE                 !用分配好的数组进行计算
    PRINT *, A
    PRINT *, B
    PRINT *, C
END PROGRAM MAIN
SUBROUTINE CONFIGURE_ARRAYS
    USE WORK_ARRAYS
    READ *, N
    ALLOCATE (A(N), B(N,N), C(N,N,2*N))
END SUBROUTINE CONFIGURE_ARRAYS
SUBROUTINE COMPUTE
    USE WORK_ARRAYS
    !以下这部分是对数组 A,B,C 的一些计算,可以根据自己的需要写出程序
    DO I = 1, N
        A(I) = 1
        DO J = 1, N
            B(I,J) = 1.8 * I * J
```

```
            DO K = 1, N
               C (I, J, K) = 0.2 * I * J/K
            END DO
         END DO
      END DO
   END SUBROUTINE COMPUTE
```
这是一个很典型的应用。在所有需要使用可分配数组的程序单元中,只需包含语句:
```
      USE WORK_ARRAYS
```
就可以达到共享存储和相互交换信息的目的。

10.5.4　共享自定义数据类型及运算

根据自己的需要还可以用模块来共享自定义数据类型及其上的各种运算。
下面以有限整数集合及其上的各种运算来说明它的用法。
步骤1:集合定义。
```
      INTEGER, PARAMETER::MAX_SET_CARD = 200      !定义集合的大小为200
      TYPE SET                                    !定义集合 SET
         INTEGER::CARD                            !集合中元素的个数
         INTEGER,DIMENSION(MAX_SET_CARD)::ELEMENT
      END TYPE SET
```
步骤2:集合运算。
①判断集合中是否存在某元素。
```
      FUNCTION ELEMENT (X, A)RESULT(E_R)          !确定 X 是否在 A 中
         INTENT (IN)::A, X
         INTEGER::X
         TYPE (SET)::A
         LOGICAL::E_R
         E_R = ANY (A % ELEMENT (1:A % CARD).EQ.X)
      END FUNCTION ELEMENT
```
②集合的并运算。
```
      FUNCTION UNION (A, B) RESULT(U_R)           !集合 A,B 的并
         TYPE (SET),INTENT (IN)::A, B
         INTEGER::J
         TYPE (SET)::U_R
         U_R = A
         DO J = 1,B % CARD
            IF (.NOT. (B % ELEMENT (J).IN. A)) THEN
               IF (U_R % CARD<MAX_SET_CARD) THEN
                  U_R % CARD = U_R % CARD + 1
                  U_R % ELEMENT (U_R % CARD) = B % ELEMENT (J)
```

```
            ELSE
                !超过集合允许的大小,……
            END IF
        END IF
    END DO
END FUNCTION UNION
```

③集合的差运算。
```
FUNCTION DIFFERENCE (A, B) RESULT(D_R)        !集合 A,B 的差
    TYPE (SET), INTENT (IN)::A, B
    TYPE (SET)::D_R
    INTEGER J, X
    D_R % CARD = 0
    DO J = 1, A % CARD
        X = A % ELEMENT (J)
        IF (.NOT. (X .IN. B)) D_R = D_R + SET (1, X)
    END DO
END FUNCTION DIFFERENCE
```

④集合的交运算。
```
FUNCTION INTERSECTION (A, B) RESULT(I_R)      !集合 A,B 的交
    TYPE (SET),INTENT (IN)::A, B
    TYPE (SET)::I_R
    I_R = A - (A - B)
END FUNCTION INTERSECTION
```

⑤集合的子集计算。
```
FUNCTION SUBSET (A, B) RESULT(S_R)            !确定 A 是否是 B 的子集
    TYPE (SET),INTENT (IN)::A, B
        INTEGER::I
        LOGICAL::S_R
        S_R = A % CARD <= B % CARD
        IF (.NOT. S_R) RETURN
        DO I = 1, A % CARD
            S_R = S_R .AND. (A % ELEMENT (I) .IN. B)
        END DO
END FUNCTION SUBSET
```

步骤 3:集合运算的共享。
```
MODULE INTEGER_SETS
    INTERFACE OPERATOR (.IN.)
        MOUDLE PROCEDURE ELEMENT
    END INTERFACE
    INTERFACE OPERATOR (<=)
```

```
        MOUDLE PROCEDURE SUBSET
      END INTERFACE
      INTERFACE OPERATOR ( + )
        MOUDLE PROCEDURE UNION
      END INTERFACE
      INTERFACE OPERATOR ( - )
        MOUDLE PROCEDURE DIFFERENCE
      END INTERFACE
      INTERFACE OPERATOR ( * )
        MOUDLE PROCEDURE INTERSECTION
      END INTERFACE
    END MOUDLE INTEGER_SETS
```

分析:这里定义了集合的5种运算,自定义运算符". IN."实现判断集合中是否存在某元素的运算,超载的固有运算符<=、+、- 以及 * 分别实现集合的子集运算、并运算、差运算以及交运算。另外接口体用的是模块子程序语句,所以步骤2中的子程序也要放在模块里。

习 题 10

一、单项选择题

1. 下面模块定义中,错误的是_____。
   A. MODULE MY_MOD　　　　　　　　B. REAL∷PI
   C. PI=3.14　　　　　　　　　　　　D. END MODULE MY_MOD

2. 下面关于模块的描述中,错误的是_____。
   A. 模块是一种不能直接执行的程序单元
   B. 模块名后面必须加后缀"_MODULE"
   C. 模块中类型说明部分不能有可执行语句
   D. 一个程序中可以有多个模块程序单元

3. 在接口块的定义中,用于超载赋值运算的类属说明是_____。
   A. SWAP　　　B. OPERATOR　　　C. ASSIGNMENT　　　D. =

二、改错题

注意事项:

(1) 标有!<==ERROR?的程序行有错,请直接在该行修改。

(2) 请不要将错误行分成多行。

(3) 请不要修改任何注释。

1. 下面程序的功能是超载固有函数SQRT,使它的参数和返回值均为整型数。请改错。
```
    MODULE INTEGER_SQRT_MODULE
      INTERFACE SQRT
        MODULE PROCEDURE SQRT_INT
      END INTERFACE
```

```
      CONTAINS
        FUNCTION SQRT_INT(I) RESULT(SQRT_INT_RESULT)
          REAL::SQRT_INT_RESULT              !<== ERROR1
          INTEGER,INTENT(IN)::I
          SQRT_INT_RESULT = SQRT(I)          !<== ERROR2
        END FUNCTION
      END INTEGER_SQRT_MODULE                !<== ERROR3
    PROGRAMEX
      USE INTEGER_SQRT_MODULE
      IMPLICIT NONE
      INTEGER::I
      I = 5
      PRINT *, SQRT(I)
    END PROGRAMEX
```

2. 下面程序的功能是自定义运算符".PRIME."，能判断某个整数是否为素数。请改错。

```
    FUNCTIONF(M) RESULT(R)
      IMPLICIT NONE
      INTEGER,INTENT(IN)::M
      LOGICAL::R
      INTEGER::I
      DO I = 2,M-1
        IF(MOD(M,I)==0) EXIT
      END DO
      IF(I<M) THEN                           !<== ERROR1
        R = .TRUE.
      ELSE
        R = .FALSE.
      END IF
    ENDF                                      !<== ERROR2
    PROGRAMEX
      IMPLICIT NONE
      INTERFACE OPERATOR(PRIME)              !<== ERROR3
        FUNCTIONF(M) RESULT(R)
          INTEGER,INTENT(IN)::M
          LOGICAL::R
        END FUNCTIONF
      END INTERFACE
      PRINT *,.PRIME.13
    END PROGRAMEX
```

3. 下面程序的功能是超载赋值号,使得字符数据可以直接赋给整型变量。请改错。

```
MODULE INT_CHAR
    INTERFACE OPERATOR( = )                !<== ERROR1
        MODULE PROCEDURE IGC
    END INTERFACE
CONTAINS
    SUBROUTINE IGC(I,S)
        CHARACTER(LEN = 1),INTENT(IN)::S
        INTEGER,INTENT(OUT)::I
        I = S                              !<== ERROR2
    END SUBROUTINE IGC
END MODULE INT_CHAR
PROGRAM EX
    CALL INT_CHAR                          !<== ERROR3
    IMPLICIT NONE
    INTEGER::N;N = 'B';PRINT * ,N
END PROGRAM EX
```

三、填空题

注意事项：

(1)请不要将需要填空的行分成多行。

(2)请不要修改任何注释。

1. 下面程序段用于定义一个名为 SWAP 的类属子程序。用于交换两个整型数或实型数,请在空白处填上适当的语句。

```
MODULE SWAP_MODULE
    IMPLICIT NONE
    INTEGFACE _____                     !<== BLANK1
        MODULE PROCEDURE _____          !<== BLANK2
    END INTERFACE
    _____                               !<== BLANK3
    SUBROUTINE SWAPI(I, J)
        INTEGER::I, J, TEMP
        TEMP = I; I = J; J = TEMP
    END SUBROUTINE SWAPI
    SUBROUTINE SWAPR(A, B)
        REAL::A, B, TEMP
        TEMP = A; A = B; B = TEMP
    END SUBROUTINE SWAPR
END MODULE SWAP_MODULE
```

2.下面程序用于超载运算符"+"。请在空白处填上适当的语句。

```
MODULE STRCAL_M
    INTERFACE OPERATOR (_____)           !<== BLANK1
        MODULE PROCEDURE STRCAL
    _____                                !<== BLANK2
    CONTAINS
        FUNCTION STRCAL(CH1, CH2) RESULT (STRCAL_RES)
            CHARACTER::STRCAL_RES
            CHARACTER,INTENT(IN)::CH1,CH2
            IF(CH1>CH2)THEN
                STRCAL_RES = CH1
            ELSE
                STRCAL_RES = CH2
            END IF
        END FUNCTION STRCAL
END MODULE STRCAL_M
PROGRAM EX
    _____                                !<== BLANK3
    IMPLICIT NONE
    PRINT *,'A'+'B'
END PROGRAM EX
```

3.下面程序功能是自定义一个运算符.JIOU.,使其能够判断任意输入的整数是否是偶数,若是偶数则输出T,否则输出F。请在空白处填上适当的语句。

```
MODULE ZDY
    INTERFACE _____                      !<== BLANK1
    _____                                !<== BLANK2
    END INTERFACE
    CONTAINS
        FUNCTION JIOU(N) RESULT(JI_R)
            INTEGER,INTENT(IN)::N
            LOGICAL::JI_R
            IF(MOD(N,2)==0) THEN
                JI_R = .TRUE.
            ELSE
                JI_R = .FALSE.
            END IF
        END FUNCTION
END MODULE ZDY
PROGRAM EX
    _____                                !<== BLANK3
    IMPLICIT NONE
    PRINT '(1X,2L2)',.JIOU.12,.JIOU.21
END PROGRAM EX
```

四、阅读理解题

1. 下面程序的运行结果是_____。

```
MODULE MY_MODULE
  REAL::A = 4,B = 8
  CONTAINS
    SUBROUTINE SWAP(X,Y)
      REAL TEMP,X,Y
      TEMP = X;X = Y;Y = TEMP
    END SUBROUTINE SWAP
END MODULE MY_MODULE
PROGRAM EX
  USE MY_MODULE
  IMPLICIT NONE
  CALL SWAP (A, B)
  PRINT *, A, B
END PROGRAM EX
```

2. 下面程序的运行结果是_____。

```
MODULE WORKSPACE
  INTEGER::N
  REAL,ALLOCATABLE::A(:)
END MODULE WORKSPACE
PROGRAM EX
  USE WORKSPACE
  N = 3
  CALLCALCULATE
  PRINT *,A
END PROGRAM EX
SUBROUTINECALCULATE
  USE WORKSPACE
  INTEGER::I,J
  ALLOCATE(A(N))
  A = 0
  DO I = 1,N
    DO J = 1,N
      A(I) = A(J) + 1
    END DO
  END DO
END SUBROUTINECALCULATE
```

3. 下面程序的运行结果是_____。

```
MODULE A_MODULE
  IMPLICIT NONE
```

```
      CONTAINS
        SUBROUTINE ABC(J,K,M,N)
          INTEGER::J,K,M,N
          J = J - K
          M = J * K
          N = J + M
        END SUBROUTINE ABC
    END MODULE A_MODULE
    PROGRAM EX
      USE A_MODULE
      IMPLICIT NONE
      INTEGER::K,M,N,L
      K = 2;M = 5
      CALL ABC(K,M,N,L)
      PRINT '(1X,3I4)',K,M,N
    END PROGRAM EX
```

五、编写程序题

1. 改写类属子程序 SWAP，使其能够运算整型数组。

2. 超载固有函数 RANDOM_NUMBER，使其能够生成一个在整型 LOW 和 HIGH 之间的整数。

3. 超载运算符"+"，使其能够对两个字符型数据进行并运算。

第11章 指针与递归

考核目标

- 了解：指针、动态变量、指针数组和链表的一般知识。
- 理解：指针的基本概念，递归的概念。
- 掌握：指针的定义和使用，递归子程序的定义和使用方法。
- 应用：指针、递归子程序解决实际问题。

指针是一种特殊的数据类型,运用它可以有效地表示复杂的数据结构。递归是一种重要的程序设计方法,运用它可以方便地解决递归模型的求解问题。本章主要介绍指针的基本概念、指针的定义与使用、链表的概念、递归的概念以及递归程序设计。

通过本章的学习,要求学生了解指针的概念,掌握指针变量定义的方法和指针变量的使用。了解链表的概念,理解链表的结构与定义、链表的基本操作,了解指针数组的概念,理解指针数组正确定义的一般形式。理解递归的概念,掌握递归程序设计的一般方法。

11.1 指针的概念

指针变量的实现,使得FORTRAN90也加入了像PASCAL或C一样的语言联盟,但FORTRAN90中的指针与C中的指针并不相同,因为它不是指向内存中的地址,而仅仅是一个变量的别名。

11.1.1 数据结构的概念

数据结构是指数据元素之间的相互关系,即数据的组织形式。它一般包括数据元素之间的逻辑关系、数据元素及逻辑关系在计算机存储器内的表示方式以及对数据施加的操作三方面的内容。

前面已经学习过了数组。数组的特点之一就是同一数组中各元素的类型都是相同的,这些元素在内存中都占有同样大小的存储空间。由于数组元素按下标从小到大在内存中连续存放,这样当数组元素类型及种别参数一定的情况下(元素大小成为已知量),如果再知道数组的起始地址,系统根据下标值就很容易计算出某元素在内存中地址的起始地址。因而用数组存储大量同类型数据时,具有元素寻址快、随机存取等特点。但数组本身也有许多缺点,如在数组中插入和删除一个元素时需要移动大量数据,操作很不方便。另外,如果数组元素较多,实际数据项较少时,会浪费大量存储空间。而指针变量在处理数据插入、删除这类操作时非常方便,还可以利用指针变量形成比较复杂的数据结构,如链表、树等。

11.1.2 指针变量的定义

指针变量简称为"指针"。说明指针变量时需要指出指针变量的类型,并说明它具有POINTER属性。指针定义的一般形式为:

类型,POINTER::变量名表

或将数据类型的说明和指针的说明分开定义,一般形式为:

类型::变量名表

POINTER::变量名表

其中,类型可以是任意数据类型的关键词,关键词POINTER说明变量具有指针属性。例如:

REAL,POINTER::P1,P2

说明了两个实型指针变量P1、P2,可以指向实型的目标变量。又如:

INTEGER::A,B,C

POINTER::A,B

第一个语句说明了3个整型变量A、B、C,第二个语句说明了变量A、B是指针变量,它可以指向整型的目标变量。

11.1.3 目标变量及其定义

所谓"目标变量"是指针变量所指向的对象,通常把目标变量简称为"目标"。所有的目标变量在使用之前,必须进行定义,即用类型说明语句对变量进行说明,且该变量必须具有TARGET属性。其一般形式为:

  类型,TARGET ::变量名表

例如:

  REAL, TARGET::X, Y 该语句说明X和Y都是实型目标变量
  INTEGER, TARGET::I, J 该语句说明I和J都是整型目标变量

由于指针变量类型必须与所指的目标变量类型相同,因而对应的可以定义实型指针PR1、PR2指向目标变量X、Y,定义整型指针PI1、PI2指向目标变量I,J。

11.1.4 指针赋值语句

指针变量指向目标变量,这种指向关系需要通过指针赋值语句来建立。指针赋值语句的一般形式为:

  指针变量名=>目标变量名

其中,指针变量和目标变量应具有相同的数据类型。指针赋值语句的赋值号是=>,它由字符"="与字符">"合成,读作"指向"。它只能用于给指针变量赋值,使指针变量与目标变量之间建立指向关系。

例如,如果想让P1指向X,P2指向Y,就可以通过以下两个指针赋值语句来实现:

  P1=>X

  P2=>Y

此时指针与目标的关系如图11-1所示。

图11-1 指针的指向关系

这种指向关系一旦建立以后,使用X和使用它的指针P1的作用是相同的,使用Y和使用它的指针P2的作用也是相同的,即X和P1具有同样的值,Y和P2具有同样的值。可以理解为P1是它指向的目标X的一个名字(即它的别名),P2是它指向的目标Y的一个别名。因此,X的一切变化都会反映到P1上,Y的一切变化都会反映到P2上(这与其他高级语言中指针的概念有所不同)。例如,如果执行语句:

  REAL, POINTER::P1, P2

  REAL,TARGET::X, Y

  P1=>X

  P2=>Y

X = -12.5
P2 = 27.3

由于 X 的值是-12.5,P1 指向 X,那么 P1 的值也是-12.5。同理,由于 P2 指向 Y,P2 被赋值为 27.3,那么 Y 的值也是 27.3。

11.1.5 指针变量使用举例

【例 11-1】 定义一个指针并指向目标,改变目标值后打印指针与目标变量的值。

```
PROGRAM EXAM1
    IMPLICIT NONE
    INTEGER, TARGET::R = 3
    INTEGER, POINTER::PR
    PR = >R
    PRINT * , R, PR
    R = 2 * PR
    PRINT * , R, PR
END PROGRAM EXAM1
```

程序运行结果如图 11-2 所示。

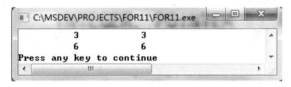

图 11-2 例 11-1 程序的运行结果

从上面的结果不难看出 R 和 PR 具有同样的值,PR 被认为是它的目标 R 的别名,即 R 的另一个名字。对 R 所做的一切操作都同样作用在 PR 上。在这个例子中,指针 PR 和目标 R 之间的关系如下:

在执行语句"PR=>R"后,结果如图 11-3(a)所示;继续执行语句"R=2*PR"后,结果如图 11-3(b)所示。

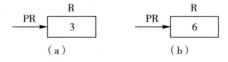

图 11-3 指针与目标变量的关系

【例 11-2】 指针赋值的例子。

```
PROGRAM EXAM2
    IMPLICIT NONE
    REAL, TARGET::R = 13
    REAL, POINTER::P1, P2
    P1 = >R
    P2 = >P1
```

```
    PRINT * , P1, P2, R
  END PROGRAM EXAM2
```
程序运行结果如图 11-4 所示。

图 11-4　例 11-2 程序的运行结果

在上面的程序中,语句"P2=>P1"的作用是把 P2 指定为 P1 的别名。因为 P1 已经指向了目标变量 R,即 P1 已经成为 R 的别名,所以 P2 同样也是 R 的别名。因此最后 R、P1、P2 输出的值是一样的。

该程序运行后,R、P1、P2 之间的关系如图 11-5 所示。

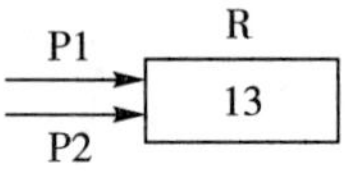

图 11-5　例 11-2 R、P1、P2 之间的关系

【例 11-3】　指针应用的例子。

```
PROGRAM EXAM3
  IMPLICIT NONE
  REAL, TARGET::R1 = 13
  REAL, TARGET::R2 = 15
  REAL, POINTER::P1, P2
  PRINT * , R1, R2
  P1 = >R1; P2 = >R2
  PRINT * , P1, P2
  P1 = P2
  PRINT * , P1, P2, R1, R2
  R2 = 2 * R2
  P2 = >P1
  PRINT * , P1, P2, R1, R2
END PROGRAM EXAM3
```
程序运行结果如图 11-6 所示。

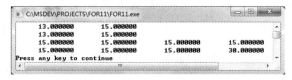

图 11-6　例 11-3 程序的运行结果

当程序执行语句"P1=R1；P2=R2"时，R1、R2、P1、P2之间的关系如图11-7所示。

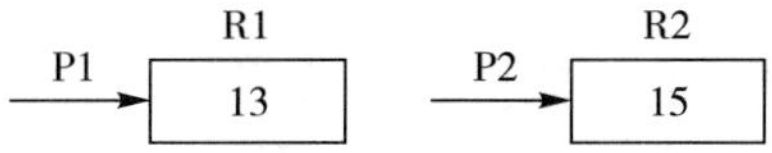

图 11-7 R1、R2、P1、P2 之间的关系

在上面的程序中，语句"P1=P2"为一般的赋值语句，执行完成这一条语句后，R1、R2、P1、P2之间的关系如图11-8所示。

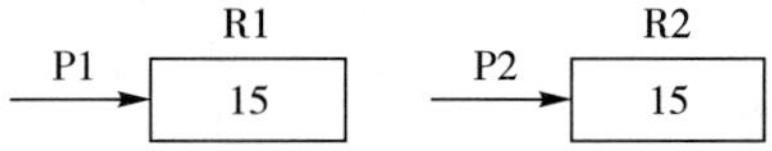

图 11-8 R1、R2、P1、P2 之间的关系

语句"P2=>P1"为指针赋值语句，它改变了指针P2所指向的目标变量，所以在执行完这一条语句之后，R1、R2、P1、P2之间的关系如图11-9所示。

图 11-9 R1、R2、P1、P2 之间的关系

【例 11-4】 用指针的方法实现将任意两个整型数进行交换。

```
PROGRAM EXAM4
    IMPLICIT NONE
    INTEGER, POINTER::PA, PB, PC
    INTEGER, TARGET::A, B, C
    READ * , A, B
    PA = >A; PB = >B
    PRINT * , A, B
    C = A; PC = >C; PA = PB; PB = PC
    PRINT * , A, B
END PROGRAM EXAM4
```

程序运行时，若输入数据为 2,7 ↙ 时，结果如图 11-10 所示。

图 11-10 例 11-4 程序的运行结果

在该程序中，C是临时变量，PC是临时指针，如果没有C、PC，读者想一想程序会出现什么情况？

该例中，当程序执行语句"PA=>A；PB=>B"，则PA、PB、A、B之间的关系如图11-11所示。

图 11-11 PA、PB、A、B 之间的关系

当执行语句"C=A；PC=>C"，则PA、PB、PC、A、B、C之间的关系如图11-12所示。

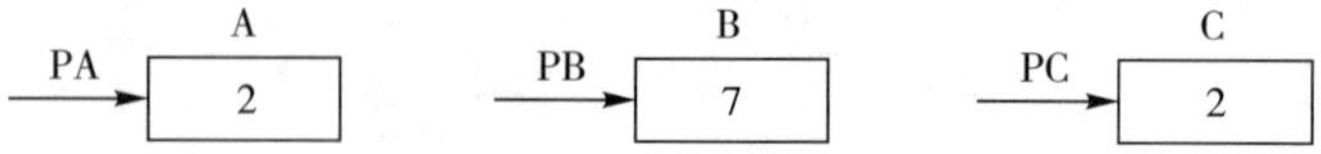

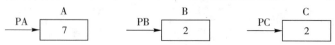

图11-12　PA、PB、A、B、C之间的关系

程序中语句"PA=PB；PB=PC"为一般赋值语句，其作用是将PB的值赋给PA，PC的值赋给PB，执行上述语句后，PA、PB、PC、A、B、C之间的关系如图11-13所示。

图11-13　PA、PB、PC、A、B、C之间的关系

通过以上这几个例子，可以得到以下几个结论：

①指针赋值，例如，P=>R，作用是建立一个指针P，使其成为所指目标的别名。

②对于一个指针变量的访问，实际上就是对其目标变量的访问。

③可以有多个指针同时指向同一个目标变量，但一个指针变量不能同时指向多个目标变量。

④指针赋值可以改变当前的别名。例如，语句P2=>P1使P2所指向的目标变成P1所指向的目标。

⑤在对指针变量进行一般赋值(=)之前，必须让指针变量指向某个目标变量。

11.2　指针的使用

动态数据结构在系统和应用软件的开发中应用相当广泛，它在提高系统资源的利用率、提高系统的操作效率上起到了非常重要的作用。动态数据结构的使用与指针密不可分。11.1节介绍了指针的概念——指针定义和赋值的方法。本节从分析指针的状态开始，介绍FORTRAN90中指针操作的语句及相关的内部函数，动态变量的概念及使用方法。

11.2.1　指针的状态

程序中的指针都处于以下两种状态之一：

①未关联状态，此时指针不指向任何对象或指向空对象(指向空对象的指针也被称作空指针)。

②关联状态，此时指针已经指向某个已经定义的目标对象。

11.2.2　NULLIFY语句

在程序中，有时需要对一个指针变量进行初始化操作，让它指向一个空对象，此时不管指针处于何种状态，都可以用NULLIFY语句实现指针置空操作，其语句的一般形式为：

NULLIFY (P)

其中，P为待置空的指针变量。空指针用符号"⊥"表示。

需要注意的是，如果指针P1和P2指向同一个目标，将P1置空并不具有将P2置空的

功能。相反,如果 P1 是空指针,则"P2=>P1",P2 也成为一个空指针。

11.2.3　动态变量

在上一节的例子中,指针都是指向已经存在的目标。实际上,可以用 ALLOCATE 语句为指针变量分配一块存储空间,并让该指针指向这块空间,而且这块空间就以该指针变量名命名,这样的变量就是动态变量。

用 ALLOCATE 语句申请开辟一块内存空间,并使一个指针变量指向它(即动态变量)。这个空间除了用指针标识外并没有其他的名字。ALLOCATE 语句的一般形式为:

　　ALLOCATE (P[,STAT=整型变量名])

其中,P 是一个已定义待分配空间的指针变量。STAT 为可选项,用于指出一个整型变量。当执行 ALLOCATE 语句内存分配成功时,该整型变量被赋值 0,分配不成功则该整型变量被赋非零值。通过检测该变量的值,可以检测内存分配是否成功。例如:

```
REAL,POINTER::P1
ALLOCATE(P1)
```

为一个实型数开辟了一个内存空间并使 P1 成为这个数据空间的别名,其示意图如图 11-14 所示。

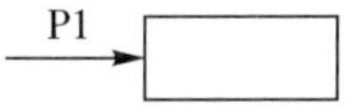

图 11-14　开辟一个名为 P1 的空间

ALLOCATE 语句并不能给这个空间赋值。所以在用到 P1 之前必须像对其他变量一样对它进行赋值。例如,语句 P1=17 的效果如图 11-15 所示。

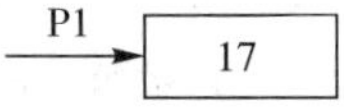

图 11-15　给 P1 赋值

DEALLOCATE 语句是 ALLOCATE 语句的逆向操作,其作用是释放原本分配给某个指针变量的内存空间并置空该指针。DEALLOCATE 语句的一般形式为:

　　DEALLOCATE (P [,STAT=整型变量名])

其中,P 是待释放空间的指针变量。STAT 选项的含义同 ALLOCATE 语句。例如:

```
DEALLOCATE(P1)
```

使指针 P1 脱离任何一个目标体并成为一个空指针,如图 11-16 所示。

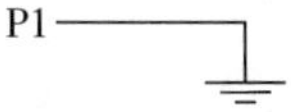

图 11-16　P1 被置空

P1 被释放后,任何需要有值的情况都不能再使用它,但它还是可以出现在指针赋值语句的右边。如果另外有指针指向 P1,则其也将成为一个空指针。

11.2.4　动态变量的举例

下面通过一些简单的例子,进一步说明动态变量的建立与释放过程及其应用。

【例 11-5】 动态变量的例子之一。

```
PROGRAM EXAM5
  IMPLICIT NONE
  REAL,POINTER::P
  ALLOCATE(P)
  P = 13
  PRINT *,P
  DEALLOCATE(P)
END PROGRAM EXAM5
```

程序运行结果如图 11-17 所示。

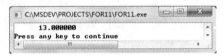

图 11-17 例 11-5 程序的运行结果

从上面的程序可以看出：P 被定义为别名以后，就可以同其他的实型量在程序中一起使用。在程序的最后，使用 DEALLOCATE 语句，把 P 所指向的内存释放。

【例 11-6】 动态变量的例子之二。

```
PROGRAM EXAM6
  IMPLICIT NONE
  INTEGER::IERR
  REAL,POINTER::P1(:)
  REAL,ALLOCATABLE,TARGET::P2(:,:)
  !下面的语句为 P1 分配内存空间,建立动态数组变量
  ALLOCATE(P1(1:8),STAT = IERR)
  IF(IERR == 0) THEN
    PRINT *,'P1 被成功的分配!'
  ELSE
    PRINT *,'P1 分配不成功,结束!'
    STOP
  END IF
  P1 = 2.5
  PRINT '(1X,8F8.1/)',P1
  ALLOCATE(P2(1:8,3),STAT = IERR)
  IF(IERR == 0) THEN
    PRINT *,'P2 被成功的分配!'
  ELSE
    PRINT *,'P2 分配不成功,结束!'
    STOP
  END IF
  P2 = 1.5
```

```
P2(1:8:2,2)=6.8
PRINT '(1X,8F8.1)', P2
!下面的语句使 P1 断开它已有的关联,建立新的关联,并获得新的形状,但是由于 P1 原来指向的
!对象没有命名,也没有与其他指针相关联,指针 P1 中原有的数据将全部丢失
P1 = >P2(2:7,2)
PRINT '(/1X,A)', 'P1 被指向了新的目标,并获得了新的形状,原有的值 2.5 全部丢失!'
PRINT '(1X,8F8.1)', P1
NULLIFY(P1)
DEALLOCATE(P2, STAT = IERR)
IF(IERR == 0) THEN
    PRINT '(/1X,A)', 'P2 被成功的解除分配!'
END IF
END PROGRAM EXAM6
```

程序运行结果如图 11-18 所示。

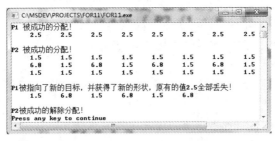

图 11-18　例 11-6 程序的运行结果

【例 11-7】　动态变量的例子之三。

```
PROGRAM EXAM7
  IMPLICIT NONE
  TYPE STUDENT_TYPE
    INTEGER::NUM
    REAL::SCORE
    TYPE(STUDENT_TYPE), POINTER::NEXT
  END TYPE STUDENT_TYPE
  TYPE(STUDENT_TYPE), POINTER::P_S1, P_S2
  ALLOCATE(P_S1)
  ALLOCATE(P_S2)
  READ *, P_S1 % NUM, P_S1 % SCORE
  READ *, P_S2 % NUM, P_S2 % SCORE
  NULLIFY(P_S1 % NEXT)
  NULLIFY(P_S2 % NEXT)
  PRINT *, P_S1 % NUM, P_S1 % SCORE
  PRINT *, P_S2 % NUM, P_S2 % SCORE
  DEALLOCATE(P_S1)
```

```
       DEALLOCATE(P_S2)
    END PROGRAM EXAM7
```
程序运行时,若输入以下数据:
```
    101,78.5 ✓
    103,99.5 ✓
```
结果如图 11-19 所示。

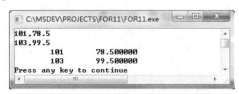

图 11-19　例 11-7 程序的运行结果

本例中 P_S1 和 P_S2 都是指向 STUDENT_TYPE 派生类型的指针,通过语句 ALLOCATE(P_S1)和 ALLOCATE(P_S2)建立了两个目标,其名字分别是 P_S1 和 P_S2。其中 P_S1％NEXT 和 P_S2％NEXT 这两个成员具有与 P_S1 和 P_S2 同样的类型,也是指向 STUDENT_TYPE 派生类型的指针。因而下述语句:
```
    P_S1 % NEXT = >P_S2
```
在语法上是合法的,其作用就是将指针 P_S1％NEXT 指向目标变量 P_S2。这是下面建立链表的基本方法。

使用动态变量给程序设计带来了很大的便利,但是使用动态变量时,需要小心!比如,下面的情况:
```
    PROGRAM EXAM
       REAL, POINTER::P1, P2, P3
       ALLOCATE(P1)
       P1 = 5
       P2 = >P1
       DEALLOCATE(P1)
       ALLOCATE(P3)
       P3 = 7
       PRINT *, P2
       DEALLOCATE(P3)
    END PROGRAM EXAM
```
在上面的程序中,P1 和 P2 引用同样的动态变量,当 P1 被释放后,它所指向的动态变量被取消。但 P2 同样受到影响,此时对 P2 的引用可能会带来意想不到的结果。读者上机运行看看,究竟出现什么结果。

11.2.5　ASSOCIATED 固有函数

固有函数 ASSOCIATED 是一个逻辑函数,其作用是用来检查一个指针是否指向一个目标或是否为另一个对象的别名。在使用这个函数时,被操作的指针必须是已经定义过的。函数 ASSOCIATED 指出指针到底处于上面所说的两种状态的哪一种,这也提供了检查一个指针是否为空指针的途径。

函数 ASSOCIATED 的一般形式为：

  ASSOCIATED（P1［,P2］）

其中,第一个参数 P1 为待检查的指针,第二个参数为可选项。除下列情况外,函数的值都为假。

①P2 缺省,如果 P1 指向某个目标变量,则函数值为真。

②P2 不缺省,且 P2 是一个目标变量,当 P1 指向 P2,则函数值为真。

③P2 不缺省,且 P2 是一个指针变量,当 P1 与 P2 指向同一个目标变量,则函数值为真。

例如,设：

  REAL,TRAGET::R

  REAL,POINTER::P1,P2

则

  ASSOCIATED（P1,R）

检查 P1 是否指向 R,若函数值为真,则表示指针 P1 是指向目标变量 R,否则表示指针 P1 不是指向目标变量 R,而

  ASSOCIATED（P1,P2）

则检查 P1 和 P2 是否指向同一个目标对象。

如果指针 P1 和 P2 指向的是同一个数组的不同的部分,它们被认为是没有指向同一个目标对象,其函数值是假。例如,下面的程序将输出一个逻辑值 F。

```
PROGRAM TEST
   IMPLICIT NONE
   REAL,TARGET,DIMENSION（4）::A＝（/1,2,3,4/）
   REAL,POINTER,DIMENSION（:）::P,Q
   P＝＞A（1:3）
   Q＝＞A（2:4）
   PRINT*,ASSOCIATED（P,Q）
END PROGRAM TEST
```

11.2.6 悬空指针和无法访问的内存

在使用指针时,用户必须尽量避免下面两种情况。

1. 悬空指针

设 P1 和 P2 是两个同类型的指针变量,执行下列语句后会导致悬空指针。

  ALLOCATED(P2)

  P1＝＞P2

  DEALLOCATED（P2）

分析:第一条语句在内存中分配一个以 P2 命名的内存空间,第二条语句将 P1 指向 P2,第三条语句释放 P2,由于此时 P1 与 P2 关联,释放 P2 的内存空间就导致 P1 指向一个不确定的目标,这时的 P1 就被称为"悬空指针"。

2. 无名内存

设 P1 是一个指针变量，A 是一个同类型的目标变量，执行下列语句后会导致无名内存。

```
ALLOCATED(P1)
P1 = >A
```

分析：第一条语句在内存中分配一个以 P1 命名的内存空间，第二条语句又将 P1 指向目标变量 A，此时导致以 P1 命名的内存空间无法访问，这就是无名内存。

如果这种情况仅发生在少数几个简单值上，问题倒不大，但如果在大数组上发生好几次，就会出现内存垃圾阻塞，严重影响内存的有效管理。基于这种情况，用户应该确保指向对象的所有指针都在对象被释放之后再作转移。

11.3 指针数组

除了可以定义指针变量外，还可以定义指针数组，让它作为其他数组的别名或者作为动态数组使用。指针数组定义的一般形式为：

类型，DIMENSION(:[,:]), POINTER::V

注意：这里的数组 V 一定要定义为一个假定形状数组。

有了上面的说明，V 可以指向任何一个一维数组或二维数组。例如，有下列语句：

```
REAL, DIMENSION(:), POINTER::P
REAL, DIMENSION(5,6), TARGET::ARR
P = >ARR(4,:)
```

P 变成了数组 ARR 第四行的别名。如果对 P 执行赋值语句：P＝1，就是将数组 ARR 的第四行全部设置为 1。当然，此处的目标数组 ARR 必须具有 TARGET 属性。

与动态变量一样，也可以在程序运行时通过 ALLOCATE 语句给指针数组分配内存空间。

下面以下三角矩阵的计算为例，因为下三角矩阵的每一行都可以用从小到大逐渐增加的动态数组来表示。

【例 11-8】 指针数组的例子。

```
PROGRAM EXAM8
    IMPLICIT NONE
    INTEGER::I
    TYPE ROW
        REAL, DIMENSION (:), POINTER::R
    END TYPE ROW
    INTEGER, PARAMETER:: N = 6
    TYPE (ROW), DIMENSION (N)::S, T      !定义 ROW 类型的数组（即矩阵）
    DO I = 1, N                           !给矩阵 T 的每一行分配一个存储单元
        ALLOCATE (T(I)%R(1:I))
    END DO
    DO I = 1, N                           !为矩阵 T 赋值
```

```
      T(I)%R(1:I) = I
    END DO
    S = T                                    !数组赋值
    PRINT *,´此时矩阵 S 的值为:´
    DO I = 1, N                              !打印矩阵 S
      PRINT ´(1X,6F8.1)´, S(I)%R(1:I)
    END DO
    DO I = 1, N                              !为矩阵 S 赋值
      S(I)%R(1:I) = 2 * I
    END DO
    PRINT ´(/1X, A)´,´此时矩阵 T 的值为:´
    DO I = 1, N                              !打印矩阵 T
      PRINT ´(1X,6F8.1)´, T(I)%R(1:I)
    END DO
END PROGRAM EXAM8
```

程序运行结果如图 11-20 所示。

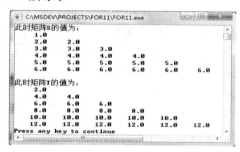

图 11-20 例 11-8 程序的运行结果

读者可能会发现,在上面的程序中,T 取了 S 的值,这是因为赋值语句:

    T = S

以上的语句中包含组成成员是指针的结构,其作用是对于指针元素使用了指针赋值。因而以上赋值语句等价于指针赋值语句:

    S(I)%R = >T(I)%R

它对于所有元素都有效,因为矩阵 S 和矩阵 T 的所有元素都是指针,这相当于为 T 取了个别名 S,这就是为什么在上例中 T 和 S 获得同样的值的原因。

对于接下来的循环语句:

```
    DO I = 1, N                              !为矩阵 S 赋值
      S(I)%R(1:I) = 2 * I
    END DO
```

对 S 重新赋值以后,由于 S、T 指向同一个矩阵,T 中的值也将同样发生改变。所以最后输出矩阵 T 即为矩阵 S 的结果。

11.4 链 表

链表在很多领域有着广泛的应用,例如,在科学和工程中可用于模拟排队。在FORTRAN90中可以有多种方式操作一系列数据。最显而易见的方式就是数组。再就是用带有指针属性的数据结构创建链表。到底选择哪一种方式取决于对这一系列数据的操作方式和操作频率。如果只要求检索或者在数值序列的一端添加删除元素,这时数组是一种简单有效的方式。如果经常需要在序列中任意位置添加或者删除元素,链表就很方便,因为在数组的中部添加删除元素要进行大量数据的移动。还有一个影响因素:是要像数组那样一次开足内存空间,还是像链表那样一个一个地开出来。

本节通过一个有序整型(从小到大)数值链表的创建、插入、删除和链表的输出等基本操作方法的介绍,比较详细地给出有关链表的概念及其相关的操作。为了使读者对链表能建立一个完整的概念,在最后给出一个有序整型数值链表抽象数据类型 SORTED_INT_LIST。

11.4.1 链表的概念

链表是动态数据结构的基本形式,在前面例 11-7 的例子中,已经初步接触到链表的概念。链表其实就是一个结点的序列,用 a_1、a_2、…、a_n 表示,称 a_{i-1} 为 a_i 的前趋结点,称 a_{i+1} 为 a_i 的后继结点,每个结点被连接到它前面的结点上。例如,有 3 个整型数值结点的链表,如图 11-21 所示。

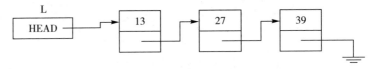

图 11-21 链表结构图

可以看出,在这个链表中每个结点分为两个部分,通常称为"两个域",第一个是数据域(这里是一个数值),第二个是指向下一个结点的指针域(用箭头表示),最后一个结点的指针域为空指针。链表的第一个结点称为"表头",最后一个结点称为"表尾"。指向表头的指针称为"头指针"。一个链表初定义时还没有任何数据结点,此链表称为"空链表"。空链表的头指针为空。

为了表示在存储器中的链表,必须定义一个派生类型来表示结点的结构,这个派生类型中至少应有一个数据域和一个指向本派生类型的指针,用于指向下一个结点。下面是整型数值链表中结点的定义形式:

```
TYPE NODE
    INTEGER::VALUE
    TYPE(NODE),POINTER::NEXT
END TYPE NODE
```

链表的关键是从哪开始到哪结束,即链表的头尾结点的位置。在一个链表中,一般只设置一个指针用于指向表头结点。对于表尾,由于它没有后继,该结点的后继指针 NEXT 指向空,因此可以很容易用函数 ASSOCIATED 判别出来。

为了操作方便起见,定义一个派生类型 LIST 来描述一个整型数值链表,该派生类型只有一个指向 NODE 类型的指针成员 HEAD,用来指向链表的表头结点。这个派生类型的形式为:

```
TYPE LIST
    TYPE(NODE),POINTER::HEAD
END TYPE LIST
```

有了 LIST 类型,程序中就可以用下面的语句来说明整型数值链表了:

```
TYPE(LIST)::L
```

此时,L%HEAD 为链表 L 的表头结点的指针。

11.4.2 链表的创建

使用链表的第一件事就是初始化创建一个空链表,该链表不含任何结点,其头指针指向空指针。空链表形式如图 11-22 所示。

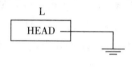

图 11-22 空链表

用一个函数子程序 NEW(L)来创建一个空链表。这个程序其实很简单,唯一值得注意的是数据类型 LIST 不是一个指针,而是一个数据结构,其唯一的成员是一个指针。这样在下面的程序中就不必为 L 进行内存分配了,而只需将其指针成员 HEAD 置空即可。下面就是这个程序:

```
FUNCTION NEW() RESULT(NEW_LIST)
    TYPE(LIST)::NEW_LIST
    NULLIFY(NEW_LIST % HEAD)
END FUNCTION NEW
```

使用这个函数,在应用时程序可以创建一个新的空链表,并把它赋给 LIST 类型的变量,例如:

```
TYPE(LIST)::L
L = NEW()
```

首先定义一个 LIST 类型的变量,然后利用 NEW 函数创建一个空链表,并通过语句:

```
L = NEW()
```

将这个空链表赋给了链表 L,从而完成了链表 L 的初始化工作。

接下来为 L 添加数值结点,为数值序列 1、2、3 建立一个如图 11-23 所示的整型数值链表。

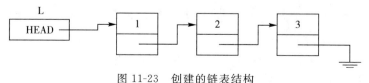

图 11-23 创建的链表结构

为了建立链表中的结点,首先必须定义一个 NODE 类型的指针变量,为它分配动态存储区:

```
TYPE(NODE),POINTER::CURRENT
ALLOCATE(CURRENT)
```

其次,用一个整型变量 NUM 表示当前结点的数值,将结点值 NUM 放入 CURRENT 的 VALUE 域中:

```
CURRENT % VALUE = NUM
```

最后,也是最关键的一步,就是将结点插入到链表中。为了方便起见,一般总是将该结点插入到当前链表的头部,这需要进行下面两步操作:

```
CURRENT % NEXT => L % HEAD
L % HEAD => CURRENT
```

这里,第一句将当前结点 CURRENT 指向原链表的头结点,第二句将链表头指针指向当前插入的结点 CURRENT,即结点 CURRENT 为现在链表的第一个结点。

由于每次建立的结点总是插入到链表的头部,因此为了保证所建立链表的顺序与数值序列一致,链表中结点的建立应按数值序列的逆向顺序从后往前进行,即按 3、2、1 的顺序建立和插入结点。这样为数值序列 1、2、3 创建的链表的具体过程为:

```
L = NEW()
DO NUM = 3, 1, -1
    ALLOCATE(CURRENT)
    CURRENT % VALUE = NUM
    CURRENT % HEAD => L % HEAD
    L % HEAD => CURRENT
END DO
```

链表的创建方法很多,这里所采用的在链表的头部插入结点建立链表的方法称为"头插入法"。读者也可以考虑总是将新添加的结点插入到链表的尾部,用这种创建链表方法称为"尾插入法"。

11.4.3 链表的插入

在链表中插入结点,首先需要搜索插入的位置。例如,假设链表 L 已经建立,另设 P、Q 两个为 NODE 类型的指针:

```
TYPE(NODE),POINTER::P, Q
```

开始时,让 P 指向空,Q 指向头结点:

```
NULLIFY(P)
Q => L % HEAD
```

由于在一个链表中,只有链表的头指针,其他结点的指针均在其前一个结点的 NEXT 域中。因此可以反复使用语句:

```
P => Q
Q => Q % NEXT
```

向后搜索。当 P 已指向待插入结点的前趋结点，Q 指向待插入结点的后继结点时，如图 11-24 所示。

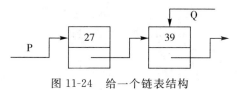

图 11-24　给一个链表结构

在链表数值为 13 的结点后和数值为 39 的结点前插入一个数值为 27 的结点，可用下面的方法：

```
TYPE(NODE),POINTER::CURRENT
ALLOCATE(CURRENT)
CURRENT % VLAUE = 27
CURRENT % NEXT = >Q
P % NEXT = >CURRENT
```

即首先创建了一个 NODE 类型的结点 CURRENT，并将其 VALUE 域的值设置为 27，而让其 NEXT 域指向数值为 39 的结点 Q，此时链表的形式如图 11-25 所示。

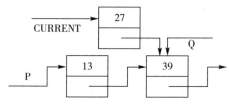

图 11-25　插入过程

最后一条语句修改指针 P 指向结点（即数值为 27 的结点）的指针域 NEXT，使其指向新插入的结点 CURRENT，这样就得到插入以后的链表，如图 11-26 所示。

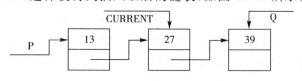

图 11-26　插入后链表结构

需要注意的是，若插入的结点是链表的第一个结点，此时因为 P 为空指针，所以插入过程的最后一条语句：

```
P % NEXT = >CURRENT
```

应该为

```
L % HEAD = >CURRENT
```

以使头指针 L%HEAD 指向当前插入的结点 CURRENT。

上面分析了在链表上插入结点时，搜索插入位置和插入结点的操作方法。下面以有序整型数值序列链表为例，用子例行子程序实现向链表中插入一个结点。假设链表 L 已经有若干个结点，且结点按数值从小到大的顺序排列在链表中，现在要将数值 NUMBER 插入到链表中。

由于链表 L 本身从小到大有序,因此在插入 NUMBER 之前,应先搜索 NUMBER 正确的插入位置。这可以通过从链表头开始,依次检查每一个结点,找出第一个结点值大于 NUMBER 的结点,该结点前面就是 NUMBER 的插入位置。若已搜索到链表尾(即所有结点的值均小于 NUMBER),则 NUMBER 插入到链表的尾部。具体程序如下:

```
SUBROUTINE INSERT (L, NUMBER)
   TYPE (LIST), INTENT (INOUT)::L
   INTEGER, INTENT (IN)::NUMBER
   TYPE (NODE), POINTER::P, Q, TEMP
   !搜索插入位置
   NULLIFY (P)
   Q =>L % HEAD
   DO WHILE (ASSOCIATED (Q) .AND. NUMBER>Q % VALUE)
     P =>Q
     Q =>Q % NEXT
   END DO
   !为 NUMBER 建立结点并插入链表
   ALLOCATE (TEMP)
   TEMP % VALUE = NUMBER
   TEMP % NEXT =>Q
   IF (ASSOCIATED (P)) THEN
     P % NEXT =>TEMP          !插入的不是头结点
   ELSE
     L % HEAD =>TEMP          !插入的结点作为头结点
   END IF
END SUBROUTINE INSERT
```

注意:在上面程序中,在链表的尾部插入结点同在链表的中间插入结点的方法是一样的。当 NUMBER 插入到链表的尾部时,Q 为空指针,P 指向元链表的最后一个结点,因此插入后 NUMBER 为链表的表尾结点。在搜索插入位置的 DO 循环中,函数 ASSOCIATED(Q)用于检测是否搜索到表尾。

11.4.4 链表的删除

从链表中,删除一个结点同插入一个结点的方法是类似的。首先也是找到这个结点,然后删除该结点。删除的过程就是让前一个结点的指针绕过此结点指向下一个结点,然后释放这个结点的空间。例如,在图 11-27 中,删除数值为 27 的结点,且经过搜索 Q 已经指向该结点,P 指向它的前趋结点。

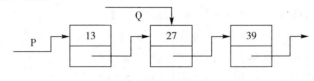

图 11-27　删除结点的链表

那么下面的语句将删除数值为 27 的结点：

P % NEXT = >Q % NEXT

而将此结点释放的语句为：

DEALLOCATE(Q)

同样需要注意的是，若删除的结点是该链表的第一个结点时，由于 P 为空指针，删除操作应通过链表的头指针来完成，即用下面语句来实现：

L % HEAD = >Q % NEXT

下面是整个子程序，其中的 3 个参数分别为链表 L、待删除的数值 NUMBER 和反映要删除的数是否被找到并被删除的标记变量 FOUND。

```
SUBROUTINE DELETE (L, NUMBER, FOUND)
    TYPE (LIST), INTENT (INOUT)::L
    INTEGER,INTENT(IN)::NUMBER
    LOGICAL,INTENT(OUT)::FOUND
    TYPE (NODE), POINTER::P, Q
    !搜索要删除的数值 NUMBER 的结点
    NULLIFY (P)
    Q = >L % HEAD
    DO WHILE (ASSOCIATED (Q).AND.NUMBER/ = Q % VALUE)
        P = >Q
        Q = >Q % NEXT
    END DO
    IF (ASSOCIATED (Q)) THEN
        FOUND = TRUE.
    ELSE
        FOUND = .FALSE.
    END IF
    !删除找到的结点
    IF (FOUND) THEN
        IF (P) THEN
            P % NEXT = >Q % NEXT
        ELSE
            L % HEAD = >Q % NEXT
        END IF
        DEALLOCATE (Q)
    END IF
END SUBROUTINE DELETE
```

如果要删除一个链表的所有结点，清空该链表，只要从链表的头开始，依次将结点从链表中删除，并释放结点的内存空间。下面的子例行子程序删除并清空一个链表：

```
SUBROUTINE EMPTY(L)
    TYPE (LIST), INTENT (INOUT)::L
    TYPE (NODE), POINTER::TEMP
```

```
      DO WHILE (ASSOCIATED (L%HEAD))
        TEMP=>L%HEAD                          !从链表上取下一个结点
        L%HEAD=>TEMP%NEXT                     !链表的头指针L%HEAD指向下一个结点
        DEALLOCATE (TEMP)                     !删除该结点
      END DO
    END SUBROUTINE EMPTY
```

在上面的子程序中，首先通过语句：

```
      TEMP=>L%HEAD
      L%HEAD=>TEMP%NEXT
```

从链表头取下一个结点，由指针 TEMP 指向这个结点，而链表的头指针 L%HEAD 则指向下一个结点。接下来的语句：

```
      DEALLOCATE (TEMP)
```

删除取下的结点，并释放内存空间。在删除前先让 L%HEAD 指向下一个结点，这一点非常重要。因为，如果用下面的顺序删除链表：

```
      TEMP=>L%HEAD
      DEALLOCATE (TEMP)
      L%HEAD=>TEMP%NEXT
```

将会由于第一个结点已经删除，而无法找到下一个结点。所以在删除一个结点前必须先将 L%HEAD 指向下一个结点。

11.4.5 链表的输出

链表的输出过程与 INSERT、DELETE 过程中的搜索链表的部分相似，只要设置一个指针 P 指向当前结点就可以了。具体程序如下：

```
    SUBROUTINE PRINT_LIST (L)
      TYPE (LIST), INTENT (IN)::L
      TYPE (NODE), POINTER::P
      P=>L%HEAD
      DO WHILE (ASSOCIATED (P))
        PRINT *, P%VALUE
        P=>P%NEXT
      END DO
    END SUBROUTINE PRINT_LIST
```

该程序首先让 P 指向头结点，然后再输出 P 结点的值，再将 P 指向下一个结点，反复此过程，直到全部结点搜索完毕。

11.4.6 一个链表抽象数据类型

前面详细地介绍了链表的创建、插入、删除以及链表的输出等操作的方法。为了对链表有一个完整的认识，下面以一个有序整型数值链表为例，使用模块建立一个抽象数据类型。该抽象数据类型以有序整型数值链表为对象，链表中结点按数值从小到大排列。为了实现对链表的操作，在模块中提供给链表一个函数子程序 NEW()用来创建并返回一个空链表；

一个子例行子程序 EMPTY(L)用来删除链表中所有结点,将 L 置为空链表;一个子例行子程序 INSERT(L,NUMBER)将一个数 NUMBER 插入到链表中;一个子例行子程序 DELETE (L,NUMBER)将一个数 NUMBER 从链表中删除(如果这个数存在的话);一个子例行子程序 PRINT_LIST (L)依次输出链表 L 中的所有数值。以下就是这个抽象数据类型的完整描述:

```
MODULE SORTED_INT_LIST
    !以下是链表结点类型的定义,这里定义整型数值结点
    TYPE NODE
      INTEGER::VALUE
      TYPE (NODE), POINTER::NEXT
    END TYPE NODE
    !以下定义整型数值链表类型
    TYPE LIST
      TYPE (NODE), POINTER::HEAD
    END TYPE LIST
CONTAINS
    !下面函数子程序创建一个空链表
    FUNCTION NEW () RESULT (NEW_LIST)
      TYPE (LIST)::NEW_LIST
      NULLIFY (NEW_LIST % HEAD)
    END FUNCTION NEW
    !下面子例行子程序删除给定链表 L 中所有结点,使 L 成为一个空链表
    SUBROUTINE EMPTY(L)
      TYPE (LIST), INTENT (INOUT)::L
      TYPE (NODE), POINTER::TEMP
      DO WHILE (ASSOCIATED (L % HEAD))
        TEMP =>L % HEAD                    !从链表上取下一个结点
        L % HEAD =>TEMP % NEXT
        DEALLOCATE (TEMP)                   !删除该结点
      END DO
    END SUBROUTINE EMPTY
    !下面子例行子程序在有序数值链表 L 上插入数值为 NUMBER 的结点
    SUBROUTINE INSERT (L, NUMBER)
      TYPE (LIST), INTENT (INOUT)::L
      INTEGER, INTENT (IN)::NUMBER
      TYPE (NODE), POINTER::P, Q, TEMP
      !搜索插入位置,使 Q 指向待插入结点的后继,P 指向待插入结点的前驱
      !若待插入的结点是链表的头结点,则 P 为空指针
      NULLIFY (P)
      Q =>L % HEAD
      DO WHILE (ASSOCIATED (Q) .AND. NUMBER>Q % VALUE)
```

```
      P => Q
      Q => Q % NEXT
    END DO
    ! 为 NUMBER 建立结点并插入链表
    ALLOCATE (TEMP)
    TEMP % VALUE = NUMBER
    TEMP % NEXT => Q
    IF (ASSOCIATED (P)) THEN
      P % NEXT => TEMP                    ! 插入的不是头结点
    ELSE
      L % HEAD => TEMP                    ! 插入的结点作为头结点
    END IF
END SUBROUTINE INSERT
! 下面子例行子程序在链表 L 中删除数值为 NUMBER 的结点
SUBROUTINE DELETE (L, NUMBER, FOUND)
    TYPE (LIST), INTENT (INOUT)::L
    INTEGER, INTENT (IN)::NUMBER
    LOGICAL, INTENT (OUT)::FOUND
    TYPE (NODE), POINTER::P, Q
    ! 搜索要删除的数值为 NUMBER 的结点,使 Q 指向待删除的结点,P 指向
    ! 待删除结点的前驱。若不存在数值为 NUMBER 的结点,则 Q 为空指针
    ! 若待删除的数值为 NUMBER 的结点为链表的第一个结点,则 P 为空指针
    NULLIFY (P)
    Q => L % HEAD
    DO WHILE (ASSOCIATED (Q).AND.NUMBER/=Q % VALUE)
      P => Q
      Q => Q % NEXT
    END DO
    ! 若找到数值为 NUMBER 的结点,置 FOUND 为 TRUE,否则置 FOUND 为 FALSE
    IF (ASSOCIATED (Q)) THEN
      FOUND = .TRUE.
    ELSE
      FOUND = .FALSE.
    END IF
    ! 若找到数值为 NUMBER 的结点,删除该结点
    IF (FOUND) THEN
      IF (P) THEN
        P % NEXT => Q % NEXT
      ELSE
        L % HEAD => Q % NEXT
      END IF
```

```
          DEALLOCATE (Q)
        END IF
    END SUBROUTINE DELETE
    !输出链表
    SUBROUTINE PRINT_LIST (L)
        TYPE (LIST), INTENT (IN)::L
        TYPE (NODE), POINTER::P
        P =>L % HEAD
        DO WHILE (ASSOCIATED (P))
            PRINT *, P % VALUE
            P =>P % NEXT
        END DO
    END SUBROUTINE PRINT_LIST
END MODULE SORTED_INT_LIST
```

作为链表抽象数据类型的应用,我们来看下面的例子。

【例 11-9】 从键盘上输入整数序列 12、9、21、30、25、43、37,建立有序整数序列链表,然后输出该链表。

分析:利用上面的模块,这个问题非常简单。该链表的创建,可以利用模块中函数子程序 NEW 首先进行初始化,然后依次输入建立链表的数值,调用模块中子例行子程序 INSERT 将数值插入到链表中去。链表的输出调用模块中子例行子程序 PRINT_LIST 来完成。具体程序如下:

```
PROGRAM EXAM9
    USE SORTED_INT_LIST
    IMPLICIT NONE
    TYPE (LIST)::L
    INTEGER::NUM
    L = NEW ()                              !初始化链表
                                            !输入链表中结点的值
    PRINT *, '输入建立链表的数值序列:'
    READ *, NUM
    DO WHILE (NUM/ = 0)
        CALL INSERT (L, NUM)
        READ *, NUM
    END DO
                                            !输出链表
    PRINT '(/1X, A)', '该链表为:'
    CALL PRINT_LIST (L)
END PROGRAM EXAM9
```

运行该程序屏幕显示:

输入建立链表的数值序列:

用键盘输入:

12↙
9↙
21↙
30↙
25↙
43↙
37↙
0↙

结果如图 11-28 所示。

图 11-28　例 11-9 程序的运行结果

11.5　递归及其应用

11.5.1　递归的概念

在数学的定义中,递归是一种常用的数学模型。在 FORTRAN90 中,允许子程序自己调用自己,即在子程序内直接或间接地调用子程序自身或用该子程序中的 ENTRY 语句定义的函数,这种调用子程序称为"递归子程序"。递归是处理程序控制流向的一种方法,但它的执行需要有动态存储分配,每次调用一个递归子程序时,子程序中的变量必须分配存储空间。

如果一个子程序中明显包含对本子程序的调用,这种递归称为"直接递归",如图 11-29 所示。如果一个子程序 F1 调用另一个子程序 F2,而子程序 F2 又直接或间接调用子程序 F1,这种递归称为"间接递归",如图 11-30 所示。

图 11-29　直接递归　　　　　　　　图 11-30　间接递归

从图 11-29、11-30 可以看出，这两种递归调用都是无终止的自身调用。显然，程序中不应该出现这种无终止的递归调用，而只应该出现有限次数的、有终止的递归调用，这可以用 IF 语句来控制，只有在某一个条件成立时才继续执行递归调用，否则就不再继续。

FORTRAN90 中的子程序有两种，即函数子程序和子例行子程序。用函数实现直接或间接地调用自身的过程称为"递归函数"，用子例行子程序实现直接或间接地调用自身的过程称为"递归子程序"。下面分别介绍这两种递归子程序。

11.5.2 递归函数

递归函数是在使用 FORTRAN90 的函数子程序时，直接或间接地调用自身的一种函数调用形式。递归函数的一般形式如下：

RECURSIVE FUNCTION 函数名([虚参名表]) RESULT(返回结果名)
　　[说明部分]
　　[执行部分]
END [FUNCTION [函数名]]

递归函数的定义与外部函数子程序的定义类似，只是必须在 FUNCTION 语句之前加上关键词 RECURSIVE，它是递归说明语句。

在主程序中调用递归函数时，应写出递归函数的接口块。

递归函数调用的一般形式如下：

PROGRAM 程序名
　　INTERFACE
　　　　程序接口体
　　END INTERFACE
　　PRINT *,函数名([实参名表])
END PROGRAM 程序名

【例 11-10】 用递归方法求 N!(N 为非负的整数)。

分析：由数学知识可知，对于非负整数 N，其阶乘可由下面递归公式计算得出：

$$N! = \begin{cases} 1 & N=0 \\ N*(N-1)! & N>0 \end{cases}$$

按照这个公式，可以将求 N! 的问题变成求 (N-1)! 的问题。而求 (N-1)! 的问题又可以变成求 (N-2)! 的问题……直到最后 N=0，根据公式 0!=1。

设用函数子程序 FAC(N) 求 N!。由于 N!=N×(N-1)!，而求 (N-1)! 实际上仍然需要调用 FAC，只是自变量从 N 变为 (N-1)，即调用函数 FAC(N-1)。求函数 FAC(N-1) 的值时，又可通过 FAC(N-2) 求得，以此类推，直到 FAC(0)，此时 0!=1。下面给出求 N! 的递归函数子程序。

```
RECURSIVE FUNCTION FAC(N) RESULT(FAC_RES)
    INTEGER,INTENT(IN)::N
    REAL::FAC_RES
    IF (N==0) THEN
        FAC_RES = 1
    ELSE
```

```
      FAC_RES = N * FAC(N - 1)
    END IF
  END FUNCTION FAC
```

若在主程序中,要计算 3!,可以写出如下的赋值语句:

Y=FAC(3)

下面列出它的调用和执行过程:

①从主程序调用递归函数 FAC。
②N=3,计算 FAC_RES=3 * FAC(2)。
③从函数中递归调用 FAC,N=2,计算 FAC_RES=2 * FAC(1)。
④从函数中递归调用 FAC,N=1,计算 FAC_RES=1 * FAC(0)。
⑤从函数中递归调用 FAC,N=0,计算 FAC_RES=1。
⑥返回到④,算出 FAC_RES=1 * FAC(0)=1 * 1=1。
⑦返回到③,算出 FAC_RES=2 * FAC(1)=2 * 1=2。
⑧返回到②,算出 FAC_RES=3 * FAC(2)=3 * 2=6。
⑨返回到主程序,算出 Y=FAC(3)=6。
⑩以上调用执行情况,可用图 11-31 来说明。

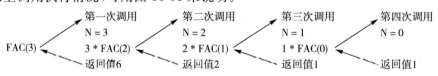

图 11-31 FAC(3)递归调用过程分析

调用该递归函数的主程序的写法与调用非递归函数的写法基本相同,只是注意要写出被调用的递归函数的接口。主程序如下:

```
PROGRAM EXAM10
  IMPLICIT NONE
  INTERFACE
    RECURSIVE FUNCTION FAC (N) RESULT (FAC_RES)
      INTEGER, INTENT (IN)::N
      REAL::FAC_RES
    END FUNCTION FAC
  END INTERFACE
  INTEGER::N
  READ * , N
  PRINT * ,FAC(N)
END PROGRAM EXAM10
```

程序运行结果如图 11-32 所示。

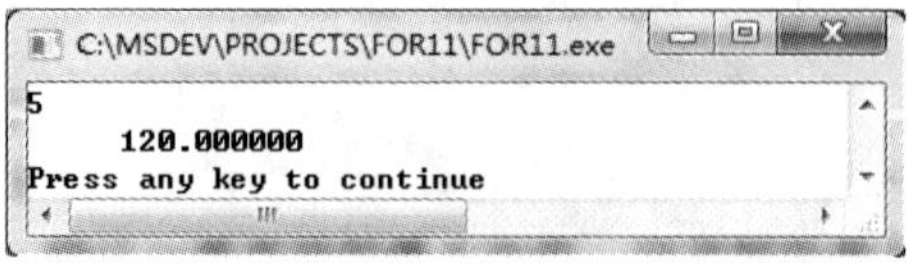

图 11-32 例 11-10 程序的运行结果

【例 11-11】 用递归方法求 FIBONACCI 序列第 N 项的值。

分析:FIBONACCI 序列为 $1,1,2,3,5,8,13,21,34,\cdots$,这个序列是从一系列应用中得到的,如雏菊的花瓣数、辨认一串字符的最大步数以及矩形最完美的比例(即文艺复兴时艺术家和数学家的"黄金分割")等。它是由下列关系式定义的:

$$F(N)=\begin{cases} 1 & N=1 \\ 1 & N=2 \\ F(N-1)+F(N-2) & N>2 \end{cases}$$

即从第三项开始,每一项都是其前两项之和。这是一个递归函数,程序如下:

```
RECURSIVE FUNCTION FIBONACCI (N) RESULT (FIB_RES)
    INTEGER, INTENT (IN)::N
    REAL::FIB_RES
    IF (N<=2) THEN
        FIB_RES = 1
    ELSE
        FIB_RES = FIBONACCI (N-1) + FIBONACCI (N-2)
    END IF
END FUNCTION FIBONACCI
```

主程序如下:

```
PROGRAM EXAM11
    IMPLICIT NONE
    INTERFACE
        RECURSIVE FUNCTION FIBONACCI (N) RESULT (FIB_RES)
            INTEGER,INTENT(IN)::N
            REAL::FIB_RES
        END FUNCTION FIBONACCI
    END INTERFACE
    INTEGER::N
    READ * ,N
    PRINT * ,FIBONACCI(N)
END PROGRAM EXAM11
```

程序运行时,若输入 8↙,则得到 FIBONACCI 数列第 8 项的值,结果如图 11-33 所示。

图 11-33 例 11-11 程序的运行结果

值得注意的是,这个程序的计算效率极低,比如计算 F(7),那么递归函数就要计算 F(6) 和 F(5)。接着 F(6) 的计算又要计算 F(5) 和 F(4)。这样,F 的值反反复复地用相同的变量计算。事实上,为求所引起的函数递归调用的次数已经超过了答案本身的值(约为 0.447×1.618^N)。可以看出这个函数的执行时间是指数数量级的。如果用迭代方法求 FIBONACCI 数,无论在时间上还是在存储空间上都会更加的有效。

由此看出,在解决某些问题中,递归是一种十分有用的方法,它可以使某些看起来不易解决的问题变得容易,写出的程序较为简单。但是递归通常要花费较多的时间和占用较多的存储空间,效率不高。

11.5.3 递归子程序

递归子程序是在使用 FORTRAN90 的子例行子程序时,直接或间接地调用自身的一种子程序调用形式。递归子程序的一般形式如下:

  RECURSIVE SUBROUTINE 子程序名([虚参名表])
   [说明部分]
   [执行部分]
  END SUBROUTINE [子程序名]

它与子程序的定义类似,只需要在 SUBROUTINE 语句前加上关键词 RECURSIVE。在主程序中调用递归子程序时,也应写出递归子程序的接口块。

递归子程序调用的一般形式如下:

  PROGRAM 程序名
   INTERFACE
    程序接口体
   END INTERFACE
   CALL 函数名([实参名表])
  END [PROGRAM [程序名]]

【例 11-12】 用递归法解 HANOI(汉诺塔)问题。这是一个典型的只有用递归方法(而不可能用其他方法)解决的问题。问题是这样的:有 3 根针 A、B、C。A 针上有 64 个盘子,盘子大小不等,大的在下,小的在上(见图 11-34)。要求把这 64 个盘子从 A 针移到 C 针,在移动过程中可以借助 B 针,每次只允许移动一个盘,且在移动过程中在 3 根针上都保持大盘在下,小盘在上。要求编程序打印出移动的步骤。

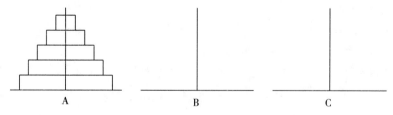

图 11-34 HANOI(汉诺塔)问题

分析:将 N 个盘子从 A 针移动到 C 针可以分解为以下 3 个步骤:
① 将 A 针上 N−1 个盘子借助 C 针先移动到 B 针上;
② 把 A 针上剩下的一个盘子移到 C 针上;
③ 将 N−1 个盘子从 B 针借助 A 针移到 C 针上。

例如,要想将 A 针上 3 个盘子移到 C 针上,可以分解为以下三步:
① 将 A 针上 2 个盘子移到 B 针上(借助 C);

②将 A 针上 1 个盘子移到 C 针上；
③将 B 针上 2 个盘子移到 C 针上（借助 A）。
其中第 1 步又可用递归方法分解为：
①将 A 上 1 个盘子从 A 移到 C；
②将 A 上 1 个盘子从 A 移到 B；
③将 C 上 1 个盘子从 C 移到 B。
第 2 步可以直接实现。第 3 步可以分解为：
①将 B 上 1 个盘子从 B 移到 A；
②将 B 上 1 个盘子从 B 移到 C；
③将 A 上 1 个盘子从 A 移到 C。
将以上综合起来，可以得到移动的步骤为：
A=>C,A=>B,C=>B,A=>C,B=>A,B=>C,A=>C。

上面第 1 步和第 3 步，都是把 N−1 个盘子从一个针移到另一个针上，采取的办法是一样的，只是针的名字不同而已。为使之一般化，可以将第 1 步和第 3 步表示为：

"将 ONE 针上 N−1 个盘子移到 TWO 针上，借助 THREE 针"

只是在第 1 步和第 3 步中，ONE、TWO、THREE 和 A、B、C 的对应关系不同。对第 1 步，对应关系是 ONE↔A,TWO↔B,THREE↔C。对第 3 步是：ONE↔B,TWO↔C,THREE↔A。

因此，可以把上面 3 个步骤分成两类操作：
①将 N−1 个盘子从一个针移到另一个针上(N−1)，这是一个递归过程。
②将 1 个盘子从一个针上移到另一个针上。

下面编写程序。第 1 步可以用一个递归子程序 HANOI 实现，第 2 步只需一条打印语句，打印出一个盘子的搬动过程。主程序 TEST_HANOI 用以测试。

```
PROGRAM TEST_HANOI
  IMPLICIT NONE
  INTERFACE
    RECURSIVE SUBROUTINEHANOI (N, ONE, TWO, THREE)
      INTEGER, INTENT (IN)::N
      CHARACTER, INTENT (IN)::ONE, TWO, THREE
    END SUBROUTINEHANOI
  END INTERFACE
  INTEGER::NUM_DISK
  PRINT * ,´请输入盘子数:´
  READ * , NUM_DISK
  CALLHANOI (NUM_DISK, ´A´, ´B´, ´C´)
END PROGRAM TEST_HANOI
RECURSIVE SUBROUTINEHANOI (N, ONE, TWO, THREE)
  INTEGER, INTENT (IN)::N
  CHARACTER, INTENT (IN)::ONE, TWO, THREE
  IF(N>0) THEN
```

```
      CALL HANOI (N - 1, ONE, THREE, TWO)
      PRINT *, 'MOVE DISK', N, ' FROM ', ONE, ' TO ', THREE
      CALL HANOI (N - 1, TWO, ONE, THREE)
   END IF
END SUBROUTINE HANOI
```

程序运行时,若输入 3 ↙,则结果如图 11-35 所示。

图 11-35 例 11-12 程序的运行结果

从这个例子可以看到:一个看似较复杂的问题,通过递归办法得到了较好的解决,程序也较简单、清晰。

为了实现递归,关键是确定递归算法。递归算法通常是把规模较大、较难解决的问题变成规模较小、易解决的问题。规模较小的问题又变成规模更小的问题,并且小到一定程度可以直接得出它的解。

正如前面所提到的那样,递归方法除了有它的优点(使复杂问题变得简单,程序简单、清晰)外,也有它的缺点(运行时间长、占用存储空间多)。另外,也不是每个问题都合适用递归方法求解。

 习 题 11

一、单项选择题

1. 下面对指针变量描述正确的是_____。
   A. 指针变量的定义与一般变量的定义相同
   B. 一个指针变量必须指向一个目标变量
   C. 指针变量与目标变量的类型可以不一样
   D. 一个指针可以同时指向几个目标变量

2. 下面语句中,不正确的是_____。
   A. REAL,TARGET::R = 3
   B. REAL,POINTER::P
   C. P = R
   D. PRINT *,P,R

3. 下面的程序段中,正确的是_____。
   A. REAL,POINTER::P

```
    INTEGER,TARGET::X
       X=10;P=>X
 B. INTEGER,POINTER::P
    INTEGER,TARGET::X
       X=10,X=>P
 C. INTEGER,POINTER::P
    REAL,TARGET::X
       X=10;P=>X
 D. REAL,POINTER::P
    REAL,TARGET::X
       X=10;P=>X
```

二、改错题

注意事项：

(1) 标有!<==ERROR?的程序行有错，请直接在该行修改。

(2) 请不要将错误行分成多行。

(3) 请不要修改任何注释。

1. 下面程序的功能是用指针的方法实现两个整型数的乘积，请改错。

```
PROGRAM EX1
    IMPLICIT NONE
    REAL,POINTER::PA,PB              !<== ERROR1
    INTEGER,TARGET::A,B
    READ *,A,B
    A = PA                            !<== ERROR2
    B = PB                            !<== ERROR3
    PRINT *,PA*PB
END PROGRAM EX1
```

2. 下面程序是用指针的方法将整型变量 A、B 的内容互换，请改错。

```
PROGRAM EX2
    IMPLICIT NONE
    INTEGER::A,B,C                    !<== ERROR1
    REAL,POINTER::P1,P2,P3            !<== ERROR2
    READ *,A,B
    C = B
    P1 =>A
    P2 =>B
    P3 = B                            !<== ERROR3
    PRINT *,A,B
    P2 = P1
    P1 = P3
    PRINT *,A,B
END PROGRAM EX2
```

3. 下面程序的功能是用递归方法求解猴子吃桃问题。即一只猴子第一天摘了一堆桃子,它每天吃掉一半多1个的桃子,到第五天发现只剩下一个桃子了,求猴子第一天共摘了多少个桃子。请改错。

```
    RECURSIVE F(N) RESULT(F_R)              !<== ERROR1
      IMPLICIT NONE
      INTEGER,INTENT(IN)::N
      REAL::F_R
      IF(N==1)THEN                          !<== ERROR2
        F_R = 1
      ELSE
        F_R = 2 * (F(N + 1) + 1)
      END IF
    END FUNCTION F
    PROGRAM EX3
      IMPLICIT NONE
      INTERFACE
        RECURSIVE FUNCTION F(N) RESULT(F_R)
          INTEGER,INTENT(IN)::N
          REAL::F_R
        END FUNCTION F
      END INTERFACE
      PRINT *,F(5)                          !<== ERROR3
    END PROGRAM EX3
```

三、填空题

注意事项:

(1)请不要将需要填空的行分成多行。

(2)请不要修改任何注释。

1. 下面程序用实型指针变量 P 访问目标变量 A,请填空。

```
PROGRAM EX4
  IMPLICIT NONE
  REAL,_____::A = 4.6            !<== BLANK1
  REAL,_____::P                  !<== BLANK2
  _____A                         !<== BLANK3
  PRINT *,P,A
END PROGRAM EX4
```

2. 下面程序用整型指针变量 P 访问目标变量 A,请填空。

```
PROGRAM EX5
  IMPLICIT NONE
  INTEGER,_____::A               !<== BLANK1
  _____,POINTER::P               !<== BLANK2
```

        READ * ,A
        _____   !<== BLANK3
        PRINT * ,P,A
    END PROGRAM EX5

3. 下面是一个包含递归子程序的程序,用于计算 M!。
    PROGRAM EX6
        IMPLICIT NONE
        INTEGER::M,FAC_RES
        READ * ,M
        IF(M<0)STOP
        CALL FAC(M,_____)   !<== BLANK1
        PRINT * ,FAC_RES
    END PROGRAM EX6
    _____ SUBROUTINE FAC(M,RES)   !<== BLANK2
        INTEGER,INTENT(IN)::M
        INTEGER::RES,R
        IF(M == 0)THEN
            RES = 1
        ELSE
            CALL FAC(M - 1,R)
            RES = _____   !<== BLANK3
        END IF
    END SUBROUTINE FAC

四、阅读理解题
    1. 写出下列程序运行结果。
    PROGRAM EX7
        IMPLICIT NONE
        INTEGER,TARGET::A,B
        INTEGER,POINTER::PA,PB
        A = 3;B = 5
        PA =>A;PB =>B
        PRINT * ,A,B,PA,PB
        PA = PB
        PRINT * ,A,B,PA,PB
    END PROGRAM EX7

    2. 写出下列程序运行结果。
    PROGRAM EX8
        IMPLICIT NONE
        REAL,TARGET::A,B
        REAL,POINTER::PA,PB
        READ(* , *)A,B

        PA = >A;PB = >B
        PB = 2 * PA
        PRINT *,PA,PB
        PA = >B
        PRINT *,PA,PB
    END PROGRAM EX8

程序运行时,若输入数值为:3.5,7.2✓

则输出结果为:_____。

3.写出下列程序运行结果。

    PROGRAM EX9
        IMPLICIT NONE
        INTEGER,TARGET::A,B
        INTEGER,POINTER::PA,PB
        READ(*,*)A,B
        PA = >A;PB = >B
        WRITE(*,*)A,B,PA,PB
        PA = PB
        B = A + B
        PB = >PA
        WRITE(*,*)A,B,PA,PB
    END PROGRAM EX9

程序运行时,若输入数值为:−2,5✓

则输出结果为:_____。

4.写出下列程序运行结果。

    PROGRAM EX10
        IMPLICIT NONE
        REAL,TARGET::A
        REAL,POINTER::P
        PRINT *,ASSOCIATED(P,A)
        P = >A
        PRINT *,ASSOCIATED(P,A)
    END PROGRAM EX10

五、编写程序题

1.编写程序,让两个实型指针分别指向两个不同的实型目标变量。以不同的顺序,交换两个指针所指向的目标变量,打印交换后变量的值。

2.编写一个查找链表中某一元素是否存在的函数子程序。

3.假设已有一个建好的链表,试编写一个函数用以统计链表中的结点数。

4.对一个数值域为整型的链表,编写一个函数计算出该链表中所有整数之和。

5.用递归方法求两个整数 M 和 N 的最大公约数 GCD (M, N),其递推关系如下:

$$GCD (M, N) = N \qquad (MOD(M,N)==0 \text{ 时})$$
$$GCD (M, N) = GCD (N, MOD(M,N)) \qquad (MOD(M,N) \neq 0 \text{ 时})$$

6. 用递归方法编程计算 X^N，其中 X、N 由键盘输入。
7. 编写递归函数 F(N)(N≥0)，其定义如下：
   F(0)=0
   F(1)=F(2)=1
   F(N)=2×F(N−1)+F(N−2)+F(N−3)   (N≥3)
用主程序调用此函数，并分别求 N=10、N=15 时的函数值。

第12章 文件

考核目标

- 了解：文件的常见分类。
- 理解：文件的基本概念。
- 掌握：文件的打开、关闭、输入输出等操作。
- 应用：文件进行数据的读写操作。

本章主要介绍文件的基本概念、文件操作语句以及文件的应用。

通过本章的学习,要求学生了解文件的基本概念,掌握 OPEN 语句、CLOSE 语句、文件的输入输出语句等的使用,掌握文件的创建、文件的输入输出等一般基本操作方法,并能够用文件的有关操作进行简单的程序设计。

12.1 文件的基本概念

计算机技术领域中,通常把能够表达某个完整意义的字符型或数值型数据的集合称为"文件"。在 FORTRAN90 中,文件是由记录组成的,记录是数据的序列。FORTRAN90 对文件的操作是以记录为单位进行的。除特殊说明以外,FORTRAN90 程序每执行一次 READ 语句或 WRITE 语句总是输入或输出一个完整的记录。文件中的长度可以是固定的,也可以是变化的,这与文件的种类以及存储方式等性质有关。

12.1.1 记录

记录是字符或数值的序列,行式打印机在输出时,一行字符就是一个记录,不管这行字符有多少个。在键盘输入时,一个记录是以"回车"符作为结束标志。在磁盘文件中,"回车"符也是一个记录结束的标志。

FORTRAN90 中的记录有以下 3 种方式。

1. 格式记录

格式记录是一个有序的格式化数据序列,每个记录以"回车"符作为结束标志,在输入输出时,格式记录中的数据要经过编辑转换,以 ASCII 码或其他信息交换码的方式进行传输。数据的格式由用户指定或者由编译系统规定。

2. 无格式记录

无格式记录是由二进制代码直接传输,在输入输出时,无需作格式转换,因而传输速度较快,占用的磁盘空间也较小。

3. 文件结束记录

文件结束记录是文件结束的一种标志,由系统和语言本身来规定。在输入输出时,文件结束记录并不作为数据的内容处理。该记录可由语句设置,或者由系统在文件操作时自动加以处理。

12.1.2 文件

文件是记录的序列,按照文件的基本特性可分为外部文件和内部文件、顺序存取文件和直接存取文件、有格式文件和无格式文件、老文件和新文件等。

1. 外部文件和内部文件

按文件的存储位置,可分为外部文件和内部文件。外部文件是存放在外部存储介质(如软盘、硬盘、磁带等)上的文件,或者是外部设备本身(显示器、打印机等)。这些文件可以永久保留。内部文件是存放在内存中一个字符变量、字符数组或字符数组元素。如果内部文件是一个字符变量或字符数组元素,则它只有一个记录。如果内部文件是一个字符数组,它的记录数是数组元素的个数。

2. 顺序存取文件和直接存取文件

按文件的存取方式,可分为顺序存取文件和直接存取文件。顺序存取文件简称为"顺序文件",文件中的所有记录按存储的先后次序排列,读写时必须且只能按顺序进行。例如,读取第 N 个记录时,必须按顺序先读入前 N−1 个记录,再读取第 N 个记录。直接存储文件又称"随机文件",文件中的所有记录都以自然数进行编号,且每个记录都有相同长度。读写时可以根据程序需要直接对某个指定的记录进行操作,而不必每次都从文件的开始处进行存取。

3. 格式文件和无格式文件

按文件记录的格式划分,可分为格式文件和无格式文件。由格式记录组成的文件称为"格式文件",由无格式记录组成的文件称为"无格式文件"。用格式记录组成的格式文件不能用无格式方式读入,反之,用无格式记录组成的文件也不能用有格式方式读入。对于不同的外部设备要选择适当的文件形式。打印机、显示器一般只能使用格式文件,格式文件可以直接阅读。无格式文件是不可读文件,但由于它不需要进行数据转换,因而传送速度很快。

4. 老文件和新文化

在打开某一文件时,该文件就已经存在,称其为"老文件"。否则,在打开某一文件时,该文件并不存在,称其为"新文件",文件的这种属性称为"文件的状态"。当打开某一文件时缺省文件名,则编译系统将建立一个临时文件,该文件在程序运行结束时要被删除。

12.1.3 逻辑设备

不管文件是内部文件还是外部文件,在打开时都应与一个特定的逻辑设备号相连接。设备号有 3 种形式。

1. 特殊设备号

特殊设备号由系统预先定义,例如,用设备号 5 定义键盘,设备号 6 定义显示器,而星号"*"既可定义键盘又可定义显示器,在程序设计中这些设备不须打开就可以直接使用。

2. 内部文件的设备号

字符型变量或字符型数组,用来指定一个内部文件。

3. 外部文件的设备号

数值型的常量或变量,用来指定一个外部文件。一个设备号只能与一个文件相连接,而一个文件一次也只能与一个设备号连接。

下面介绍如何通过文件操作语句将文件与设备号连接。

12.2 文件操作语句

本节主要介绍文件的打开、关闭、查询、读写等基本操作。

12.2.1 文件的打开

程序中要对文件进行操作,必须首先打开文件。打开文件的语句一般形式为:
　　OPEN(OLIST)

OLIST 称为"连接信息表",主要由以下几个说明符组成:

①UNIT=UT,指定一个设备号。UT 是整型常数或表达式,代表一个设备号。该说明符是必不可少的。当该说明符是 LIST 中的第一个说明符时,"UNIT="可以省略。

②FILE=FL,指定要打开的文件名。FL 是一个字符型常量,或者是字符型表达式,代表一个文件名。OPEN 语句的作用就是将文件 FL 连接到指定的设备号上。

③STATUS=SS,用来说明文件的状态。SS 是一个字符串,它可以是如下 5 种值之一:NEW、OLD、REPLACE、SCRATCH、UNKNOWN。当选用 NEW 时,表示指定的文件是以前不存在的新文件;OLD 表示指定的文件已经存在;REPLACE 表示指定的文件不存在时,将由系统建立一个新文件,当该文件已经存在时,则覆盖该文件(该文件的数据将被删除);SCRATCH 表示打开一个临时文件,当该文件被关闭时,该文件将自动删除,这个文件将是无名的,因此当文件状态为 SCRATCH 时,FILE=FL 说明符必须缺省;UNKNOWN 表示文件的状态未知,由系统自动处理:当文件已存在则打开该文件,当文件不存在则建立该文件,该说明符缺省时,表示(值)是 UNKNOWN。

④ACCESS=AS,指定文件是顺序文件还是直接文件。当 AS 的值为 SEQUENTIAL 时,表示指定的文件是顺序文件,当为 DIRECT 时,表示是直接文件。该说明符缺省时,表示该文件为顺序文件。

⑤FORM=FM,说明文件是有格式文件还是无格式文件。FM 的值可为 FORMATTED(有格式文件)或者 UNFORMATTED(无格式文件)。对于顺序文件来说,FORM 的缺省值是有格式的,对于直接文件,FORM 的缺省值是无格式的。

⑥RECL=RL,RL 是值为正整数的整型表达式,用来指定文件中记录的长度。当文件是顺序文件时,不必列出该说明符,但是对于直接文件则必须指定记录长度。

⑦ACTION=AN,用来说明文件的属性。AN 是一字符串,可取为 READ、WRITE 或 READWRITE。READ 表示该文件是只能读而不能写,WRITE 表示该文件只能写不能读,READWRITE 表示该文件既可读也可写。该说明符缺省时,表示是 READWRITE。

⑧BLANK=BK,指明空格的处理方式。其中 BK 为字符串,其值可为 NULL、ZERO。当取为 NULL 时,表示数据中的空格全部忽略不计,当取为 ZERO 时,表示空格作零处理。缺省值为 NULL。

⑨IOSTAT=IS,IS 为一整型变量,若 OPEN 语句执行时无错误发生,则 IS 的值为零,否则它被赋一正整数值。

⑩ERR=ER,指示打开文件时的错误处理。ER 是一个语句标号,当执行 OPEN 语句发生错误时,转到标号为 ER 的语句处。因为语句标号的使用会影响模块化程序设计,所以这个说明符不主张使用。

例如,打开两个文件:
```
OPEN(10, FILE = 'SEQNTL_FLNAME', STATUS = 'OLD', ACTION = 'READ')
OPEN(20, FILE = 'DIRECT_FLNAME', STATUS = 'NEW', ACCESS = 'DIRECT')
```

第 1 个语句将名为 SEQNTL_FLNAME 的文件连接到序号为 10 的设备上，它是一个已经存在的只读文件。由于 ACCESS 与 FORM 两个说明项缺省，意味着打开的是有格式顺序存取文件。第 2 个语句将名为 DIRECT_FLNAME 的文件连接到序号为 20 的设备上，它是一个新文件。ACCESS='DIRECT'指明了这是一个直接文件，FORM 说明项缺省，意味着打开的是无格式文件。

12.2.2　文件的关闭

关闭文件用 CLOSE 语句，用来解除文件与设备号的连接，并且关闭该文件。CLOSE 语句的形式为：

　　　CLOSE(CLIST)

CLIST 主要包含下列说明符：

①UNIT=UT，与打开文件时的说明符相同。

②STATUS=SS，与打开文件时的说明符相同。

③IOSTAT=IS，指出文件关闭后是否保留。IS 是一个字符串，其取值可以是 KEEP 或 DELETE。KEEP 表示文件关闭后仍然保留，DELETE 表示文件关闭后删除该文件。

当打开文件时使用了 STATUS='SCRATCH'说明符，则关闭文件时就不能使用 KEEP 状态。当打开文件时没有使用 STATUS='SCRATCH'，关闭时 IOSTAT 的缺省值为 KEEP。

12.2.3　文件的查询

INQUIRE 语句又称为"查询语句"。按查询方式可分为 3 种：按设备号查询、按文件名查询和按长度查询。

1. 按设备号或文件名查询

按文件号或文件名查询的一般形式为：

　　　INQUIRE(查询说明表)

查询说明表中可以包含如下各说明符：

①UINT=设备号：该说明符表示对指定的设备号进行各种查询。

②FILE=文件名：该说明符表示对指定的文件进行各种查询。

在查询说明表中，说明符 UINT 专用于按设备号查询，FILE 专用于按文件名查询，因此这两个说明符不能在查询说明表中同时出现。下面的说明符既可用于按设备号查询，也可用于按文件名查询。

③ACCESS=AS：AS 为字符型变量，返回值为'SEQUENTIAL'/'DIRECT'/'UNDEFINED'，分别表示被查询文件是顺序文件/直接文件/该文件未被连接(A/B 表示 A 或者 B)。

④ACTION=AN：AN 为字符型变量，返回值为'READ'/'WRITE'/'READWRITE'/'UNDEFINED'，分别表示被查询文件是只读文件/只写文件/可读写文件/该文件未被连接。

⑤BLANK=BK：BK 为字符型变量，返回值为'NULL'/'ZERO'/'UNDEFINED'，分别表示空格无意义/空格作为零处理/该文件未被连接。

⑥DIRECT＝DT：DT 为字符型变量，返回值为′YES′/′NO′/′UNKNOWN′，分别表示允许直接存取/不允许直接存取/系统不能确定。

⑦EXIST＝ET：ET 为逻辑型变量，若设备号已经与某文件连接，则 ET 的值为.TRUE.，否则为.FALSE.。

⑧FORM＝FM：FM 为字符型变量，返回值为′FORMATTED′/′UNFORMATTED′/′UNDEFINED′，分别表示被查询文件是格式文件/无格式文件/该文件未被连接。

⑨FORMATTED＝FD：FD 为字符型变量，返回值为′YES′/′NO′/′UNKNOWN′，分别表示文件允许有格式输入输出/不允许有格式输入输出/系统不能确定。

⑩NUMBER＝NR：NR 为数值型常量，若被查询文件已经连接，则 NR 为与该文件相连接的设备号，否则为－1。

⑪NAME＝NE：NE 为字符型变量，返回值为设备号已连接的文件名，若该设备号未与文件相连接，则 NE 的值为′UNDEFINED′。

⑫NEXTREC＝NC：NC 为整型变量，用于直接文件，返回值为文件中刚刚存取过的记录的下一个记录号。

⑬OPENED＝OP：OP 为逻辑型变量，若文件或设备号已经连接，则 OP 的值为.TRUE.，否则为.FALSE.。

⑭POSITION＝PN：PN 为字符型变量，返回值为′REWIND′/′APPEND′/′ASIS′/′UNDEFINED′，分别表示文件被定位在初始点/文件被定位在结束点/位置未变化/该文件未被连接或未被连接成顺序文件。

⑮READ＝RD：RD 为字符型变量，返回值为′YES′/′NO′/′UNKNOWN′，分别表示文件允许读/不允许读/系统不能确定。

⑯READWRITE＝RE：RE 为字符型变量，返回值为′YES′/′NO′/′UNKNOWN′，分别表示文件允许读写/不允许读写/系统不能确定。

⑰RECL＝RL：RL 为整型变量，对于直接文件，返回值为文件中记录长度；对于顺序文件，返回值为文件中最大记录长度。

⑱SEQUENTIAL＝SL：SL 为字符型变量，返回值为′YES′/′NO′/′UNKNOWN′，分别表示允许顺序存取/不允许顺序存取/系统不能确定。

⑲UNFORMATTED＝UD：UD 为字符型变量，返回值为′YES′/′NO′/′UNKNOWN′，分别表示文件允许无格式输入输出/不允许无格式输入输出/系统不能确定。

⑳WRITE＝WE：WE 为字符型变量，返回值为′YES′/′NO′/′UNKNOWN′，分别表示文件允许写/不允许写/系统不能确定。

2. 按长度查询

在建立直接文件时，通常需要事先知道文件中记录的长度，程序中可以通过查询语句来查询输出表的长度，把查询结果作为记录长度。长度查询的一般形式是：

  INQUIRE（IOLENGTH＝INT）输出表

其中，INT 为整型变量。查询语句的功能是查询输出表的长度，一般用在无格式直接存取文件之前。

12.2.4 文件的输入输出语句

在前面的章节中已经了解了 FORTRAN90 的输入输出语句,它们是 READ、PRINT 和 WRITE 语句,现在对这些语句作进一步说明。

FORTRAN90 的输入输出语句的形式为:
  READ 格式说明,输入表
  PRINT 格式说明,输出表
  READ（控制信息表）输入表
  WRITE（控制信息表）输入表

前两个语句表示在系统默认的设备上进行输入输出。后两个语句既适用于在系统默认的设备上进行输入输出,又适用于文件的输入输出。下面就后两个语句的使用作进一步说明。

控制信息表主要由以下说明符组成:

①设备说明符 UNIT=UT,指定输入或输出的设备号,其中 UT 为字符变量、整型常数、表达式、星号*。若设备号为字符变量,表示对内部文件读写;若设备号为整型常数或表达式,表示对外部文件读写;若设备号为*,表示在系统默认的设备上输入或输出。当该说明符为控制信息表的第一项时,"UNIT="可以省略。

②格式说明符 FMT=FT,指定输入或输出的格式。FT 为字符型表达式或者为一个星号(*),当它仅是一个星号时,表示按表控格式输入(输出),当它为字符表达式时,它的值是表示格式说明的字符串。当该说明符为控制信息表的第二项时,"FMT="可以省略。当对无格式文件进行操作时,该项说明应缺省。

③记录说明符 REC=RC,RC 是整型表达式,用来指定被读写的记录号,该说明仅适用于直接文件。

④状态说明符 IOSTAT=IS,IS 为整型变量,用来表示执行输入输出语句时的状态:当输入输出发生错误时,IS 为正;当遇到文件结束符时,IS 为负;当输入输出操作无误时,IS 为零。

12.3 文件的操作

12.3.1 有格式顺序存取文件的操作

有格式顺序存取文件的打开由如下语句完成:
```
OPEN(UNIT=UT, FILE='FILE_NAME', ACCESS='SEQUENTIAL', &
FORM='FORMATTED')
```

这里打开了名字为 FILE_NAME 的有格式顺序存取文件,并与设备号 UT 连接。由于 ACCESS 项的缺省值是顺序文件,而顺序文件 FORM 项的缺省值是有格式的,所以连接信息表中的 ACCESS='SEQUENTIAL',FORM='FORMATTED',均可以省略。即下面的语句与上面语句等价。
```
OPEN(UNIT=UT, FILE='FILE_NAME')
```

程序执行时,系统为每一个打开的顺序文件设置一个指向记录的指针,指针所指的记录称为"当前记录"。当顺序文件打开后,指针指向第 1 个记录,第 1 个记录即为当前记录。对文件的读写操作实际上就是对当前记录操作。每次读写操作完成后,指针自动指向下一个记录。所以,顺序文件的读写操作次序是:首先对第 1 个记录读写 ,该读写操作完成后,指针指向第 2 个记录,下次读写就对第 2 个记录操作,然后指针自动指向第 3 个记录……对第 N 个记录读写后,指针自动指向第(N+1)个记录。对顺序文件只能按记录的顺序依次进行读写,不能直接按记录号读写。

但是,程序中的读写不一定会完全按照记录号的顺序进行,例如,对第 N 个记录操作之后,接着要对第(N-K)或第(N+K)个记录操作,这就需要让指针向后或者向前跳过 K 个记录。FORTRAN 中提供了相应的文件操作语句。

1. REWIND(反绕)语句

REWIND 语句又称为"反绕语句",它有两种形式:

REWIND UT

REWIND([UNIT]=UT[,IOSTAT=IT])

语句中,UT 为设备号,反绕语句的作用是将与 UT 相连接的文件指针定位到该文件的第 1 个记录之前,不管该文件的指针目前指向何处。在第 2 种格式中,IOSTAT=IT 为任选项,它的作用同 OPEN 语句。但不管哪种形式,UT 都是必选的。

2. BACKSPACE(回退)语句

BACKSPACE 语句又称"回退语句",它有两种形式:

BACKSPACE UT

BACKSPACE([UNIT]=UT[,IOSTAT=IT])

BACKSPACE 的参数同 REWIND。BACKSPACE 语句的作用是将指定文件的指针在当前位置上回退一个记录。如果指针目前定位在第 N 个记录上,执行一次 BACKSPACE 语句后,指针就定位在第(N-1)个记录上。如果指针已经定位在第 1 个记录上,则 BACKSPACE 语句的执行不改变指针位置。

3. ENDFILE(文件结束)语句

ENDFILE 语句的作用是在指定文件的指针位置处写上一个文件结束记录。执行该语句后,文件指针定位在文件结束记录之后,不能再读写该文件。语句形式为:

ENDFILE UT

ENDFILE([UNIT]=UT[,IOSTAT=IT])

ENDFILE 语句的参数同 REWIND。

【例 12-1】 从键盘上输入若干个学生的姓名与成绩,每个学生为一个记录,然后按记录存放到文件中。再从文件中逐个读入数据进行计算,例如,求平均成绩。

程序如下:

```
PROGRAM EXAM1
    IMPLICIT NONE
    CHARACTER(LEN=10)::STUDENT,FILE_1*6
    REAL::SCORE=1,SUM
```

```
      INTEGER::N
      FILE_1 = 'F1.DAT'
      OPEN(UNIT = 1,FILE = FILE_1,STATUS = 'REPLACE',ACCESS = 'SEQUENTIAL')
      DO WHILE (SCORE> = 0)
        READ *,STUDENT,SCORE
        IF(SCORE> = 0) WRITE(1,'(A,F6.1)') STUDENT,SCORE
      END DO
      REWIND (1)
      N = 0; SUM = 0
      DO
        IF (EOF (1)) EXIT
        READ (1,'(A,F6.1)') STUDENT,SCORE
        N = N + 1
        SUM = SUM + SCORE
      END DO
      IF(N/ = 0) SUM = SUM/N
      PRINT *,N,SUM
      END PROGRAM EXAM1
```

程序运行结果如图 12-1 所示。

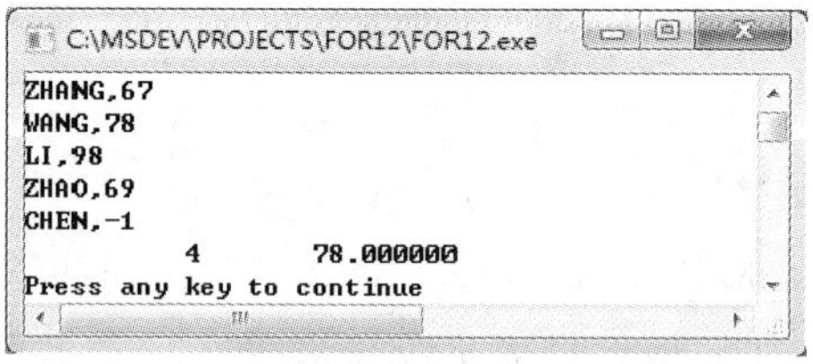

图 12-1 例 12-1 程序的运行结果

分析：在程序中，打开了与设备号 1 连接的有格式顺序存取文件 F1.DAT，然后输入某学生的成绩 SCORE 和姓名 STUDENT(将这两个数据按一行输入)，并立即将该记录写到文件 F1.DAT 中，接着输入下一个学生的成绩和姓名。当最后一个学生的成绩和姓名输入完毕，再输入一个记录，使成绩为一负值，姓名为任意字符串，作为输入数据的结束。输入结束后，文件 F1.DAT 的内容如图 12-2 所示。在读入文件 F1.DAT 时，使用了函数 EOF()，其功能是检查当前记录是否为文件结束记录，若文件指针当前正指向文件结束记录或者超过文件结尾，则函数值为真。

图 12-2 F1.DAT 文件内容

12.3.2 有格式直接存取文件的操作

有格式直接存取文件的打开由如下语句完成：
```
OPEN(UNIT = UT,FILE = 'FILE_NAME',ACCESS = 'DIRECT',FORM = &
'FORMATTED',RECL = RL)
```

这里打开名字为 FILE_NAME 的有格式直接存取文件，并与设备号 UT 连接，文件中记录的长度为 RL。由于连接信息表中 ACCESS 项的缺省值是顺序文件，而当文件是直接存取时，FORM 项的缺省值是无格式文件，且直接文件的记录长度必须指定，所以连接信息表中的 ACCESS='DIRECT',FORM='FORMATTED',RECL=RL 均不能省略。

对直接文件的读写操作必须指定记录号。程序执行时，按照控制信息表中的记录说明符"RECL="所指定的记录进行读写操作。下面根据实例来说明有格式直接文件的使用。

【例 12-2】 依次输入某年级每个学生的 3 门课成绩，将这些学生的姓名和成绩存入直接文件中。然后计算最先输入的 5 个学生各门成绩的平均分数。

程序如下：
```
PROGRAM EXAM2
    IMPLICIT NONE
    CHARACTER (LEN = 10)::STUDENT, FILE_1
    REAL::SUM1,SUM2,SUM3,AVG1,AVG2,AVG3
    REAL,DIMENSION(3)::SCORE
    INTEGER::L
    FILE_1 = 'DIRFL.TXT'
    OPEN(UNIT = 1,FILE = FILE_1,ACCESS = 'DIRECT',FORM = 'FORMATTED',RECL = 40)
    READ * , L, SCORE, STUDENT
    DO WHILE (L>= 0)
        WRITE (1, '(A,3F6.1)') STUDENT, SCORE
        READ * , L, SCORE, STUDENT
    END DO
    SUM1 = 0
    SUM2 = 0
    SUM3 = 0
    DO L = 1, 5
        READ (1, '(A,3F6.1)', REC = L) STUDENT, SCORE
        SUM1 = SUM1 + SCORE(1)
        SUM2 = SUM2 + SCORE(2)
        SUM3 = SUM3 + SCORE(3)
    END DO
    AVG1 = SUM1/5
    AVG2 = SUM2/5
    AVG3 = SUM3/5
    PRINT * , '前 5 个学生的各门课程的平均成绩为：', AVG1,AVG2,AVG3
END PROGRAM EXAM2
```

程序运行结果如图 12-3 所示。

图 12-3　例 12-2 程序的运行结果

分析：L 表示学生的学号，当 L 为负数时，表示输入数据的结束。所有输入的数据都存放到文件 DIRFL.TXT 中，输入结束后，DIRFL.TXT 文件的内容如图 12-4 所示。最后，从 DIRFL.TXT 中读取前 5 名学生的 3 门课成绩，累加以后，再计算各门课的平均成绩。

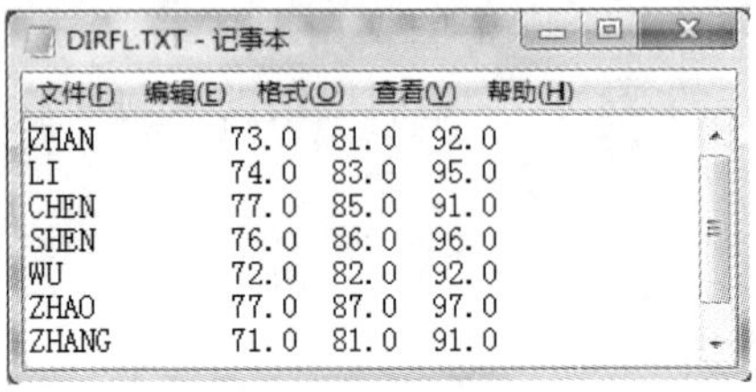

图 12-4　DIRFL.TXT 文件内容

12.3.3　无格式文件的操作

无格式文件的打开由如下语句完成：

  OPEN (UNIT = UT, FILE = ´FILE_NAME´, &
  ACCESS = CHA, FORM = ´UNFORMATTED´, RECL = RL)

这里打开的是名字为 FILE_NAME 的无格式文件，并与设备号 UT 连接，文件中记录的长度为 RL。CHA 指出了该文件是顺序文件还是直接文件。

程序运行时，计算机内部的数据都是以二进制代码的形式存放的。当用有格式方式把它写到有格式文件中，需要给出适当的数据格式描述，以便系统按所给的格式进行数据加工和转换。如果采用格式输出，数据在外存要使用编码形式存放。

把内存中的数据写到外存文件中，或把外部文件中的数据读入内存时都要进行数据格式转换。当存取的数据量较大时，系统会因数据的格式转换而耗费大量的时间，从而降低系统存取文件的效率。

若采用机器内码方式存储数据，当每个数据的类型一定时，数据所占的存储空间是一定的。而用格式输入输出时，数据所占的空间与数据的有效位数及值域有关，同一类型的不同值数据占据的空间大小可能不同，这不便于采用直接存取。

格式方式存储数据时往往要占据较多的空间。为了使输出数据记录的长度相同，常常需要按最大数据或最长字符串设计输入输出格式，这使得文件中有大量的类似于空格的无效数据，浪费了大量存储空间。

综合上述原因，需要引入无格式文件。

无格式文件的数据在内存和外存中均采用二进制的方式存放。系统在读写数据时不需要进行格式转换，从而加快了数据读写的速度。

【例 12-3】 将某年级所有学生的 3 门课考试成绩从键盘输入,并存入无格式直接文件中。然后按记录号查询某个学生的成绩。

程序如下:

```
PROGRAM EXAM3
   IMPLICIT NONE
   CHARACTER(LEN = 10)::STUDENT, FILE_1
   REAL, DIMENSION (3)::SCORE
   INTEGER::L, N = 0, LENGTH
   FILE_1 = 'UNFMFL.TXT'
   INQUIRE(IOLENGTH = LENGTH)STUDENT, SCORE
   OPEN(UNIT = 1,FILE = FILE_1,ACCESS = 'DIRECT',RECL = LENGTH,STATUS = 'NEW')
   READ * , L, STUDENT, SCORE
   DO WHILE (L> = 0)
      N = N + 1
      WRITE (1, REC = N) STUDENT, SCORE
      READ * , L, STUDENT, SCORE
   END DO
   DO
      PRINT * ,'INPUT THE RECORD_NO. (WHEN FINISH INQUIRING,INPUT - 1):'
      READ * , L
      IF(L = = - 1) EXIT
      READ(1,REC = L) STUDENT, SCORE
      WRITE( * ,"(1X,'NAME = ', A, 'SCORES = ',3F8.2)") STUDENT, SCORE
   END DO
END PROGRAM EXAM3
```

程序运行结果如图 12-5 所示。

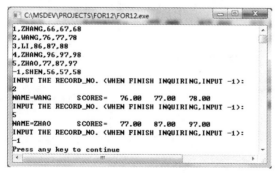

图 12-5 例 12-3 程序的运行结果

分析:L 表示学生的学号,当 L 为负数时,表示输入数据的结束。所有输入的数据都存放到文件 UNFMFL.TXT 中,输入结束后,UNFMFL.TXT 文件的内容因为是按照无格式的方式进行存放的,所以直接打开该文件会有乱码。最后,输入要查询的学生的学号,从 UNFMFL.TXT 查找该学生的信息,直到输入的学号为 -1。

11.4 文件的应用举例

【例 12-4】 在一个有序的整数序列中插入任意一个整数,使插入后的序列还是有序的。
分析:程序设计分两步进行:
第一步,形成一个有序整数序列(假设是从小到大排序)。首先用内部子程序生成一个整数序列(调用 RANDOM_NUMBER),排序后存入文件 01.TXT,其中每个记录存放一个整数。这些过程由子程序 CREAT_FILE 完成。由于后面要不断插入数据,文件中记录的个数在不断变化,因此把文件的第 1 个记录用来存放整数序列的数据个数,从第 2 个记录开始存放实际的数据。

第二步,插入任意一个整数的操作,由子程序 INSERT_REC 完成。在文件中插入一个数据的步骤如下:
①确定待插入数据 N_i 的插入位置。利用循环将 N_i 与文件中存放的数据进行比较(从第 2 个记录开始),由于原始数据已经是有序的,如果 N_i 大于第 P 个记录,则 P 增加 1。如果 N_i 小于等于第 P 个记录,则 P 就是 N_i 的插入位置。如果 N_i 大于所有记录的值,则 N_i 应该放在文件最后一个记录的后面,这也是 P 所指向的记录。
②从文件中读入第一个记录,它的值代表文件的记录数。
③将文件中从 P 开始到最后一个记录向后顺移一个位置。
④把 N_i 写入到第 P 个记录中。
⑤将文件的第一个记录的值增加 1,表示增加了一个记录。
程序如下:

```
PROGRAM EXAM4
  IMPLICIT NONE
  INTERFACE
    SUBROUTINE CREAT_FILE (UNIT)
      INTEGER, INTENT (IN)::UNIT
    END SUBROUTINE CREAT_FILE
  END INTERFACE
  CHARACTER (LEN = 6)::FILE_NAME = '01.TXT'
  INTEGER::UT = 10
  OPEN (UNIT = UT, FILE = FILE_NAME, ACCESS = 'DIRECT', FORM = 'FORMATTED', STATUS = 'REPLACE', &
    RECL = 5)
  CALL CREAT_FILE (UT)
  CALL INSERT_REC (UT)
END PROGRAM EXAM4

SUBROUTINE CREAT_FILE (UT)
  INTERFACE
    SUBROUTINE SORT (X)
      INTEGER, DIMENSION (:), INTENT (INOUT)::X
    END SUBROUTINE SORT
```

```
      END INTERFACE
      INTEGER, INTENT (IN)::UT
      REAL::R
      INTEGER::I
      INTEGER, PARAMETER::NREC = 20
      INTEGER, DIMENSION (1:NREC)::A
      DO I = 1, NREC
         CALL RANDOM_NUMBER (R)
         A (I) = INT (10000 * R)
      END DO
      CALL SORT (A)
      WRITE (UT, '(I5)', REC = 1) NREC
      DO I = 1, NREC
         WRITE (UT, '(I5)', REC = I + 1) A (I)
      END DO
END SUBROUTINE CREAT_FILE

SUBROUTINE SORT(X)
      INTEGER, DIMENSION (:), INTENT (INOUT)::X
      INTEGER::NUM, TEMP
      INTEGER J, K
      NUM = SIZE (X)
      DO K = 1, NUM
         DO J = 1, NUM - K
            IF (X (J) > X (J + 1)) THEN
               TEMP = X (J)
               X (J) = X (J + 1)
               X (J + 1) = TEMP
            END IF
         END DO
      END DO
END SUBROUTINE SORT

SUBROUTINE INSERT_REC (UT)
      INTEGER, INTENT (IN)::UT
      CHARACTER (LEN = 1)::YN
      INTEGER::INT_NUM
      DO
         CALL KEY_YN (YN, INT_NUM)
         IF (YN == 'N' .OR. YN == 'n') EXIT
         CALL INSERT (UT, INT_NUM)
      END DO
END SUBROUTINE INSERT_REC
```

```
SUBROUTINE KEY_YN (YN, NT)
  CHARACTER, INTENT (OUT)::YN
  INTEGER, INTENT (OUT)::NT
    PRINT *, 'WOULD YOU INSERT A NUMBER INTO FILE?[Y/N(Y)]'
    READ (*, '(A)') YN
    IF (YN == 'Y' .OR. YN == 'y' .OR. YN == ' ') THEN
      PRINT *, 'ENTER A NUMBER INSERTED:'
      READ *, NT
    END IF
END SUBROUTINE KEY_YN

SUBROUTINE INSERT (UT, INT_NUM)
  INTEGER, INTENT (IN)::UT, INT_NUM
  INTEGER::POINT, NREC, N_NUM
  POINT = 2
  READ (UT, '(I5)', REC = 1) NREC
  DO
    READ (UT, '(I5)', REC = POINT) N_NUM
    IF (INT_NUM > N_NUM) THEN
      POINT = POINT + 1
      IF (EOF (UT)) EXIT
    ELSE
      EXIT
    END IF
  END DO
  DO I = NREC + 1, POINT, -1
    READ (UT, '(I5)', REC = I) N_NUM
    WRITE (UT, '(I5)', REC = I + 1) N_NUM
  END DO
  WRITE (UT, '(I5)', REC = POINT) INT_NUM
  WRITE (UT, '(I5)', REC = 1) NREC + 1
END SUBROUTINE INSERT
```

程序运行结果如图 12-6 所示。

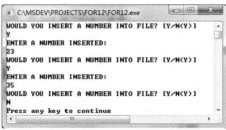

图 12-6 例 12-4 程序的运行结果

文件 01. TXT 的内容如图 12-7 所示,第一个值表示文件中存放的数据的个数。

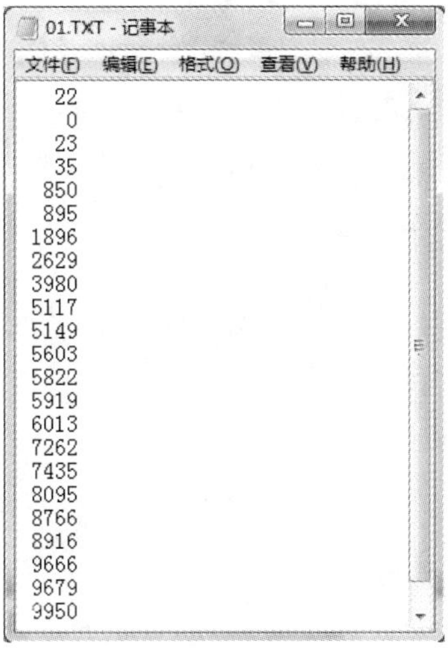

22
0
23
35
850
895
1896
2629
3980
5117
5149
5603
5822
5919
6013
7262
7435
8095
8766
8916
9666
9679
9950

图 12-7 文件 01. TXT 的内容

【例 12-5】 把两个班级的某门课成绩输入计算机,按从小到大的顺序分别存放到两个文件中。然后把这两个文件合并,使合并后的文件仍然按顺序存放。

分析:这个例题与第 7 章的例 7-16 类似,这里,使用 3 个文件代替例 7-16 中的数组。两个主要步骤由子程序 CREAT_FILE、MERGE_FILE 完成。首先由过程 CREAT_FILE 调用子程序 SORT,从键盘输入数据,建立两个文件 F1. TXT、F2. TXT,每个文件的第 1 个记录存放本文件的记录数,从第 2 个记录开始存放学生成绩,文件建立后按前面讲述的方法排序。第 2 步由 MERGE_FILE 完成两个文件的合并,合并后的文件名为 F3. TXT,第 1 个记录也存放记录数。合并的步骤如下:

①令 3 个文件的初始记录 IA=2,IB=2,IC=2 (从第 2 个记录开始合并);取出 3 个文件的第 1 个记录分别赋值给 A_REC、B_REC、C_REC。

②JP2〗当 F1. TXT 中的第 IA 个记录小于或等于 F2. TXT 中的第 IB 个记录时,把 F1. TXT 中的第 IA 个记录放入 F3. TXT 的第 IC 个记录中,IA 增加 1,IC 增加 1。当 F1. TXT 中的第 IA 个记录大于 F2. TXT 中的第 IB 个记录时;把 F2. TXT 中的第 IB 个记录放入 F3. TXT 的第 IC 个记录中,IB 增加 1,IC 增加 1。

③当 IA 大于 A_REC+1 时,说明 F1. TXT 中的所有记录已经全部放入 F3. TXT 中,则 IA 退出循环。反之,当 IB 大于 B_REC+1 时,说明 F2. TXT 中的所有记录已经全部放入 F3. TXT 中,则 IB 退出循环。这两个条件满足一个,就接着进行下一步,否则返回②。

④如果 IA 小于等于 A_REC+1,说明 F1. TXT 中还有记录没有放入 F3. TXT,则继续把 F1. TXT 中剩余的记录送入 F3. TXT。如果 IB 小于等于 B_REC+1,则把 F2. TXT 中剩余的记录送入 F3. TXT。程序如下:

```
PROGRAM EXAM5
  IMPLICIT NONE
  INTERFACE
    SUBROUTINE CREAT_FILE (A, B)
```

```
      CHARACTER (LEN = 6), INTENT (IN)::A, B
   END SUBROUTINE CREAT_FILE
   SUBROUTINE MERGE_FILE (A, B, C)
      CHARACTER (LEN = 6), INTENT (IN)::A, B
      CHARACTER (LEN = 6), INTENT (OUT)::C
   END SUBROUTINE MERGE_FILE
END INTERFACE
CHARACTER (LEN = 6)::A = 'F1.TXT', B = 'F2.TXT', C = 'F3.TXT'
CALL CREAT_FILE (A, B)
CALL MERGE_FILE (A, B, C)
END PROGRAM EXAM5

SUBROUTINE CREAT_FILE (A_FNAME, B_FNAME)
   INTERFACE
      SUBROUTINE SORT (FILE_NAME)
         CHARACTER (LEN = 6), INTENT (IN)::FILE_NAME
      END SUBROUTINE SORT
   END INTERFACE
   CHARACTER (LEN = 6), INTENT (IN)::A_FNAME, B_FNAME
   CALL SORT (A_FNAME)
   CALL SORT (B_FNAME)
END SUBROUTINE CREAT_FILE

SUBROUTINE SORT (F_NAME)
   CHARACTER (LEN = 6), INTENT (IN)::F_NAME
   INTEGER::REC_NUMBER, J, K
   REAL::SCORE, SCORE2
   CHARACTER (LEN = 1)::LOG
   OPEN(1,FILE = F_NAME,ACCESS = 'DIRECT',FORM = 'FORMATTED',RECL = 6)
   LOG = 'N'
   REC_NUMBER = 0
   DO WHILE (LOG = = 'N'.OR.LOG = = 'N')
      PRINT * , 'INPUT A DATA INTO ', F_NAME
      READ * ,SCORE
      REC_NUMBER = REC_NUMBER + 1
      WRITE (1, ' (F6.1) ', REC = REC_NUMBER + 1) SCORE
      PRINT * , 'INPUT IS END?(Y/N) '
      READ * , LOG
   END DO
   WRITE (1, ' (I6) ', REC = 1) REC_NUMBER
   DO K = 1, REC_NUMBER
```

```
      DO J = 1, REC_NUMBER - K
         READ (1, '(F6.1)', REC = J + 1) SCORE
         READ (1, '(F6.1)', REC = J + 2) SCORE2
         IF(SCORE>SCORE2) THEN
            WRITE (1, '(F6.1)', REC = J + 1) SCORE2
            WRITE (1, '(F6.1)', REC = J + 2) SCORE
         END IF
      END DO
   END DO
   CLOSE (1)
END SUBROUTINE SORT

SUBROUTINE MERGE_FILE (FILE_A, FILE_B, FILE_C)
   CHARACTER (LEN = 6), INTENT (IN)::FILE_A, FILE_B
   CHARACTER (LEN = 6), INTENT (OUT)::FILE_C
   INTEGER::IA, IB, IC, A_REC, B_REC, C_REC
   REAL::A_IREC, B_IREC
   OPEN(1,FILE = FILE_A,ACCESS = 'DIRECT',FORM = 'FORMATTED',RECL = 6)
   OPEN(2,FILE = FILE_B,ACCESS = 'DIRECT',FORM = 'FORMATTED',RECL = 6)
   OPEN(3,FILE = FILE_C,ACCESS = 'DIRECT',FORM = 'FORMATTED',RECL = 6)
   READ (1, '(I6)', REC = 1) A_REC
   READ (2, '(I6)', REC = 1) B_REC
   IA = 2;IB = 2;IC = 2
   C_REC = A_REC + B_REC
   WRITE (3, '(I6)', REC = 1) C_REC
   DO WHILE (IA<= A_REC + 1.AND.IB<= B_REC + 1)
      READ (1, '(F6.1)', REC = IA) A_IREC
      READ (2, '(F6.1)', REC = IB) B_IREC
      IF (A_IREC<= B_IREC) THEN
         WRITE (3, '(F6.1)', REC = IC) A_IREC
         IA = IA + 1
      ELSE
         WRITE (3, '(F6.1)', REC = IC) B_IREC
         IB = IB + 1
      END IF
      IC = IC + 1
   END DO
   IF (IA<= A_REC + 1) CALL ADD_REST (1, IA, A_REC + 1)
   IF (IB<= B_REC + 1) CALL ADD_REST (2, IB, B_REC + 1)
   CONTAINS
      SUBROUTINE ADD_REST (UNT, IR, R_REC)
```

```
        INTEGER,INTENT(IN)::UNT,IR,R_REC
        INTEGER::I
        REAL::R_IREC
        DO I = IR,R_REC
          READ(UNT,'(F6.1)',REC = I) R_IREC
          WRITE(3,'(F6.1)',REC = IC) R_IREC
          IC = IC + 1
        END DO
      END SUBROUTINE ADD_REST
    END SUBROUTINE MERGE_FILE
```

程序结果如图 12-8 所示。

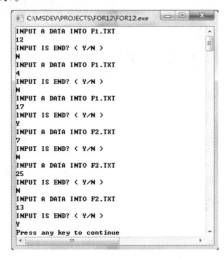

图 12-8　例 12-5 程序的运行结果

文件 F1.TXT、F2.TXT、F3.TXT 的内容分别如图 12-9、12-10、12-11 所示。

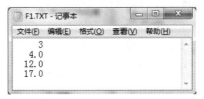

图 12-9　文件 F1.TXT 的内容

图 12-10　文件 F2.TXT 的内容

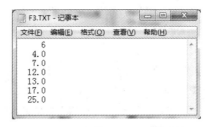

图 12-11　文件 F3.TXT 的内容

习题 12

一、单项选择题

1. 语句 OPEN(20,FILE="ABC.F90",STATUS ="OLD",FORM="UNFORMATTED") 打开的是_____。
   A. 无格式的且已存在的顺序文件　　B. 无格式的且已存在的直接文件
   C. 有格式的且已存在的顺序文件　　D. 有格式的且已存在的直接文件

2. 在文件操作中,打开一个有格式顺序存取文件的正确语句是:_____。
   A. OPEN(UNIT = 1,FILE = ´A.TXT´)
   B. OPEN(UNIT = 1,FILE = ´A.TXT´,ACCESS = ´DIRECT´)
   C. OPEN(UNIT = 1,FILE = ´A.TXT´,FORM = ´UNFORMATTED´)
   D. OPEN(UNIT = 1,FILE = ´A.TXT´,ACCESS = ´DIRECT´,FORM = ´UNFORMATTED´)

3. 在文件打开语句中,参数 STATUS 可以取的值是_____。
   A. DIRECT　　　B. FORMATTED　　　C.NEW　　　D. ZERO

二、改错题

下列 OPEN 语句的语法是不正确的,请指出它的错误,并加以改正。

1. OPEN(8,FILE = ´ABC.DAT´,STATUS = ´SCRATCH´)
2. OPEN(8,FILE = ´D.D´,RECL = 12)
3. OPEN(8,FILE = ´ABC.DAT´, ACCESS = ´DIRECT´)

三、填空题

1. 在文件系统的描述中,_____是字符或数值的序列,_____是记录的序列。
2. 按照文件的存储位置,文件可以分为_____和_____。
3. 按照文件的存取方式,文件可以分为_____和_____。
4. 按照文件记录的格式,文件可以分为_____和_____。
5. 在文件打开语句 OPEN 的连接信息表中,STATUS 的缺省值是_____,ACCESS 的缺省值是_____,FORM 的缺省值是_____。

四、阅读理解题

1. 写出下列程序运行结果。

```
PROGRAM EX1
    IMPLICIT NONE
    INTEGER::A,B
    OPEN(10,FILE = "S1.TXT")
    READ * ,A,B
    WRITE(10, *)"A + B = ",A + B
    CLOSE(10)
END PROGRAM EX1
```

当程序运行输入 2,3✓后,文件 S1.TXT 内容是:_____。

2. 写出下列程序运行结果。

```
PROGRAM EX2
    IMPLICIT NONE
    INTEGER::X,S = 0
    OPEN(10,FILE = "S2.TXT",STATUS = "OLD")
    DO WHILE(.NOT.EOF(10))
       READ(10,'(I1)')X
       S = S + X
    END DO
    PRINT * ,S
    CLOSE(10)
END PROGRAM EX2
```

若文件 S2.TXT 的内容是 1234567890,则程序运行后的输出结果为:_____。

3. 写出下列程序运行结果。

```
PROGRAM EX3
    IMPLICIT NONE
    INTEGER::A,B,C,I,S
    OPEN(10,FILE = "S3.TXT",STATUS = "OLD")
    DO I = 1,3
       READ(10, * )A,B,C
       S = A + B + C
       BACKSPACE(10)
    END DO
    PRINT * ,S
    CLOSE(10)
END PROGRAM EX3
```

若文件 S3.TXT 的内容是 1,12,123,1234,12345,则程序运行后的输出结果为:_____。

五、编写程序题

1. 有 A、B 两个文件存放着整型数据,一个数据中包含一个数。把既在 A 文件中存在,又在 B 文件中存在的整数找出存放到文件 C 中,使 C 中的数据各不相同。

2. 读入 N 位学生的姓名和某门课的成绩,存入顺序文件,然后对这个顺序文件进行以下各项操作:

(1)按学生成绩排序;

(2)插入 N1 个记录,使插入后的文件内容仍按序排列;

(3)删除 N2 个记录,使删除后的文件内容仍按序排列;

(4)修改 N3 个记录,使修改后的文件内容仍按序排列;

(5)把文件中超过平均成绩的学生姓名与成绩打印出来。

3. 在上题中,将学生的姓名和成绩存入直接文件,然后对这个直接文件进行上面的 5 项操作。

第13章 科学计算

考核目标

- 把实际问题抽象成数学模型。
- 掌握信息编码的常用方法。
- 理解结构化程序设计的基本概念。
- 掌握大型应用程序的设计原理。
- 创建、使用、维护程序项目。
- 初步具备设计实用程序的能力。

程序设计语言是重要的工具,学习它的目的不在于"学会",而在于"使用"。科学计算是程序设计语言的一个重要的应用领域。科学计算问题的计算工作量庞大,人工计算费时费力且容易出错,因而,需要编制程序使用计算机来完成。本章以结构工程中的平面桁架的静力分析为例,详细介绍应用程序的编制过程和方法。

通过本章的学习,要求学生能够把实际问题抽象成数学模型,了解信息编码的常用方法,理解结构化程序设计的基本概念,掌握大型应用程序的设计原理,学会创建、使用、维护程序项目,初步具备设计实用程序的能力。

13.1 概 述

在各个工程领域中,依据科学规律建立了大量的计算公式和各种类型的数学方程式(代数方程、微分方程、积分方程等)。机械地利用公式进行计算或者求解数学方程,对人类而言是枯燥无味乃至不堪胜任的工作。为此,利用计算机进行数值计算的"科学计算"就应运而生了。

科学计算主要包括数理建模、建立求解方法和算法的编程实现这样 3 个阶段,因而与实际的工程问题密切相关。本章以结构工程中的平面桁架的静力分析为例,从科学规律出发,导出适合于使用计算机解决问题的计算方法,详细介绍实际问题的编码方法和程序单元的设计原则,作为一个副产品,在此过程中逐步设计完成了一个具有实用价值的平面桁架静力分析程序。

13.2 数理模型

数理建模就是分析实际问题的本质,依据科学规律,建立计算模型。在结构工程中研究的平面桁架结构(图 13-1)是在结构的构件材料、构件布置、载荷分布、支撑条件、变形方式等满足一定要求的情况下,进行简化、抽象后得出的计算模型。

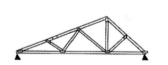
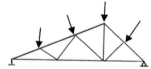

图 13-1 桁架及其计算简图

桁架结构静力分析的目的,就是求出其中所有杆件的轴力以便校核其强度和稳定性(对受压杆件而言)。所能依据的科学规律有以下两点:

①桁架中任意一根由弹性模量为 E 的材料制成的长度为 l、横截面积为 A 的杆件,在受到轴力 F_N 作用后所发生的微小的弹性变形 Δl,可以按公式 $\Delta l = \dfrac{F_N l}{EA}$ 进行计算。

②结构的各个结点都处于平衡状态。即:桁架中任意一个结点上受到的外力(包括:外载荷、支座反力、连接于此结点的其他杆件所施加的力)之和为零。这将能够提供两个线性代数方程(两个方向上的平衡方程),桁架中所有结点将能提供一个线性代数方程组。

13.3 计算方法

数理模型提供了解决问题的理论基础,接下来要分析得出具体的适合于使用计算机解决问题的计算方法。为此,先建立轴力杆件的变形位移方程。

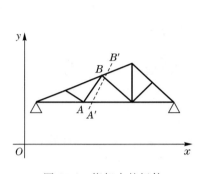

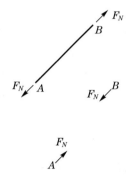

图 13-2 桁架中的杆件　　　　图 13-3 杆 AB 和结点 A、B 受到的力

为方便叙述,把桁架放入坐标系 Oxy 中(图 13-2)。设任意一根杆件 AB 的两个端点为 $A(x_A, y_A)$ 和 $B(x_B, y_B)$,杆 AB 的长度为 $l = \sqrt{(x_B - x_A)^2 + (y_B - y_A)^2}$,杆 AB 与 x 轴的夹角为 α,则:$\cos\alpha = \dfrac{x_B - x_A}{l}$,$\sin\alpha = \dfrac{y_B - y_A}{l}$,应该注意到:杆 AB 与 x 轴的夹角和杆 BA 与 x 轴的夹角之间相差一个负号。

在桁架受力变形后,两个结点分别有位移 (u_A, v_B) 和 (u_B, v_B),杆 AB 变形为杆 $A'B'$,其长度为:

$$\sqrt{[(x_B + u_B) - (x_A + u_A)]^2 + [(y_B + v_B) - (y_A + v_A)]^2} = \Delta l + l,$$

Δl 为杆件伸长量。有:

$$[(x_B - x_A) + (u_B - u_A)]^2 + [(y_B - y_A) + (v_B - v_A)]^2 = l^2 + 2l\Delta l + (\Delta l)^2,$$

即:

$$2l\Delta l + (\Delta l)^2 = 2(x_B - x_A)(u_B - u_A) + 2(y_B - y_A)(v_B - v_A) + (u_B - u_A)^2 + (v_B - v_A)^2$$

因为变形微小,略去平方项,可得:

$$\Delta l = \dfrac{(x_B - x_A)(u_B - u_A) + (y_B - y_A)(v_B - v_A)}{l} = (u_B - u_A)\cos\alpha + (v_B - v_A)\sin\alpha$$

学过向量知识的读者,可以把两个结点的相对位移记为向量 $\boldsymbol{d} = (u_B - u_A, \ v_B - v_A)$,把有向线段 AB 的单位方向矢量记为 $\boldsymbol{n} = \left(\dfrac{x_B - x_A}{l}, \ \dfrac{y_B - y_A}{l}\right)$,则杆件伸长量就是这两个向量的点积:$\Delta l = \boldsymbol{n} \cdot \boldsymbol{d}$。这就是结点位移与杆件变形之间的关系,称为"变形位移方程"。于是,由公式 $\Delta l = \dfrac{F_N l}{EA}$,得出杆 AB 的轴力大小为:

$$F_N = EA \dfrac{(u_B - u_A)\cos\alpha + (v_B - v_A)\sin\alpha}{l} \tag{1}$$

根据作用力和反作用力定律,杆 AB 对结点 A 的作用力大小为 $F_A = F_N$,沿 A 指向 B;

杆 AB 对结点 B 的作用力大小为 $F_B = F_N$,沿 B 指向 A(图 13-3)。结点 A,B 受到的力在坐标轴上的投影分别为:

$$F_{Ax} = F_A\cos\alpha = \frac{EA}{l}(-\cos^2\alpha u_A - \sin\alpha\cos\alpha v_A + \cos^2\alpha u_B + \sin\alpha\cos\alpha v_B)$$

$$F_{Ay} = F_A\sin\alpha = \frac{EA}{l}(-\sin\alpha\cos\alpha u_A - \sin^2\alpha v_A + \sin\alpha\cos\alpha u_B + \sin^2\alpha v_B)$$

$$F_{Bx} = F_B\cos(-\alpha) = \frac{EA}{l}(\cos^2\alpha u_A + \sin\alpha\cos\alpha v_A - \cos^2\alpha u_B - \sin\alpha\cos\alpha v_B)$$

$$F_{By} = F_B\sin(-\alpha) = \frac{EA}{l}(\sin\alpha\cos\alpha u_A + \sin^2\alpha v_A - \sin\alpha\cos\alpha u_B - \sin^2\alpha v_B)$$

上式中右边只有结点位移是未知量,说明结点 A、B 受到杆 AB 作用的力都可以用结点 A、B 的位移表示出来。所有通过结点 A 的杆件对结点 A 的作用力都可以用上式计算(如果结点 A 是某杆件的第一个结点,则用前两个式子;否则,用后两个式子)。设结点 A 上的外载荷为 P_A,则由结点 A 的平衡条件,得:

$$\sum_{A\text{为起点的杆}}\frac{EA}{l}(-\cos^2\alpha u_A - \sin\alpha\cos\alpha v_A + \cos^2\alpha u_B + \sin\alpha\cos\alpha v_B)$$

$$+ \sum_{A\text{为终点的杆}}\frac{EA}{l}(\cos^2\alpha u_A + \sin\alpha\cos\alpha v_A - \cos^2\alpha u_B - \sin\alpha\cos\alpha v_B) + P_{Ax} = 0$$

$$\sum_{A\text{为起点的杆}}\frac{EA}{l}(-\sin\alpha\cos\alpha u_A - \sin^2\alpha v_A + \sin\alpha\cos\alpha u_B + \sin^2\alpha v_B)$$

$$+ \sum_{A\text{为终点的杆}}\frac{EA}{l}(\sin\alpha\cos\alpha u_A + \sin^2\alpha v_A - \sin\alpha\cos\alpha u_B - \sin^2\alpha v_B) + P_{Ay} = 0$$

移项,得:

$$\sum_{A\text{为起点的杆}}\frac{EA}{l}(\cos^2\alpha u_A + \sin\alpha\cos\alpha v_A - \cos^2\alpha u_B - \sin\alpha\cos\alpha v_B)$$

$$+ \sum_{A\text{为终点的杆}}\frac{EA}{l}(-\cos^2\alpha u_A - \sin\alpha\cos\alpha v_A + \cos^2\alpha u_B + \sin\alpha\cos\alpha v_B) = P_{Ax}$$

$$\sum_{A\text{为起点的杆}}\frac{EA}{l}(\sin\alpha\cos\alpha u_A + \sin^2\alpha v_A - \sin\alpha\cos\alpha u_B - \sin^2\alpha v_B)$$

$$+ \sum_{A\text{为终点的杆}}\frac{EA}{l}(-\sin\alpha\cos\alpha u_A - \sin^2\alpha v_A + \sin\alpha\cos\alpha u_B + \sin^2\alpha v_B) = P_{Ay} \qquad (2)$$

(2)式是两个关于结点位移的线性代数方程,其每一项的系数都是可以计算出来的。求和的各项中,抗拉刚度 EA、杆件长度 l、杆件轴线方向角 α 与参与求和的各杆件相关。

设结构中有 NP 个结点,利用式(2)可以列出 $N=2NP$ 个方程,形成一个 $2NP$ 阶线性代数方程组。如果用向量 $\Delta = (u_A, v_A, u_B, v_B, u_C, v_C\cdots)$ 表示各结点的位移分量,用向量 $P = (P_{Ax}, P_{Ay}, P_{Bx}, v_{By}, P_{Cx}, P_{Cy}\cdots)$ 表示各结点上的外载荷,用矩阵 K 表示其系数矩阵,则这个线性代数方程组可以表示为 $K\Delta = P$。

结构的结点上可以有支座,支座反力是结点上的外载荷,但它是未知的。此时,因为支座处的位移是已知的,式(2)右边多了未知量,其左边也相应地少了相同数量的未知量,所以,方程总数和未知量总数还是相等的。

至此,总结出用计算机解决这个问题的计算方法:对所有结点,用式(2)列出平衡方程,然后,求解方程组 $K\Delta = P$ 得出各结点上的位移,再根据式(1)计算各杆件的轴力,用于强度和稳定性校核。

实际工程中的桁架,一般都有许多结点,因此,计算工作量巨大,宜于开展科学计算。

13.4 程序的数据结构和功能单元

13.4.1 实际问题的编码表示

我们一直在用编码表示信息。字母 R、E、D 连着写是一种编码,结构的计算简图也是一种编码。为了编制程序,必须用适合的编码表示计算简图。为此,首先要把计算简图中的信息分解提炼出来,结合 FORTRAN 语言的特点,分门别类地采用适当的编码方法加以表示。

不同的问题中结点数量、杆件数量、支座结点数量、结点荷载的数目都是不同的,可以分别用整型变量 NP、NE、NSUP、NPJ 表示;桁架中的杆件可以按抗拉刚度进行分组,分组总数用变量 NEA 表示。在计算具体问题时,程序启动后首先输入这些数据,然后才能输入其他数据,它们称为"总控数据",确定了所要解决的问题的规模。

用正整数给结点编号,比计算简图中用字母表示结点的方法要好得多。结点 i 的位置用它的坐标 (x_i, y_i) 来表示是很自然的。将结点 i 的坐标值排成一列,所有结点的坐标就形成一张矩形表格,在 FORTRAN 中可用二维实型数组 XY 表示。由于在编程时并不知道结点总数,同时,考虑到 FORTRAN 中的数组在内存里是按列存放的,所以把 XY 设计成 2 行 NP 列的可分配数组。例如,数组 XY 的第 6 列是 4.2、3.6,就表示结点 6 的坐标是 (4.2,3.6)。

用正整数来给杆件编号,一根杆件可以用它的两个结点号码、抗拉刚度的分组号来表示。仿照结点的表示方法,用 3 行 NE 列的二维整型可分配数组 ELEID 表示。例如,数组 ELEID 的第 234 列有 3 个整数 521、438、3,就表示第 234 号杆的起点是结点 521、终点是结点 438、抗拉刚度是 EA_3。

抗拉刚度可用一维实型可分配数组 EA 表示,它共有 NEA 个元素。

一个支座可以阻止结点沿一个或两个方向的位移。为了展示不同的编码方法,这里用一个正整数表示一个支座的情况,它的个位数表示支座结点能否发生位移(1 表示固定铰支座,两个方向都没有位移;2 表示滑动铰支座,x 方向没有位移;3 也表示滑动铰支座,y 方向没有位移),其他数位表示支座的结点号。例如,2193 表示结点 219 在 y 方向不能移动,但在 x 方向可以移动。这样,结构的支座情况可以用一维整型可分配数组 SUPS 表示,它共有 NSUP 个元素。这种混合信息编码方法在生活中常见,身份证号、手机号码都是这样的。

桁架结构的外载荷都作用在结点上,用一个 2 行 NPJ 列的二维实型可分配数组 LDJ 表示。它的一列有两个实数:第一个实数的整数部分表示外力作用的结点号,小数部分表示外力的方向(1 表示 x 方向,2 表示 y 方向);第二个实数是外力的大小,以沿坐标轴正方向的外力为正。例如,某一列上有两个数 12.2、-26,表示结点 12 上有指向 y 轴负向的载荷,大小为 26 个单位(通常是 kN)。按照这样的编码方法,结点上受到的外力方向如果与坐标轴不平行,就要分解为两个力。

至此,桁架的计算简图就完全编码化了。

信息的编码方式是灵活多样的,还可以定义派生类型来表示工程问题中的数据信息。但编码不能有歧义(例如,《材料力学》教材中一般把连接结点 A、B 的杆称为"杆 AB",但是我们这里就不能把连接结点 1、2 的杆称为"杆 12"。因为,按这样的编码方式来理解,杆 169可以连接结点 1、69 或者连接结点 16、9,这就产生了歧义)。设计编码方式时,要完全避免歧义性。

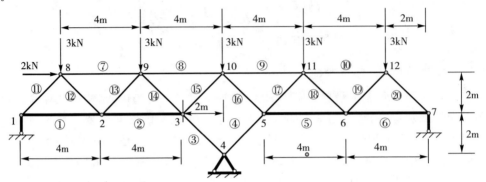

图 13-4　一个平面桁架

图 13-4 所示平面桁架,带圆圈的数字是杆件编号,不加圆圈的数字是结点编号,各杆件 EA＝6000kN。用记事本程序(NOTEPAD.EXE)建立输入数据文件,按以上编码方法,它的内容如下:

12 20 3 1 6
0 0 4 0 8 0 10 －2 12 0 16 0 20 0 22 6 2 10 2 14 2 18 2
1 2 1 2 3 1 3 4 1 4 5 1 6 5 1 6 7 1 8 9 1 9 10 1 10 11 1
11 12 1 1 8 2 1 9 3 1 10 3 1 10 5 1 11 1 1 6 1
6 12 1 12 7 1
1 3 4 1 7 3
6000
8.2 －3 9.2 －3 10.2 －3 11.2 －3 12.2 －3 8.1 2

将它另存为文件"EX",不要带扩展名,记事本程序会自动给它加上".txt",实际上它的名字是"EX.TXT"。在程序设计过程中,将用它来测试每一步的功能。

13.4.2　程序的单元设计

没有人能够写出尽善尽美的程序,像初学者写个小程序都会出错一样,高级程序员写的大型程序也会存在不易觉察的问题,这些称为程序中的"bug"。程序员在编制程序的过程中,会努力排除这些 bug,这项工作叫做"debug(调试)"。在上机实验过程中,学会使用编译器的 debug 功能,是非常有益的。

编译程序只能发现程序中的语法错误,不能发现它的逻辑错误,debug 有助于发现逻辑错误。把 B＝6＊A 写成 B＝6A 是语法错误,写成 B＝A6 就是逻辑错误。程序中的逻辑错误是很难发现的,有的甚至于要等到程序交付使用以后,由用户发现并报告程序出现了问题,再由程序员人工找出问题所在,加以修正,发布"补丁"或者升级程序,这就是程序的维护过程。大型实用程序的维护工作量远远大于程序设计的工作量。因此,一定要摒弃主程序包打天下的做法。一个有成千上万行语句的程序单元是非常难以维护的。

编写程序前,应该按结构化程序设计的思想,将任务大致(不要追求一次性规划好)分为几个步骤,再把每个步骤当作较小的任务,这样一直分下去,直到每个任务都很简单,可以用一个程序单元完成。这就是"自顶向下,逐步细化"的原则。程序单元应尽可能功能单一,相互之间尽可能少用虚实结合的方式传递参数,以降低出错几率。

首先,除了表示计算简图的数据之外,最终需要求解一个线性代数方程组,这个方程组的阶数是 $N=2NP$,它的系数矩阵可用一个 N 行 N 列的二维实型可分配数组 KS 表示;方程组的右端项用一维实型可分配数组 P 表示。这些数据是全局数据,适宜放在一个模块 MODULE TRUSS 中,写成程序代码保存在 T1.F90 里。

科学计算中需要大量的输入与输出数据,必须用数据文件方式进行输入输出。不同的问题有不同的输入与输出数据文件,可以由用户指定。设计一个 SUBROUTINE OPENF 确定输入与输出文件名,并打开文件。如果在打开文件的过程中发生错误,要予以处理。这个程序单元的源程序是文件"T2.F90"。

打开输入文件后,第一件事情应该是输入总控数据,给各个可分配数组分配内存,读入分析问题所需要的数据。用 SUBROTUINE INPUT 完成这项工作。用来描述问题的数据应该尽可能集中在 SUBROTUINE INPUT 中输入。这个程序单元还把输入的数据都输出出来,以备核查。为此,写一个程序单元 T3.F90。

按照问题的计算方法,需要先按式(2)确定方程组 $K\Delta = P$ 的系数矩阵和右端项,可设计一个程序单元 SUBROTUINE FORMEQ 来做这件事情。在求出方程组的各个系数之后,还要对所有右边有未知量的方程进行改写。处理这些问题的程序代码保存在 T4.F90 文件里。

用高斯消去法可以求解 n 阶线性代数方程组 $AX = B$,解方程的功能跟问题的物理背景没有关联,可用在其他程序中,因此,设计 SUBROUTINE GAUSS(A,B,N,EPS,IC),用哑元传递参数。参数 A、B、N 的意义很明显;EPS 是一个小的正数,如果在求解方程组的过程中发现主对角元小于 EPS,就置 IC=1,表示方程组的系数矩阵可能是奇异的,无法继续求解;正常结束时,置 IC=0,数组 B 存放着方程组的解。这样,调用它的程序单元通过返回的 IC 的值,就可以判定它是否正常地求解了方程组。

在结构分析程序中,一般不会出现异常情况,也不必用选主元的高斯消去法。实际上,在数据文件正确地描述了计算简图的情况下,方程无法求解正是由于结构设计不合理所致,此时应该修改结构设计,以确保安全。

将 SUBROUTINE GAUSS 的代码写入 T5.F90 文件。

解出未知量之后,用 SUBROUTINE OUTPUT 整理输出各支座的反力、各结点的位移和各杆件的轴力,建立源程序 T6.F90 文件存放它。

桁架静力分析程序按功能大致分成上述几个程序单元,最后,要有一个主程序单元统领它们。主程序是整个程序的"管理层",管理、协调其他子程序的工作,主要由 CALL 语句组成。在结构化程序设计中,主程序处于顶层,以顺序结构为主,比较简单。主程序的内容在源文件 TRUSS.F90 里。

程序设计是一个渐进的过程,可以依主程序调用的顺序编写相应的程序单元,也可以一个团队分工合作,再由专人负责集成。在程序研制过程中,尚未编写的程序单元用所谓"哑过程"表示。哑过程中除了 END 语句之外都是说明语句,仅仅能够通过编译器所进行的语法检查。

程序单元规划完成之后,就可以着手写出各个源程序文件的内容了。

相对简单的程序单元,可以比较完整地写出,必要时再略加修改。

先写出 T1.F90:

```
MODULE TRUSS
    INTEGER::NP,NE,NSUP,NEA,NPJ,N
    REAL(8),ALLOCATABLE::EA(:),XY(:,:),LDJ(:,:),P(:),KS(:,:)
    INTEGER,ALLOCATABLE::ELEID(:,:,:),SUPS(:)
END MODULE TRUSS
```

主程序 TRUSS.F90 中,建议写上程序的简单说明,记录下首次创建的时间、人员及其联系方式。

```
!平面桁架结构静力分析
!报告 bug 或者建议,请发邮件至:XXX@YYY
!创建:2015 年 2 月 9 日星期一,编者
!输入数据说明(自由格式,数据之间建议用空格作为分隔符)
!同一项内容的数据可以在同一行输入,也可分多行输入
!不同的数据项必须分行输入。
!1.结点数 NP、杆件数 NE、支座结点数 NSUP、杆件分组数 NEA、结点荷载数 NPJ
!2.结点坐标 XY
!3.杆件定义 ELEID
!4.支座信息 SUPS
!5.抗拉刚度 EA
!6.结点荷载 LDJ
!结点号.方向号(1=X,2=Y)荷载值
!力以沿坐标轴正向为正

PROGRAM TRUSS_PROB
    USE TRUSS
    INTEGER::F
    REAL(8) ETIME
    F = SYSTEM("CLS")                          !清理屏幕
    CALL OPENF                                 !打开输入/输出数据文件
    ETIME = TIMEF()                            !计时开始
    CALL INPUT                                 !输入数据
    CALL FORMEQ                                !形成方程组
    CALL GAUSS(KS,P,N,1.0D-8,F)                !解方程组
    IF(F == 0) CALL OUTPUT                     !整理输出计算结果
    DEALLOCATE(XY,EA,LDJ,KS,P,ELEID,SUPS)      !释放内存
    IF(F/=0) STOP "结构不合理,无法求解!"
```

```
        ETIME = TIMEF( )                              !计算耗时
        WRITE( * ,"('本次分析用时',F8.3,'毫秒'/)") ETIME * 1000
    END PROGRAM TRUSS_PROB
```

T2. F90 的内容：

```
!打开输入与输出数据文件
!创建:2015 年 2 月 9 日星期一,编者
SUBROUTINE OPENF
    CHARACTER(128)::INAME,ONAME
    INTEGER::STA
    CALL GETARG(1,INAME,STA)                          !取命令行参数
    IF(STA<0) THEN
        WRITE( * ,"(1X,A\)") "请指定输入数据文件:"
        READ( * ,'(A)') INAME
    END IF
    OPEN(1, FILE = INAME,STATUS = 'OLD',ERR = 1)
    CALL GETARG(2,ONAME,STA)                          !取命令行参数
    IF(STA<0) THEN
        WRITE( * ,"(1X,A\)") "请指定输出数据文件:"
        READ( * ,'(A)') ONAME
    END IF
    OPEN(2, FILE = ONAME,STATUS = 'UNKNOWN',ERR = 1)
    REWIND 1
    RETURN
    STOP "不能打开数据文件!"
END SUBROUTINE OPENF
```

在 Windows 的控制台窗口下，命令行的格式为：

Truss ex.txt ex.out.txt

桁架程序名称是 Truss，输入数据文件是 ex.txt，输出数据文件 ex.out.txt；或者：Truss ex.txt。

Truss 程序在成功打开 ex.txt 之后，会询问输出文件名也可以是：Truss。Truss 会询问输入文件名称，在成功打开 ex.txt 之后，会询问输出文件名。

以下各个程序单元的源程序，暂时都写成"哑过程"。

T3. F90 的内容：

```
!输入数据,分配数组内存
!创建:2015 年 2 月 9 日星期一,编者
SUBROUTINE INPUT
END SUBROUTINE INPUT
```

T4. F90 的内容：

```
!形成方程组
!创建:2015 年 2 月 9 日星期一,编者
```

```
SUBROUTINE FORMEQ
END SUBROUTINE FORMEQ
```

T5.F90 的内容：

```
!高斯消去法求解 N 阶线性代数方程组 AX = B
!创建:2015 年 2 月 9 日星期一,编者
SUBROUTINE GAUSS(A,B,N,EPS,IC)
    INTEGER,INTENT(OUT)::IC
    INTEGER,INTENT(IN)::N
    REAL(8),INTENT(IN)::EPS
    REAL(8),INTENT(INOUT)::A(N,N),B(N)
END SUBROUTINE GAUSS
```

T6.F90 的内容：

```
!整理输出计算结果
!创建:2015 年 2 月 9 日星期一,编者
SUBROUTINE OUTPUT
END SUBROUTINE OUTPUT
```

至此，我们已经建立了一个"大型"程序，实际上它已经可以运行了。

13.5 功能单元的程序实现

13.5.1 SUBROUTINE INPUT 的程序代码

SUBROUTINE INPUT 输入总控数据，分配数组内存，再输入描述问题的数据，这部分功能用顺序结构实现。输出数据的格式要认真设计，以方便阅读，提高程序的"用户友好性"。请注意 T3.F90 中支座信息的输出部分，展示了一种混合信息编码的分部提取方法。

T3.F90 内容如下：

```
!输入数据,分配数组内存
!创建:2015 年 2 月 9 日星期一,编者
SUBROUTINE INPUT
    USE TRUSS
    INTEGER::R
    INTEGER,ALLOCATABLE::SUPJ(:)
    CHARACTER(2),ALLOCATABLE::XS(:),YS(:)
    !结点数、杆件数、支座结点数、杆件分组数、结点荷载数
    READ(1,*) NP,NE,NSUP,NEA,NPJ
    N = NP + NP                                    !方程总数
    !分配全局数组
    ALLOCATE(XY(2,NP),ELEID(3,NE),EA(NEA),SUPS(NSUP),LDJ(2,NPJ))
    ALLOCATE(KS(N,N),P(N))
    READ(1,*) XY                                   !读入结点坐标
```

```
        READ(1,*) ELEID                                  !读入杆件定义
        READ(1,*) SUPS
        READ(1,*) EA
        READ(1,*) LDJ
        WRITE(2,1) NP,NE,NEA,NSUP,NPJ                    !输出原始数据,以便校核
        WRITE(2,"(/1X,´结点坐标:´/3(2X,´结点´,5X,´X坐标´,5X,´Y坐标´))")
        WRITE(2,"(3(1X,I5,2F10.3))") (R,XY(:,R),R=1,NP)
        WRITE(2,"(/1X,´杆件定义:´/4(4X,´杆件´,2X,´起点´,2X,´终点´,2X,´分组´))")
        WRITE(2,"(4(4X,I4,3I6))") (R,ELEID(:,R),R=1,NE)
        WRITE(2,"(/1X,´抗拉刚度:´/6(1X,F14.3))") EA
        WRITE(2,"(/1X,´支座信息:´/3(2X,´结点´,3X,´X方向´,3X,´Y方向´))")
        ALLOCATE(SUPJ(NSUP),XS(NSUP),YS(NSUP))
        SUPJ = SUPS/10
        DO R = 1,NSUP
        SELECT CASE(MOD(SUPS(R),10))                     !分解支座信息
            CASE (1)                                     !两个方向都有支撑
                XS(R) = "有"
                YS(R) = "有"
            CASE (2)                                     !x方向有支撑,y方向没支撑
                XS(R) = "有"
                YS(R) = "无"
            CASE (3)                                     !x方向没支撑,y方向有支撑
                XS(R) = "无"
                YS(R) = "有"
            CASE DEFAULT                                 !错误的支座信息,处理现场并停止运行
                DEALLOCATE(XY,EA,LDJ,KS,P,ELEID,SUPS,SUPJ,XS,YS)
                STOP "支座信息错误!"
        END SELECT
        END DO
        WRITE(2,"(3(1X,I5,A6,A8,2X))") (SUPJ(R),XS(R),YS(R),R=1,NSUP)
        WRITE(2,"(/1X,´结点荷载:´/(1X,6F12.3))") (LDJ(:,I),I=1,NPJ)
        DEALLOCATE(SUPJ,XS,YS)
    1   FORMAT(30X,´平面桁架结构分析´//1X,´结点数 NP = ´,I12/1X,´杆件数 NE = ´,I12/1X,&
            ´抗拉刚度分组数 NEA = ´,I3/1X,´支座结点个数 NSUP = ´,I4/1X,´结点荷载数 NPJ = ´,I7)
        END SUBROUTINE INPUT
```

现在,可以直接运行程序了。编译器的 IDE 会判断是否有需要重新编译的程序单元,并完成相关操作。

如果一切顺利,就可以打开输出文件,看看数据是否正确,格式是否中意。

使用"哑过程"的好处是:虽然还有几个程序单元没有设计,但是已经能够逐步探索着前进了,集中精力设计好每一个程序单元,尽可能排除 bug,最后,程序出问题的可能性就大大降低,也就提高了程序的"健壮性"。

13.5.2 SUBROUTINE FORMEQ 的程序代码

SUBROUTINE FORMEQ 首先把外荷载施加到结点上,也就是式(2)中的右端项;接着,按公式(2)计算方程组的系数矩阵;最后,把方程组中左边的已知项(支座结点上的位移是已知的)移到方程组的右边。因此,它也可以继续划分为 3 个更小的程序单元。在结构化程序设计中,"自顶向下"分解也要适可而止,具体要分解到什么程度是见仁见智的。考虑到这里完成的 3 个步骤之间的有机联系,可以不必细分。SUBROUTINE FORMEQ 的源程序代码见于文件 T4.F90。

```
!形成方程组
!创建:2015 年 2 月 9 日星期一,编者

SUBROUTINE FORMEQ
    USE TRUSS,ONLY:EA,XY,LDJ,P,KS,ELEID,SUPS,NPJ,NE,NSUP
    INTEGER::BAR,A,B,J,JD,DIR,K
    REAL(8)::DX,DY,L,EAL,C1,C2,C3
    P = 0.0D0
    KS = 0.0D0
    DO J = 1,NPJ                                        !把外载荷加到结点上
        JD = INT(LDJ(1,J) + 0.2D0)
        DIR = INT((LDJ(1,J) - JD) * 10.0D0 + 0.4D0)     !荷载方向,加 0.4 为防误差
        K = JD + JD - 2 + DIR
        P(K) = P(K) + LDJ(2,J)
    END DO
    DO BAR = 1,NE                                       !按公式(2)计算方程组的系数矩阵
        A = ELEID(1,BAR)                                !杆件起始结点号 A
        B = ELEID(2,BAR)                                !杆件终止结点号 B
        K = ELEID(3,BAR)                                !抗拉刚度的分组号
        DX = XY(1,B) - XY(1,A)                          !两个结点 x 坐标的差值 dx
        DY = XY(2,B) - XY(2,A)                          !两个结点 y 坐标的差值 dy
        L = DSQRT(DX * DX + DY * DY)                    !杆长
        EAL = EA(K)/L                                   !式(2)中的 EA/L
        C1 = EAL * (DX/L) ** 2
        C2 = EAL * DX * DY/L ** 2
        C3 = EAL * (DY/L) ** 2
        J = A + A - 1
        K = B + B - 1
        KS(J:J + 1,J:J + 1) = KS(J:J + 1,J:J + 1) + RESHAPE((/C1,C2,C2,C3/),(/2,2/))
        KS(K:K + 1,K:K + 1) = KS(K:K + 1,K:K + 1) + RESHAPE((/C1,C2,C2,C3/),(/2,2/))
        KS(J:J + 1,K:K + 1) = KS(J:J + 1,K:K + 1) - RESHAPE((/C1,C2,C2,C3/),(/2,2/))
        KS(K:K + 1,J:J + 1) = KS(K:K + 1,J:J + 1) - RESHAPE((/C1,C2,C2,C3/),(/2,2/))
    END DO
```

```
      DO J = 1,NSUP                              !处理支座
         JD = SUPS(J)/10
         K = JD + JD − 1
         DIR = MOD(SUPS(J),10)
         IF(DIR.NE.3) THEN                       !x方向有支座
            KS(:,K) = 0.0D0
            KS(K,K) = 1.0D15
         END IF
         IF(DIR.NE.2) THEN                       !y方向有支座
            K = K + 1
            KS(:,K) = 0.0D0
            KS(K,K) = 1.0D15
         END IF
      END DO
   END SUBROUTINE FORMEQ
```

13.5.3　SUBROUTINE GAUSS(A,B,N,EPS,IC) 的程序代码

高斯消去法求解线性代数方程组 $AX = B$ 分两个步骤。

第一步,消元,对方程组的增广矩阵的第 k 行,将随后诸行的第 k 列元素变成零,其数学方法是将诸行各自减去第 k 行的 β 倍,各行的 β 值等于其第 k 列元素与 $A(k,k)$ 的比值。消元后,原方程组化为最简单的同解方程组,其系数矩阵是右上三角阵,最后一个方程是一元一次方程。

第二步,回代,先解最后一个方程,得出 x_n 的值,代入前面各个方程,移项后,倒数第二个方程又成为一元一次方程,依此类推,直到求出 x_1。如果系数矩阵是奇异的或者接近奇异的,求解过程将无法完成。源程序 T5.F90 是相应的 FORTRAN90 代码。

```
!高斯消去法求解 N 阶线性代数方程组 AX = B
!创建:2015 年 2 月 9 日星期一,编者
SUBROUTINE GAUSS(A,B,N,EPS,IC)
   INTEGER,INTENT(OUT)::IC
   INTEGER,INTENT(IN)::N
   REAL(8),INTENT(IN)::EPS
   REAL(8),INTENT(INOUT)::A(N,N),B(N)
   REAL(8)::C
   INTEGER::K,I
   IC = 1
   DO K = 1,N
      IF(ABS(A(K,K))<EPS) RETURN                 !系数矩阵奇异
      DO I = K+1,N                               !消元
         C = A(I,K)/A(K,K)
         A(I,K:N) = A(I,K:N) − C*A(K,K:N)
```

```
      B(I) = B(I) - C * B(K)
    END DO
  END DO                                    !至此消元结束,方程组成为右上三角形
  DO I = N,1, -1                             !回代求解
    B(I) = B(I)/A(I,I)                       !求出第 I 个未知量 Xi
    B(1:I-1) = B(1:I-1) - A(1:I-1,I) * B(I)  !将 Xi 回代入前 I-1 个方程中
  END DO
  IC = 0                                     !正常结束
END SUBROUTINE GAUSS
```

13.5.4 SUBROUTINE OUTPUT 的程序代码

科学计算的结果应该输出到文件中保存。如果支座只能阻止一个方向的位移,那么,在发生位移的方向上并没有反力,输出时要留空白而不是输出零值,SUBROUTINE OUTPUT 在输出支座反力时按此要求处理了;接着,它用两条语句输出了结点位移;最后,按式(1)计算杆件轴力并输出。

```
!整理输出计算结果
!创建:2015 年 2 月 9 日星期一,编者
SUBROUTINE OUTPUT
  USE TRUSS,ONLY:P,SUPS,NSUP,NP,NE,EA,XY,P,ELEID
  REAL(8)::RX,RY,DX,DY,L
  INTEGER::R,BAR,A,B,JD,K
  WRITE(2,"(/1X,'支座反力:'/4X,'结点',14X,1HX,14X,1HY)")
  RX = 0.0D0                                 !x 方向反力总和
  RY = 0.0D0                                 !y 方向反力总和
  DO R = 1,NSUP
    JD = SUPS(R)/10
    K = JD + JD - 1
    SELECT CASE(MOD(SUPS(R),10))
    CASE (1)                                 !两个方向都有支撑
      WRITE(2,"(4X,I6,4X,2F15.5)") JD, -P(K) * 1.0D15, -P(K+1) * 1.0D15
      RX = RX - P(K) * 1.0D15
      RY = RY - P(K+1) * 1.0D15
      P(K:K+1) = 0.0D0
    CASE (2)                                 !x 方向有支撑,y 方向没支撑
      WRITE(2,"(4X,I6,7X,F12.5)") JD, -P(K) * 1.0D15
      RX = RX - P(K) * 1.0D15
      P(K) = 0.0D0
    CASE (3)                                 !x 方向没支撑,y 方向有支撑
      RY = RY - P(K+1) * 1.0D15
      WRITE(2,"(4X,I6,F34.5)") JD, -P(K+1) * 1.0D15
      P(K+1) = 0.0D0
```

```
      END SELECT
    END DO
    WRITE(2,"(4X,10('='),3(:A))") ('================',K=1,2)
    WRITE(2,"(16X,'∑X=',F9.4,:,4X,'∑Y=',F9.4)") RX,RY
    WRITE(2,'(/1X,"结点位移"/3(4X,"结点",10X,"U",13X,"V",3X))')
    WRITE(2,"(3(:1X,I7,2F14.7))") (K,P(2*K-1:2*K),K=1,NP)
    WRITE(2,"(/1X,'单元轴力:'/6X,'单元',5X,'结点-A',4X,'结点-B',7X,'单元轴力')")
    DO BAR=1,NE                         !按公式(1)计算杆件内力
      A = ELEID(1,BAR)                  !杆件起始结点号 A
      B = ELEID(2,BAR)                  !杆件终止结点号 B
      K = ELEID(3,BAR)                  !抗拉刚度的分组号
      DX = XY(1,B) - XY(1,A)            !两个结点 x 坐标的差值 dx
      DY = XY(2,B) - XY(2,A)            !两个结点 y 坐标的差值 dy
      L = DSQRT(DX*DX + DY*DY)          !杆长
      L = ((P(B+B-1) - P(A+A-1))*DX + (P(B+B) - P(A+A))*DY)*EA(K)/(L*L)   !轴力
      WRITE(2,"(4X,I6,I9,I11,F15.4)") BAR,A,B,L
    END DO
  END SUBROUTINE OUTPUT
```

运行程序,打开输出数据文件查看计算结果,并注意到结点 1 和结点 7 的 x 方向没有反力,而不是反力为零。

平面桁架结构分析

结点数 NP＝　　　　　12
杆件数 NE＝　　　　　20
抗拉刚度分组数 NEA＝　1
支座结点个数 NSUP＝　 3
结点荷载数 NPJ＝　　　6
结点坐标:

结点	X 坐标	Y 坐标	结点	X 坐标	Y 坐标	结点	X 坐标	Y 坐标
1	0.000	0.000	2	4.000	0.000	3	8.000	0.000
4	10.000	−2.000	5	12.000	0.000	6	16.000	0.000
7	20.000	0.000	8	2.000	2.000	9	6.000	2.000
10	10.000	2.000	11	14.000	2.000	12	18.000	2.000

杆件定义:

杆件	起点	终点	分组	杆件	起点	终点	分组	杆件	起点	终点	分组	杆件	起点	终点	分组
1	1	2	1	2	2	3	1	3	3	4	1	4	4	5	1
5	6	5	1	6	6	7	1	7	8	9	1	8	9	10	1
9	10	11	1	10	11	12	1	11	1	8	1	12	8	2	1
13	2	9	1	14	9	3	1	15	10	3	1	16	10	5	1
17	5	11	1	18	11	6	1	19	6	12	1	20	12	7	1

抗拉刚度:
　　6000.000

支座信息：

结点	X方向	Y方向	结点	X方向	Y方向	结点	X方向	Y方向
1	无	有	4	有	有	7	无	有

结点荷载：

8	.200	－3.000	9	.200	－3.000	10	.200	－3.000
11	.200	－3.000	12	.200	－3.000	8	.100	2.000

支座反力：

结点	X	Y
1		0.60000
4	－2.00000	13.00000
7		1.40000

$\Sigma X = -2.0000 \qquad \Sigma Y = 15.0000$

结点位移：

结点	U	V	结点	U	V	结点	U	V
1	－0.0076599	0.0000000	2	－0.0072599	－0.0103272	3	－0.0100599	－0.0171309
4	0.0000000	0.0000000	5	0.0150540	－0.0202394	6	0.0138540	－0.0126815
7	0.0147873	0.0000000	8	－0.0014477	－0.0067778	9	0.0015810	－0.0137433
10	0.0034856	－0.0326563	11	0.0077523	－0.0172747	12	0.0078856	－0.0082216

杆件轴力：

杆件	结点－A	结点－B	杆件轴力
1	1	2	0.6000
2	2	3	－4.2000
3	3	4	－10.6066
4	4	5	－7.7782
5	6	5	－1.8000
6	6	7	1.4000
7	8	9	－0.2000
8	9	10	7.6000
9	10	11	6.4000
10	11	12	0.2000
11	1	8	－0.8485
12	8	2	－3.3941
13	2	9	3.3941
14	9	3	－7.6368
15	10	3	－2.9698
16	10	5	－1.2728
17	5	11	－6.5054
18	11	6	2.2627
19	6	12	－2.2627
20	12	7	－1.9799

习 题 13

1. 试修改 SUBROUTINE INPUT，按类似于支座信息的格式输出结点荷载，发现数据有错误应能报告问题，并在处理现场后停止程序运行。

2. 若图 13-4 中的桁架的上弦杆、下弦杆、斜杆的抗拉刚度不同，试修改输入数据文件。

3. 将图 13-4 中的桁架的结点 8 上的水平荷载去掉，试修改输入数据文件，查看计算结果中结点 1 和结点 4 的 x 方向反力。

4. 试将 SUBROUTINE FORMEQ 划分为更小的程序单元，写出源代码。

5. 自选一个平面桁架，编写数据文件，并用程序 TRUSS 分析它。

参考文献

［1］安徽省教育厅.全国高等学校(安徽考区)计算机水平考试教学(考试)大纲［M］.合肥:安徽大学出版社,2015.

［2］张霖等.FORTRAN90程序设计教程［M］.合肥:安徽大学出版社,2005.

［3］张伟林,黄晓梅.FORTRAN90语言程序设计［M］.合肥:安徽大学出版社,2009.

［4］刘卫国,蔡旭辉.《FORTRAN90程序设计教程［M］.北京:北京邮电大学出版社,2007.

［5］黄晓梅等.FORTRAN90语言程序设计上机实验与习题解答［M］.合肥:安徽大学出版社,2008.

［6］陈国良.计算思维导论［M］.北京:高等教育出版社,2012.

［7］郝兴伟.大学计算机——计算思维的视角［M］.北京:高等教育出版社,2014.

［8］胡宏智.大学计算机基础［M］.北京:高等教育出版社,2013.

［9］陈桂林.计算机应用基础［M］.合肥:安徽大学出版社,2014.

［10］严蔚敏,吴伟民.数据结构(C语言版)［M］.北京:清华大学出版社,2013.

［11］秦锋.数据结构(C语言版)［M］.合肥:中国科技大学出版社,2010.

［12］胡学钢,张先宜.数据结构［M］.合肥:安徽大学出版社,2015.

［13］谭浩强.C程序设计(第3版)［M］.北京:清华大学出版社,2005.